21世纪普通高等教育基础课系列教材

物理学实验教程

第3版

主　编　刘东华　于　毅

副主编　秦　鑫　申杰奋　于　勉

参　编　（按姓氏笔画排序）

王　昌　任　武　李明彩　张　彬

张业宏　张艳菊　范晓峰　高智贤

蒋文帅　韩　琳　解琳艳

机械工业出版社

本书是依据《理工科类大学物理实验课程教学基本要求》（2023 年版），充分考虑医药类各专业特点，在多年教学实践及教学改革基础上编写而成的。其编写特点是在保证物理实验学科体系不变的同时，强化用物理学的方法、技术去解决医学实践问题的实验项目，同时，适当增加了综合提高的实验内容。本书共编入 33 个实验项目，分为四章：测量误差及数据处理、基础物理实验、综合设计实验和医学影像物理学实验。

书中提供了一些实验讲解操作的视频，手机扫描对应的二维码即可观看学习。本书适用于高等医药院校生物医学工程、医学影像学、生物工程、临床医学、预防医学、法医学、药学、医学影像技术、康复治疗学、医学检验技术、智能影像工程、智能医学工程、医学信息工程等医药类专业，也可供与生命科学有关的其他专业师生参考使用。

图书在版编目（CIP）数据

物理学实验教程/刘东华，于毅主编. —3 版. —北京：机械工业出版社，2024. 2

21 世纪普通高等教育基础课系列教材

ISBN 978-7-111-74238-8

Ⅰ. ①物…　Ⅱ. ①刘… ②于…　Ⅲ. ①物理学-实验-高等学校-教材　Ⅳ. ①O4-33

中国国家版本馆 CIP 数据核字（2023）第 214968 号

机械工业出版社（北京市百万庄大街 22 号　邮政编码 100037）
策划编辑：张金奎　　责任编辑：张金奎　汤　嘉
责任校对：刘雅娜　　封面设计：张　静
责任印制：邓　博
北京盛通印刷股份有限公司印刷
2024 年 2 月第 3 版第 1 次印刷
169mm×239mm · 13. 5 印张 · 261 千字
标准书号：ISBN 978-7-111-74238-8
定价：39. 00 元

电话服务　　网络服务
客服电话：010-88361066　　机　工　官　网：www. cmpbook. com
010-88379833　　机　工　官　博：weibo. com/cmp1952
010-68326294　　金　书　网：www. golden-book. com

封底无防伪标均为盗版
机工教育服务网：www. cmpedu. com

前　言

物理学是研究物质的基本结构、基本运动形式、相互作用及其转化规律的学科。它的基本理论渗透在自然科学的各个领域，应用于生产技术的诸多部门，是其他自然科学和工程技术的基础。物理实验是科学实验的先驱，体现了大多数科学实验的共性，在实验思想、实验方法以及实验手段等方面是各学科科学实验的基础。因此，物理实验课是高等院校对学生进行科学实验基本训练的基础课程，是本科生接受系统实验方法和实验技能训练的开端，在学生的科学素质培养中占有重要地位。

本书是依据《理工科类大学物理实验课程教学基本要求》（2023 年版），充分考虑医药类各专业特点，在多年教学实践及教学改革基础上编写而成的。其编写特点是在保证物理实验学科体系不变的同时，强化用物理学的方法、技术去解决医学实践问题的实验项目，同时，适当增加了综合提高的实验内容。本书共编入 33 个实验项目，分为四章：测量误差及数据处理、基础物理实验、综合设计实验和医学影像物理学实验。

本书适用于高等医药院校生物医学工程、医学影像学、生物工程、临床医学、预防医学、法医学、药学、医学影像技术、康复治疗学、医学检验技术、智能影像工程、智能医学工程、医学信息工程等医药类专业，也可供与生命科学有关的其他专业师生参考使用。

由于编者水平有限，错误和不妥之处在所难免，恳请读者批评指正。

编　者

2023 年 10 月

目　录

绪　论

物理学是一门以实验为基础的科学。物理定律有许多是通过观察和实验的方法建立起来的。观察就是在自然条件下研究现象，因而在很大程度上受自然条件的限制。物理实验是人们按照自己的意志，将自然界中物质的各种基本运动形态（如力、热、声、光、电等）在一定条件下再现，进而对其进行观察和分析研究的过程。由此可见，实验是物理理论的主要来源。例如，1831 年法拉第在实验室中发现电磁感应现象，之后通过大量的实验确立了电磁感应定律。不仅如此，物理理论的正确性也要通过实验来加以验证。例如，爱因斯坦在他的狭义相对论中，预言了物质运动的质能关系 $E=mc^2$，而这一关系的正确性则是通过几十年后的原子物理实验确定的。这样的例子不胜枚举。物理学发展的历史充分证明，物理实验在整个物理学的发展中起着至关重要的作用。

一、物理学实验课的目的

（1）培养学生的基本科学实验技能，使学生掌握一些基本物理量的测量方法，学会正确使用物理仪器，熟悉一些物理实验方法。

（2）提高学生的科学素养，培养学生独立自主的科学工作作风、实事求是的科学工作态度及科研工作能力。

（3）理论联系实际，巩固和加深学生对物理现象及规律的认识。

二、物理学实验课的具体要求

（1）熟悉常用仪器设备的一般原理及使用方法，其中包括游标卡尺、外径千分尺（又称螺旋测微器）、秒表、温度计、万用电表、示波器、心电图机、常用电源等。

（2）能按照简单线路图正确连接电路。

（3）了解实验误差的基本概念，能分析误差发生的原因，能正确按照处理有效数字的规则进行数据记录和运算。

（4）能正确按数据画出图线，并能利用图线分析实验结果。

（5）能写出正规的实验报告。

（6）培养学生科学的工作作风：

1）实验必须在理论指导下有目的地进行，实验前要预习，并要求写出预习报告；预习报告的内容应包括：实验题目、目的、器材、基本原理、简单步骤，并绘出有关表格等；不允许在没有充分准备的情况下盲目操作。

2）一切操作必须按正规方法进行，对待实验数据要严肃认真，原始记录要清楚真实。

3）在实验过程中，应保持室内安静，养成整齐清洁、有条不紊的习惯，爱护仪器，注意节约。

4）平时教学中要进行严格考查，未完成全部实验或操作未达到要求的学生必须补做或重做。

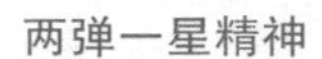

两弹一星精神

科学家的高贵品质

献身科学事业的法拉第

卢瑟福

第一章

测量误差及数据处理

第一节　误差的基本概念

一、测量

物理实验以测量为基础。根据测量方法可分为直接测量与间接测量。可用测量仪器或仪表直接读出测量值的测量，称为**直接测量**。例如，用米尺测得物体的长度是 91.12cm，用毫安表量得电流是 3.02mA 等。但是，有些物理量无法进行直接测量，需要根据待测量与若干个直接测量值的函数关系求出，这样的测量称为**间接测量**。例如，测量铜柱体的密度时，需要先测量铜柱的高度 h、直径 d 和质量 m，然后计算出密度 $\rho=4m/\pi d^2h$。

按测量条件测量可分为等精度测量和不等精度测量。

等精度测量：在对某一物理量进行多次重复测量过程中，每次测量条件都相同的一系列测量称为等精度测量。例如，由同一个人在同一仪器上采用同样测量方法对同一待测物理量进行多次测量，每次测量的可靠程度都相同，这些测量就是等精度测量。

不等精度测量：在对某一物理量进行多次重复测量过程中，测量条件完全不同或部分不同，各个结果的可靠程度自然也不同的一系列测量称为不等精度测量。例如，对某一物理量进行测量时，选用的仪器不同，或测量方法不同，或测量人员不同等都属于不等精度测量。

绝大多数实验都采用等精度测量。

二、测量误差

反映物质固有属性的物理量所具有的客观的真实数值称为**真值**。由于测量所使用的仪器无法尽善尽美，测量所依据的理论公式所要求的条件也是无法绝对保证的，再加上测量技术、环境条件等各种因素的局限，真值一般无法得到。但是，从统计理论可以证明，在条件不变的情况下进行多次测量时，可以用算术平均值作为相对真值。

测量结果与客观存在的真值之间总有一定的差异。我们把测量结果与真值之间的差值叫作测量误差，简称误差。误差存在于一切测量之中，而且贯穿于整个测量过程。在确定实验方案、选择测量方法或选用测量仪器时，要考虑测量误差。在数据处理时，要估算和分析误差。总之，必须要以误差分析的理论指导实验的全过程。

测量误差可以用绝对误差表示，也可以用相对误差表示，还可以用百分误差表示。

绝对误差=测量值-真值

相对误差=|绝对误差/真值|×100%

百分误差=|(测量最佳值-公认值)/公认值|×100%

三、误差的分类

测量误差按原因与性质可分为系统误差、随机误差和过失误差三大类。

1. 系统误差

系统误差指在相同条件下，多次测量同一物理量时，测量值对真值的偏离（大小和方向）总是相同的。

系统误差的主要来源有：①仪器误差（如刻度不准，米尺弯曲，零点没调好，砝码未校正等）；②环境误差（如温度、压强等的影响）；③个人误差（如读数总是偏大或者偏小等）；④理论和公式的近似性（如用单摆测量重力加速度时所用公式的近似性）等。

增加测量次数并不能减小系统误差，为了减小和消除系统误差，必须针对其来源逐步具体考虑，或者采用一定的测量方法，或者经过理论分析、数据分析和反复对比找出适当的关系，对结果进行修正。

2. 随机误差

随机误差（又称偶然误差）是指在同一条件下多次测量同一物理量，测量结果总有差异，且变化不定。

随机误差来源于各种偶然的或不确定的因素：①人们的感官（如听觉、视觉、触觉）的灵敏度的差异和不稳定；②外界环境的干扰（温度的不均匀、振动、气流、噪声等）；③被测对象本身的统计涨落等。

虽然偶然误差的存在使每一次测量偏大或偏小是不确定的，但是，当测量次数增加时，它服从一定的统计规律。在一定的条件下，经过多次测量，测量值落在真值附近的某个范围内的概率是一定的，而且偏离真值较小的数据比偏离真值较大的数据出现的概率大，偏离真值很大的数据出现的概率趋于0。因此，增加测量次数可以减少偶然误差。

系统误差与偶然误差的来源、性质不同，处理方法也不同。但是，它们之间也是有联系的。如对某问题从一个角度来看是系统误差，而从另一个角度来看又是偶然误差。因此在误差分析中，往往把两者联系起来对测量结果进行总体评定。

3. 过失误差

过失误差是由于观测者不正确地使用仪器、操作错误、读数错误、观察错误、记录错误、估算错误等不正常情况下引起的误差。这些错误已不属于正常的测量工作范围，应将其剔除。所以，在做误差分析时，要估计的误差通常只有系统误差和随机误差。

四、测量的精密度、准确度和精确度

对测量结果做总体评定时，一般把系统误差和随机误差联系起来看。精密度、准确度和精确度都是用于评价测量结果好坏的，但是这些概念的涵义不同，使用时应加以区别。

1. 精密度

精密度表示测量结果中的随机误差大小的程度。它是指在一定的条件下进行重复测量时，所得结果的相互接近程度，是描述测量重复性高低的。**精密度高，即测量数据的重复性好，随机误差较小。**

2. 准确度

准确度表示测量结果中的系统误差大小的程度。它是指测量值或实验所得结果与真值符合的程度，即描述测量值接近真值的程度。**准确度高，即测量结果接近真值的程度好，系统误差小。**

3. 精确度

精确度是测量结果中系统误差和随机误差的综合。它是指测量结果的重复性及接近真值的程度。**对于实验和测量来说，精密度高，准确度不一定高；而准确度高，精密度也不一定高。只有精密度和准确度都高时，精确度才高。**

现在以打靶结果为例来形象地说明三个“度”之间的区别，见图 1-1。图 a 表示子弹相互之间比较近，但偏离靶心较远，即精密度高准确度较差；图 b 表示子弹相互之间比较分散，但没有明显的固定偏向，故准确度高而精密度较差；图 c 表示子弹相互之间比较集中，且都接近靶心，精密度和准确度都很好，亦即精确度高。

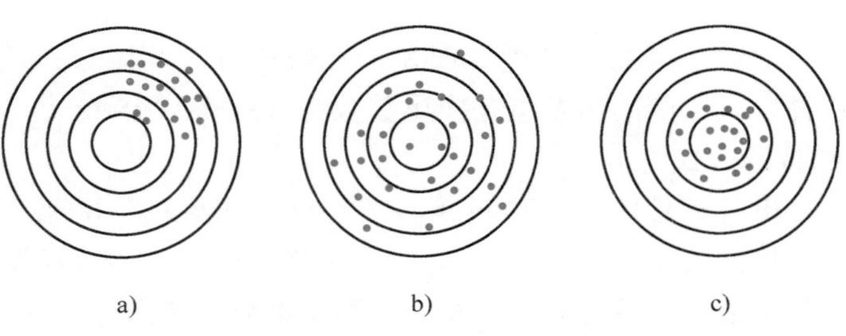

图 1-1　精密度、准确度和精确度示意图

五、随机误差的估算

1. 算术平均值

算术平均值的一般表达式为

$$\bar{x}=\frac{1}{n}(x_1+x_2+\cdots+x_n)=\frac{1}{n}\sum_{i=1}^{n}x_i$$

式中，x_i是第 i 次测量值；n 是测量次数。

2. 残差

每一次测量值与算术平均值的差值称为**残差**，用 Δx_i表示：

$$\Delta x_i=x_i-\bar{x}$$

3. 标准偏差

用残差去估算误差，所得结果为测量值的实际**标准偏差**，用 σ 表示。任意一次测量值的实验标准偏差近似为

$$\sigma_x=\sqrt{\frac{\sum_{i=1}^{n}\Delta x_i^2}{n-1}}=\sqrt{\frac{1}{n-1}\sum_{i=1}^{n}(x_i-\bar{x})^2} \tag{1-1}$$

式（1-1）又称贝塞尔公式，它表示如果在相同条件下进行多次测量，其随机误差服从高斯分布，那么，任意一次测量值误差出现在（$-\sigma_x,\sigma_x$）区间内的概率为 68. 3%。

算术平均值的实验标准偏差为

$$\sigma_x=\frac{\sigma_x}{\sqrt{n}}=\sqrt{\frac{\sum_{i=1}^{n}(x_i-\bar{x})^2}{n(n-1)}} \tag{1-2}$$

它表示如果多次测量的随机误差服从高斯分布，那么，其值出现在（$\bar{x}-\sigma_x$，$\bar{x}+\sigma_x$）区间的概率为 68. 3%。

4. 误差取位规则

约定：绝对误差一般取一位有效数字，其尾数只进不舍，以免产生估计不足。相对误差一般取两位有效数字。

测量值的有效数字尾数应与绝对误差的尾数取齐，其尾数采用四舍六入五凑偶法则，这种舍入法则的出发点是使尾数舍与入的概率相等。

5. 误差的传递公式

间接测量是由各直接测量值通过函数关系计算得到的，既然直接测量有误差存在，那么间接测量也必有误差，这就是误差的传递。由直接测量值及其误差来计算间接测量值的误差之间的关系式，称为**误差的传递公式**。

设间接测量值为 N，它是由各互不相关的直接测量值 $A,B,C,\cdots$通过函数关

系 f 求得的，即

$$N=f(A,B,C,\cdots)$$

若各个独立的直接测量值的误差分别为 $\sigma_A,\sigma_B,\sigma_C,\cdots$，则间接测量值 N 的误差估算需要用误差的方和根合成。其标准误差

$$\sigma_N=\sqrt{\left(\frac{\partial f}{\partial A}\sigma_A\right)^2+\left(\frac{\partial f}{\partial B}\sigma_B\right)^2+\left(\frac{\partial f}{\partial C}\sigma_C\right)^2+\cdots} \tag{1-3}$$

相对误差

$$\frac{\sigma_N}{N}=\frac{1}{f(A,\ B,\ C,\ \cdots)}\sqrt{\left(\frac{\partial f}{\partial A}\sigma_A\right)^2+\left(\frac{\partial f}{\partial B}\sigma_B\right)^2+\left(\frac{\partial f}{\partial C}\sigma_C\right)^2+\cdots} \tag{1-4}$$

式中，$A,B,C,\cdots$是直接测量值；$\sigma_A,\sigma_B,\sigma_C,\cdots$是各直接测量值的误差。

对于以加减运算为主的函数关系，一般用式（1-3）先计算标准误差，再求出相对误差；而对于以乘除运算为主的函数关系，一般先计算相对误差，再计算标准误差，步骤如下：

① 对函数取对数

$$\ln N=\ln f(A,B,C,\cdots)$$

② 求相对误差

$$E=\frac{\sigma_N}{N}=\sqrt{\left(\frac{\partial \ln f}{\partial A}\sigma_A\right)^2+\left(\frac{\partial \ln f}{\partial B}\sigma_B\right)^2+\left(\frac{\partial \ln f}{\partial C}\sigma_C\right)^2+\cdots} \tag{1-5}$$

③ 求标准误差

$$\sigma_N=N\cdot E$$

第二节　常用仪器误差

仪器误差是指在仪器规定的使用条件下，正确使用仪器时，仪器的指示数和被测量的真值之间可能产生的最大误差。它的数值通常由制造厂家和计量单位通过更精密的仪器经过检测比较后给出，其符号可正可负，用 $\Delta_{仪}$ 表示。通常仪器误差既包含系统误差，又包含随机误差，它在很大程度上取决于仪器的精度。一般级别高的仪器和仪表（如 0.2 级精密电表），仪器误差主要是随机误差；级别低的（如 1.0 以下）则主要是系统误差。一般所用的 0.5 级或 1.0 级仪表，则两种误差都可能存在。根据仪器的级别计算仪器误差的公式为

$$\Delta_{仪}=量程\times级别\%$$

如果没有注明仪器级别，在物理实验教学中，对于一些连续刻度（可估读）的仪器，一般用仪器的最小刻度的一半作为 $\Delta_{仪}$；而对于非连续刻度（不可估读）的仪器，一般用仪器的最小刻度作为 $\Delta_{仪}$。

仪器误差的概率密度函数服从的是均匀分布，如图 1-2 所示。均匀分布是指

在 $[-\Delta_{仪},\Delta_{仪}]$ 区间范围内，误差（不同大小和符号）出现的概率都相同，而区间外的概率为0，即 $\int_{-\Delta_{仪}}^{+\Delta_{仪}} f(\Delta)\mathrm{d}\Delta = 1$。所以误差服从以下分布规律：$f(\Delta)=\frac{1}{2}\Delta_{仪}$。

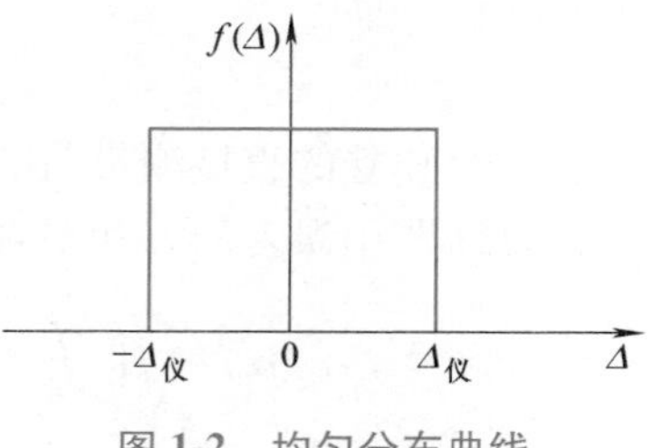

图1-2　均匀分布曲线

可以证明，服从均匀分布的仪器的最大误差所对应的标准误差为

$$\sigma_{仪}=\frac{\Delta_{仪}}{\sqrt{3}}$$

在物理实验教学中，正确使用仪器时，我们约定仪器的基本误差（或最大误差）如下。

米尺：仪器误差 $\Delta_{仪}=0.5\mathrm{mm}$；

五十分游标卡尺：仪器误差 $\Delta_{仪}=0.02\mathrm{mm}$；

外径千分尺（又称螺旋测微器）：仪器误差 $\Delta_{仪}=0.005\mathrm{mm}$；

分光计：仪器误差 $\Delta_{仪}=1'$；

读数显微镜：仪器误差 $\Delta_{仪}=0.005\mathrm{mm}$；

机械秒表：仪器误差 $\Delta_{仪}=0.2\mathrm{s}$；

电表：仪器误差 $\Delta_{仪}=$(量程 $M\times\varepsilon\%$)(单位)，ε 为仪器精度等级值；

电阻箱：仪器误差 $\Delta_{仪}=(\varepsilon\%R+0.002m)\Omega$，$m$ 是总转盘数。

第三节　不确定度的基本概念

不确定度和误差是两个不同的概念，它们之间既有联系，又有本质区别。误差是指测量值与真值之差，由于真值一般不可能准确地知道，因此测量误差也不可能确切获知。而不确定度是指误差可能存在的范围，这一范围的大小能够用数值表达。因此，不确定度实质上是误差的估计值。

一、不确定度的概念

由于测量误差的存在而对被测量值不能肯定的程度称为**不确定度**。它是表征对被测量的真值所处的量值范围的评定。例如，测得一单摆的周期为

$$T=(8.163\pm0.002)\mathrm{s}\qquad(P=68.3\%)$$

其中，0.002为不确定度，$P=68.3\%$ 表示置信概率。这样表示的意义为：被测单摆周期的真值，落在（8.163−0.002，8.163+0.002）范围内的可能性有68.3%。因此，不确定度是测量结果表述中的一个重要参数，它能合理地说明测量值的分散程度和真值所在范围的可靠程度。不确定度亦可理解为一定置信概率下误

差限的绝对值，记为 Δ。

不确定度的定量表述就是给出所需置信概率，用标准误差倍数表示置信区间。例如，用“不确定度（σ）”时，则置信概率为68.3%，置信区间为（$-\sigma,\sigma$）；用“不确定度（3σ）”时，则置信概率为99.7%，置信区间为（$-3\sigma,3\sigma$）。因此只要对测量结果给出不确定度，即给出置信区间和置信概率，就表达了测量结果的精确度。

判断异常数据的方法一般采用（3σ）准则。当“不确定度超过（3σ）”时，测量偏差的绝对值大于 3σ 的置信概率仅为0.3%，这种可能性微乎其微，该测量值应视为坏值并将之剔除。

二、不确定度的分类

测量不确定度由几个分量构成。通常，按不确定度值的计算方法分为 A 类不确定度和 B 类不确定度，或 A 类分量和 B 类分量。

A 类分量是在一系列重复测量中，用统计学方法计算的分量 Δ_A：

$$\Delta_A = \sigma_x = \sqrt{\frac{\sum_{i=1}^{n}(x_i - \bar{x})^2}{n(n-1)}} \tag{1-6}$$

B 类分量是用其他方法（非统计学方法）评定的分量 Δ_B：

$$\Delta_B = \sigma_{仪} = \Delta_{仪}/C$$

在物理实验教学中，为简化处理，A 类分量 Δ_A 指标准误差，B 类分量 Δ_B 仅考虑仪器标准误差，并约定式中 $C=\sqrt{3}$（假定仪器误差满足均匀分布）。将 A 类和 B 类分量采用方和根合成，得到合成不确定度表达式为

$$\Delta = \sqrt{\Delta_A^2 + \Delta_B^2} \tag{1-7}$$

注：式中忽略置信因子 t_P（测量次数 n 取 6~10）。

测量结果的标准式为

$$x = \bar{x} \pm \Delta(\text{单位}), \quad E = \frac{\Delta}{\bar{x}} \times 100\%$$

不确定度取位规则：在物理实验中，绝对不确定度一般取一位有效数字，其尾数采用只进不舍法则。相对不确定度一般取两位有效数字。

测量值有效数字取位规则：测量值的尾数应与绝对不确定度的尾数取齐，其尾数的进位采用四舍六入五凑偶法则。

例 1-1　用米尺（$\Delta_{仪}=0.5\text{mm}$）测一钢丝长度，6 次测量值分别为 $x_1=14.0\text{mm}$，$x_2=14.4\text{mm}$，$x_3=14.9\text{mm}$，$x_4=14.2\text{mm}$，$x_5=14.1\text{mm}$，$x_6=14.8\text{mm}$。试写出它的测量结果，并用不确定度 $\bar{x}\pm\Delta$ 表示。

解：① 计算算术平均值

$$\bar{x}=\frac{1}{6}\sum x_i$$

$$=\frac{14.0+14.4+14.9+14.2+14.1+14.8}{6}\text{mm}$$

$$=14.4\text{mm}$$

② 计算A类不确定度

$$\Delta_A=\sqrt{\frac{\sum_{i=1}^{6}(x_i-\bar{x})^2}{6(6-1)}}$$

$$=\sqrt{\frac{1}{5\times 6}(0.4^2+0.0^2+0.5^2+0.2^2+0.3^2+0.4^2)}\ \text{mm}$$

$$\approx 0.153\text{mm}\approx 0.2\text{mm}$$

③ 计算B类不确定度

$$\Delta_B=\frac{\Delta_{仪}}{\sqrt{3}}\approx 0.3\text{mm}$$

④ 合成不确定度

$$\Delta=\sqrt{\Delta_A^2+\Delta_B^2}=\sqrt{0.2^2+0.3^2}\ \text{mm}\approx 0.4\text{mm}$$

⑤ 测量结果

$$x=(14.4\pm 0.4)\ \text{mm},\quad E=\frac{\Delta}{\bar{x}}\times 100\%=2.8\%$$

三、不确定度与误差

不确定度是在误差理论的基础上发展起来的，不确定度A类分量的估算用到了标准误差计算的公式。

误差用于定性描述实验测量的有关理论和概念，不确定度用于实验结果的定量分析和运算等。用测量不确定度代替误差评定测量结果，具有方便性、合理性和实用性。

误差可正可负，而不确定度永远是正的。

误差是不确定度的基础，不确定度是对经典误差理论的一个补充，是现代误差理论的内容之一，它还有待于进一步的研究、完善和发展。

第四节 直接测量结果与不确定度的估算

在物理实验中，直接测量主要有单次测量和多次测量。由于不确定度评定方法的复杂性，只能采用简化的、具有一定近似性的估算方法。

一、单次测量

单次测量的结果表示式为

$$x=x_{测}\pm\Delta_{仪}(单位)$$

其中，$x_{测}$是单次测量值，也称为单次测量最佳值。不确定度取仪器基本误差$\Delta_{仪}$，仪器基本误差可在仪器说明书或某些技术标准中查到，或通过估算获得。

二、多次测量

多次测量的结果表示为

$$x=\bar{x}\pm\Delta(单位)$$

其中，$\bar{x}$是一列测量数据（即测量列）的算术平均值（即测量列的最佳值）；Δ 是合成不确定度。物理实验的测量结果表示中，合成不确定度 Δ 从估计方法上分为 A 类分量和 B 类分量，并按“方和根”合成，即

$$\Delta=\sqrt{\Delta_A^2+\Delta_B^2}(单位)$$

例 1-2　用外径千分尺（$\Delta_{仪}=0.005$mm）测量某一铁板的厚度：①单次测量值为 3.779mm；②8 次测量一列数据为 3.784mm，3.779mm，3.786mm，3.781mm，3.778mm，3.782mm，3.780mm，3.778mm。试分别写出它的测量结果。

解：① 单次直接测量结果为

$$d=(3.779\pm0.005)\text{mm}$$

② 多次直接测量情况

$$\bar{d}=\frac{1}{8}\sum d_i$$

$$=\frac{3.784+3.779+3.786+3.781+3.778+3.782+3.780+3.778}{8}\text{mm}$$

$$=3.781\text{mm}$$

$$\Delta_A=\sigma_d=\sqrt{\frac{\sum_{i=1}^{8}(d_i-\bar{d})^2}{8(8-1)}}\approx0.002\text{mm}$$

$$\Delta_B=\sigma_{仪}=\frac{\Delta_{仪}}{\sqrt{3}}=\frac{0.005}{\sqrt{3}}\text{mm}\approx0.003\text{mm}$$

$$\Delta=\sqrt{\Delta_A^2+\Delta_B^2}=0.004\text{mm}$$

则多次直接测量结果表示为

$$d=(3.781\pm0.004)\text{mm}$$

第五节 间接测量结果与不确定度的估算

一、不确定度传递公式

不确定度的传递公式与标准误差的传递公式形式上完全相同，即按方和根合成。**绝对不确定度**的计算式为

$$\Delta_N=\sqrt{\left(\frac{\partial f}{\partial A}\Delta_A\right)^2+\left(\frac{\partial f}{\partial B}\Delta_B\right)^2+\left(\frac{\partial f}{\partial C}\Delta_C\right)^2+\cdots} \tag{1-8}$$

相对不确定度的计算式为

$$\frac{\Delta_N}{N}=\frac{1}{f(A,B,C,\cdots)}\sqrt{\left(\frac{\partial f}{\partial A}\Delta_A\right)^2+\left(\frac{\partial f}{\partial B}\Delta_B\right)^2+\left(\frac{\partial f}{\partial C}\Delta_C\right)^2+\cdots} \tag{1-9}$$

$$E=\frac{\Delta_N}{N}=\sqrt{\left(\frac{\partial \ln f}{\partial A}\Delta_A\right)^2+\left(\frac{\partial \ln f}{\partial B}\Delta_B\right)^2+\left(\frac{\partial \ln f}{\partial C}\Delta_C\right)^2+\cdots} \tag{1-10}$$

其中，$\Delta_A,\Delta_B,\Delta_C,\cdots$分别表示各测量值的不确定度。式（1-9）适用于和差形式的函数，式（1-10）适用于积商形式的函数。表1-1中列举了常用函数的不确定度传递公式。结果表达式为

$$x=\bar{x}\pm\Delta_N(\text{单位}),\quad E=\frac{\Delta_N}{\bar{x}}\times100\%$$

表1-1 几种常用函数的不确定度传递公式

函数关系	不确定度传递公式
$N=A+B$ 或 $N=A-B$	$\Delta_N=\sqrt{\Delta_A^2+\Delta_B^2}$
$N=AB$ 或 $N=A/B$	$\frac{\Delta_N}{N}=\sqrt{\left(\frac{\Delta_A}{A}\right)^2+\left(\frac{\Delta_B}{B}\right)^2}$
$N=kA$	$\Delta_N=\lvert k\rvert\Delta_A$
$N=\frac{A^pB^q}{C^r}$	$\frac{\Delta_N}{N}=\sqrt{\left(\frac{p\Delta_A}{A}\right)^2+\left(\frac{q\Delta_B}{B}\right)^2+\left(\frac{r\Delta_C}{C}\right)^2}$
$N=A^{\frac{1}{p}}$	$\frac{\Delta_N}{N}=\frac{1}{p}\frac{\Delta_A}{A}$
$N=\sin A$	$\Delta_N=\lvert\cos A\rvert\Delta_A$
$N=\ln A$	$\Delta_N=\frac{1}{A}\Delta_A$

例1-3 利用游标卡尺测量空心圆柱体体积 $V=\frac{\pi}{4}(D_1^2-D_2^2)L$，求相对不确定

度传递公式$\frac{\Delta_V}{V}$。

解法 1：取对数 $\ln V=\ln\frac{\pi}{4}+\ln(D_1+D_2)+\ln(D_1-D_2)+\ln L$，

全微分
$$\frac{\mathrm{d}V}{V}=\frac{\mathrm{d}(D_1+D_2)}{D_1+D_2}+\frac{\mathrm{d}(D_1-D_2)}{D_1-D_2}+\frac{\mathrm{d}L}{L}$$

各项归并
$$\frac{\mathrm{d}V}{V}=\frac{2D_1}{D_1^2-D_2^2}\mathrm{d}D_1-\frac{2D_2}{D_1^2-D_2^2}\mathrm{d}D_2+\frac{1}{L}\mathrm{d}L$$

按方和根合成
$$\frac{\Delta_V}{V}=\sqrt{\left(\frac{2D_1}{D_1^2-D_2^2}\Delta_{D_1}\right)^2+\left(\frac{2D_2}{D_1^2-D_2^2}\Delta_{D_2}\right)^2+\left(\frac{1}{L}\Delta_L\right)^2}$$

解法 2：取对数 $\ln V=\ln\frac{\pi}{4}+\ln(D_1+D_2)+\ln(D_1-D_2)+\ln L$，

求偏导数
$$\frac{\partial\ln V}{\partial D_1}=\frac{1}{D_1+D_2}+\frac{1}{D_1-D_2}=\frac{2D_1}{D_1^2-D_2^2}$$
$$\frac{\partial\ln V}{\partial D_2}=\frac{1}{D_1+D_2}-\frac{1}{D_1-D_2}=-\frac{2D_2}{D_1^2-D_2^2}$$
$$\frac{\partial\ln V}{\partial L}=\frac{1}{L}$$

按方和根合成
$$\frac{\Delta_V}{V}=\sqrt{\left(\frac{\partial\ln V}{\partial D_1}\Delta_{D_1}\right)^2+\left(\frac{\partial\ln V}{\partial D_2}\Delta_{D_2}\right)^2+\left(\frac{\partial\ln V}{\partial L}\Delta_L\right)^2}$$
$$=\left[\left(\frac{2D_1}{D_1^2-D_2^2}\Delta_{D_1}\right)^2+\left(\frac{2D_2}{D_1^2-D_2^2}\Delta_{D_2}\right)^2+\left(\frac{1}{L}\Delta_L\right)^2\right]^{\frac{1}{2}}$$

例 1-4　用流体静力称衡法测固体密度的公式为$\rho=\frac{m}{m-m_1}\rho_0$，若测得 $m=(29.05\pm0.03)\mathrm{g}$，$m_1=(19.07\pm0.03)\mathrm{g}$，$\rho_0=(0.9998\pm0.0002)\mathrm{g\cdot cm^{-3}}$，分别计算出$\rho$ 和 Δ_ρ。

解：① 计算
$$\bar{\rho}=\frac{\bar{m}}{\bar{m}-\bar{m}_1}\bar{\rho}_0=\frac{29.05}{29.05-19.07}\times0.9998\mathrm{g\cdot cm^{-3}}$$
$$=\frac{29.05\times0.9998}{9.98}\mathrm{g\cdot cm^{-3}}=2.91\mathrm{g\cdot cm^{-3}}$$

② 求不确定度传递公式

$$\ln\rho=\ln m-\ln(m-m_1)+\ln\rho_0$$

$$\frac{\partial\ln\rho}{\partial m}=\frac{1}{m}-\frac{1}{m-m_1}=-\frac{m_1}{m(m-m_1)}$$

$$\frac{\partial\ln\rho}{\partial m_1}=\frac{1}{m-m_1}$$

$$\frac{\partial\ln\rho}{\partial\rho_0}=\frac{1}{\rho_0}$$

$$E_\rho=\frac{\Delta_\rho}{\rho}=\sqrt{\frac{m_1^2}{m^2(m-m_1)^2}\Delta_m^2+\frac{1}{(m-m_1)^2}\Delta_{m_1}^2+\frac{1}{\rho_0^2}\Delta_{\rho_0}^2}$$

③ 将 $\Delta_m=0.03\text{g}$，$\Delta_{m_1}=0.03\text{g}$，$\Delta_{\rho_0}=0.0002\text{g}\cdot\text{cm}^{-3}$ 代入不确定度传递公式，得

$$E_\rho=\frac{\Delta_\rho}{\bar\rho}=\sqrt{\frac{\bar m_1^2}{\bar m^2(\bar m-\bar m_1)^2}\Delta_m^2+\frac{1}{(\bar m-\bar m_1)^2}\Delta_{m_1}^2+\frac{1}{\bar\rho_0^2}\Delta_{\rho_0}^2}=0.34\%$$

$$\Delta_\rho=\bar\rho E_\rho=0.01\text{g}\cdot\text{cm}^{-3}$$

$$\rho=\bar\rho\pm\Delta_\rho=(2.91\pm0.01)\text{g}\cdot\text{cm}^{-3}$$

二、不确定度的分配与仪器的合理选配

不确定度传递公式还可以用来分析各直接测量值的不确定度对间接测量结果不确定度影响的大小，为合理选用测量仪器和实验方法提供依据。

均分原则：假定各个分不确定度对总不确定度的影响相等，由此得各直接测量量的不确定度，最后确定测量各个直接测量量应选用的仪器。

若要求

$$\frac{\Delta_Y}{Y}=\sqrt{\left(\frac{\partial\ln f}{\partial A}\Delta_A\right)^2+\left(\frac{\partial\ln f}{\partial B}\Delta_B\right)^2+\left(\frac{\partial\ln f}{\partial C}\Delta_C\right)^2+\cdots}\leqslant\eta\%$$

可令

$$\left(\frac{\partial\ln f}{\partial A}\Delta_A\right)^2=\left(\frac{\partial\ln f}{\partial B}\Delta_B\right)^2=\left(\frac{\partial\ln f}{\partial C}\Delta_C\right)^2=\cdots\leqslant\frac{(\eta\%)^2}{m}$$

则

$$\left|\frac{\partial\ln f}{\partial A}\Delta_A\right|=\left|\frac{\partial\ln f}{\partial B}\Delta_B\right|=\left|\frac{\partial\ln f}{\partial C}\Delta_C\right|=\cdots\leqslant\frac{\eta\%}{\sqrt{m}}$$

计算出 $\Delta_A,\Delta_B,\Delta_C,\cdots$后，从最经济角度考虑适合的仪器。

第六节　有效数字

一、有效数字基本概念

在使用仪器进行测量时，仪器的最小刻度称为该仪器的精度。测量的精度取决于所用仪器的精度。例如一个米尺，精度是1cm，用它进行测量，则可准确读到厘米，并能估计到0.1cm。另一米尺，精度是1mm，那么用它进行测量，可准确读到毫米，估计到0.1mm。如用这两把尺子测量同一物体的长度，如图1-3、图1-4所示，其结果分别是$L_1=10.2\text{cm}$和$L_2=10.23\text{cm}$。

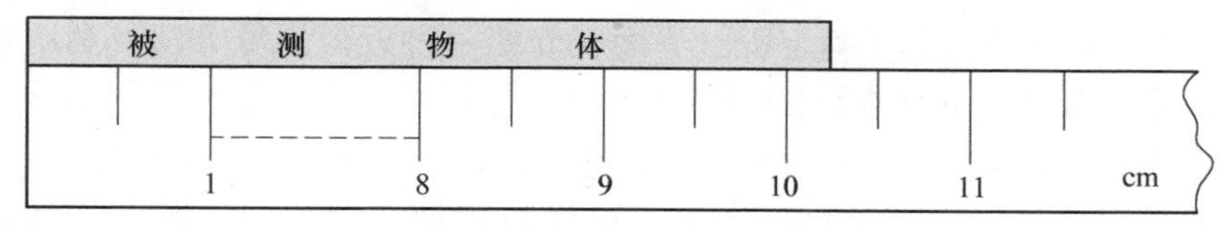

图1-3　被测物体长为10.2cm

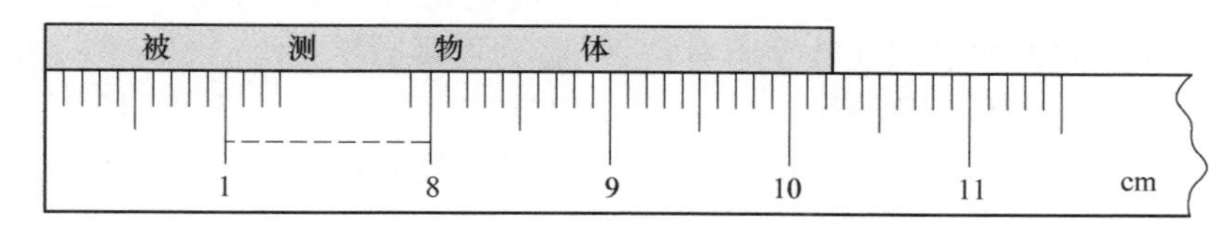

图1-4　被测物体长为10.23cm

对于第一个结果L_1，数字“10”是准确读出的，“2”是估计出来的。对于第二个测量结果，数字“10”和“2”是准确读出的，“3”是估计的。因此我们把带有一位估计值（可疑数字）的近似数字叫作有效数字。

在相同条件下，用不同精度的仪器测量同一对象时，仪器的精度越高，测量值的有效数字位数就越多。因此，用有效数字记录的测量值，不仅反映了它的量值的大小，还反映了它的准确程度，这就是有效数字的双重性。

根据有效数字的性质，在记录和处理实验数据时，应注意以下问题。

（1）有效数字和“0”的关系：“0”在中间或后面都是有效数字，决不能因为零在最后面而舍去。例如，用米尺测量一物体的长度，它的末端正好落在10.2cm的刻度线上，如图1-5所示，此时估计值应在“0.00cm”，最末一个“0”是有效数字，不能舍去，测量结果应为10.20cm。

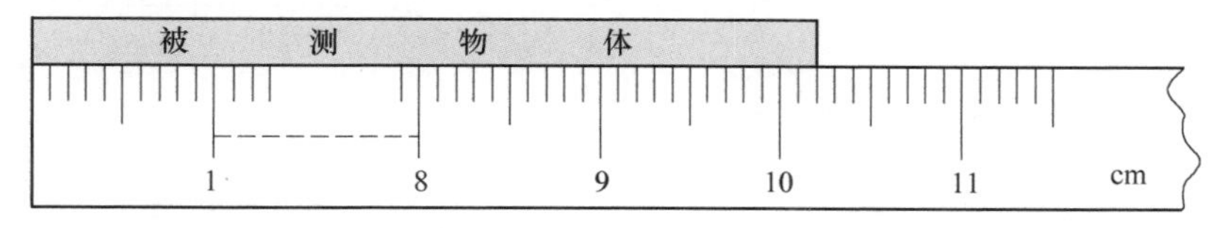

图1-5　被测物体长为10.20cm

（2）有效数字的位数与小数点位置无关。例如，1.504m 和 0.001504km 是同一测量结果，都是四位有效数字。

（3）常数的有效数字可以为无穷多，在计算时需要几位数字就写几位。对于非整数值常数，如 π、e、$\sqrt{2}$等一般应比测量数据多取一位。

（4）当有效数字的数值很大或很小时，可用科学计数法表示成 $K\times10^{n}$（n 可正可负）的形式。例如，0.00305m 可写成 3.05×10^{-3}m，30586m 可写成 3.0586×10^{4}m。

二、有效数字运算规则

在实验中大多数遇到的是求间接测量的物理量，因而不可避免地要进行各种运算，参加运算的分量可能很多，各分量有效数字的位数多少又不相同，那么运算结果的有效数字位数怎样确定呢？下面就介绍一种近似计算方法，利用它不仅可简化计算，而且又不影响结果的准确程度。但应注意：有效数字的运算结果只能表明运算结果的有效数字中可疑数字在哪一位，而不能反映其误差的大小。

有效数字中最后一位是可疑数字，可疑数字是有误差的，所以，可疑数字与准确数字（或可疑数字）的和、差、积、商也是可疑数字，故其运算方法与数学上有所不同，如下例（数字下有“_”者为可疑数字）。

（1）加减法：几个数相加减时，运算结果的最后一位，应保留到尾数位最高的（绝对误差最大）一位可疑数字，其后一位可疑数字可按“舍入法则”处理。

例 1-5

$$\begin{array}{r} 198.\underline{8} \\ 58\underline{4} \\ +\quad 24.7\underline{0} \\ \hline 80\underline{7.50} \end{array}$$

结果取 80$\underline{8}$

例 1-6

$$\begin{array}{r} 87.5\underline{4} \\ -\quad 0.11\underline{2} \\ \hline 87.4\underline{28} \end{array}$$

结果取 87.4$\underline{3}$

（2）乘除法：几个数相乘除时，运算结果的有效数字一般应以各量中包含有效数字的位数最少者为准（特殊情况可多取或少取一位），其后面一位可疑数字可按“舍入法则”处理。运算过程中，各测量值可多保留一位有效数字。

例 1-7

$$\begin{array}{r} 3.21\underline{0} \\ \times\quad 2.5\underline{0} \\ \hline \underline{0000} \\ 1605\underline{0} \\ 642\underline{0} \\ \hline 8.0\underline{2500} \end{array}$$

结果取 8.0$\underline{2}$

例 1-8

$$\begin{array}{r} 7.\underline{792} \\ 1\underline{2}\;\big)\;93.50\underline{4} \\ 8\underline{4} \\ \hline \underline{9}5 \\ \underline{84} \\ \hline \underline{11}0 \\ \underline{108} \\ \hline \underline{24} \\ \underline{24} \\ \hline 0 \end{array}$$

结果取 7.$\underline{8}$

舍入法则：从第二位可疑数字起，要舍入的数如小于“5”则舍去，如大于“5”则进 1。如等于“5”则看前面的一位数，前面一位为奇数，则进 1，使其为偶数；若前面一位为偶数（包括零），则舍去后面的可疑数字。

（3）乘方、开方运算：一个数进行乘方、开方运算，其结果的有效数字位数一般与被乘方、开方数的有效数字位数相同。例如，$\sqrt{200}=14.1$。

（4）由不确定度决定有效数字的原则：函数运算不像四则运算那样简单，而要根据不确定度传递公式计算出函数的不确定度，然后，根据测量结果最后一位数字与不确定度对齐的原则来决定有效数字，称不确定度法。

例 1-9 $A=3000\pm2$，求 $N=\ln A$。

解：先计算 $N=\ln A=\ln 3000=$“8.006 367 6”（计算器显示），函数 $N=\ln A$ 中只有一个自变量 A，其不确定度为已知。然后计算不确定度

$$\Delta_N=\frac{\partial N}{\partial A}\Delta_A=\frac{\Delta_A}{A}=\frac{2}{3000}=0.0007$$

结果

$$N=\ln A=8.0064\pm0.0007$$

$$\frac{\Delta_N}{N}=0.0088\%$$

例 1-10 $\theta=60.00°\pm0.03°$，求 $x=\sin\theta$。

解：先计算 $x=\sin\theta=\sin 60.00°=0.866\,025\,4$，然后计算不确定度

$$\Delta_x=\frac{\partial x}{\partial \theta}\Delta_\theta=|\cos\theta|\Delta_\theta=0.5\times\left(0.03\times\frac{2\pi}{360}\right)=0.0003$$

结果

$$x=0.8660\pm0.0003,\qquad \frac{\Delta_x}{x}=0.035\%$$

例 1-11 已知 $x=56.7$，$y=\ln x$，求 y。

解：因直接测量值 x 没有标明不确定度，故在直接测量值的最后一位数上取 1 作为不确定度，即 $\Delta_x\approx0.1$（至少估计值）。$\Delta_y=\frac{1}{x}\Delta_x=\frac{0.1}{56.7}\approx0.002$，说明 y 的不确定度位在千分位上，故 $y=\ln 56.7=4.038$。

例 1-12 $x=9°24'$，求 $y=\cos x$。

解：取 $\Delta_x\approx1'\approx0.00029$，得 $\Delta_y=(\sin x)\Delta_x=0.000\,045\,7\approx0.000\,05$，结果

$$y=\cos 9°24'=0.98657$$

第七节 实验数据的记录与处理

实验的结果，不但与测量方法的选择、所用仪器的精度、操作的熟练程度

和实验时的细心程度有关，而且与实验数据的记录有关。原始数据必须填写在预先绘制的表格中，不得随意涂改原始数据。

实验中所得的大量数据，需要进行整理、分析和计算，并从中得到最后的实验结果和寻找实验的规律，这个过程叫实验数据的处理。实验数据的处理方法很多，常用的方法有三种，即列表法处理实验数据、图示法处理实验数据、经验方程法处理实验数据。现分别介绍如下。

一、列表法处理实验数据

（1）数据列表可以简单而明确地表示各量之间的关系，便于检查和及时发现问题，有助于找出有关量之间的规律，求出经验公式。

（2）列表时要简明。要交代清楚表中各符号的意义，并写明单位。表中的数据要正确反映测量结果的有效数字，如为间接测量，还应简要列出公式。

二、图示法处理实验数据

在处理测量结果时，还常用图示法。图示法是将测量的数据标在坐标纸上，形成一组数据点，再把这些点连成光滑的曲线。其优点是能把测量量之间的关系简明地表示出来，并可从曲线中直接求出待测量。这种方法在医学研究中常被使用。作曲线时，应注意以下几点：

（1）作图时要用坐标纸；

（2）坐标纸的大小及坐标轴的比例，应根据所测得数据的有效数字和结果的需要来确定。坐标轴末端要标明所示量的名称和单位；

（3）每个实验点要用符号在坐标纸上明确表示出来。常用的符号为×、+、·等，其中心与实验点相对应；

（4）曲线不必通过所有点，但要求曲线两侧点的个数近似相等，点到曲线的距离也近似相等。

例如，用伏安法测电阻数据如表1-2所示：

表1-2 伏安法测电阻数据

U/V	1.00	2.00	3.00	4.00	5.00	6.00	7.00	8.00	9.00	10.00
I/mA	2.00	4.01	6.05	7.85	9.70	11.83	13.75	16.02	17.86	19.94

用直角坐标纸作图示于图1-6。

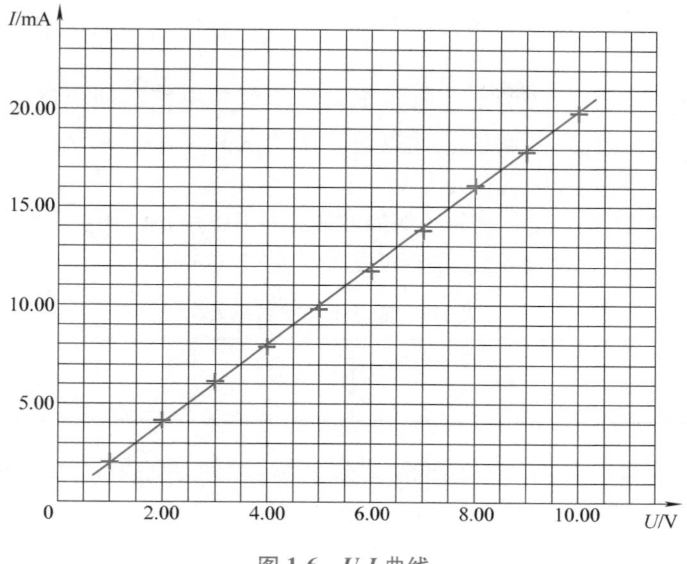

图 1-6 *U-I* 曲线

三、经验方程法处理实验数据

把实验结果列成表或绘成图固然可以表示物理规律（物理量之间的关系），但图、表往往没有用函数表示来的明确和方便，而且函数式在微分、积分上均可给予莫大的帮助。所以，我们希望从实验数据求出经验方程，这也称为方程的回归问题。用回归法处理实验数据的优点，还在于理论严格。在函数形式确定后，结果是唯一的，不会因人而异。如果用作图法处理同样的数据，即使肯定是线性的，不同的工作者给出的直线也会不同，这是作图法不如回归法的地方。

获得经验方程的一般步骤是，首先确定函数形式，然后用实验数据确定经验方程式中的待定常数。

函数形式的确定，一般是根据理论的推断或将实验数据绘成图后，从图的变化趋势推测出来。如果推断物理量 y 和 x 之间的关系是线性的，则把函数形式写成

$$y=ax+b$$

如果推断是指数关系，则写成

$$y=a\mathrm{e}^{bx}+c$$

如果函数关系不清楚时，常用多项式来表示，即

$$y=a_0+a_1x+a_2x^2+a_3x^3+\cdots+a_nx^n$$

以上各式中 $a,b,c,a_0,a_1,a_2,\cdots,a_n$ 均为常数。有了经验方程，就可用实验数据

确定经验方程的待定常数。在普通物理实验中，我们讨论的仅限于一元线性回归问题。

经验方程中的常数项的求法有很多种，主要是根据简便或所需的准确度来选择。最常用的有直线图解法、选点法、平均法和最小二乘法。下面仅介绍用最小二乘法求经验方程中的待定常数。

假设我们要建立变量 x 与 y（例如欧姆定律中的电流与电压）的关系。先作适当次（例如 n 次）测量，将结果列成表（见表1-3）。

表1-3　变量 x 与 y 数据表

x	x_1	x_2	x_3	…	x_n
y	y_1	y_2	y_3	…	y_n

将 x 与 y 看作平面上的直角坐标，若在 y 与 x 之间存在线性关系，即 y 是由公式

$$y=ax+b \tag{1-11}$$

所表示的 x 的线性函数，因自变量只有 x 一个，故称为一元线性回归。其中 a 与 b 是待定常数。上式还可化为

$$ax+b-y=0 \tag{1-12}$$

但实际上点 (x,y) 仅近似在直线上，如图1-7所示，故上述公式亦近似成立。如果将上列表中取的 $x_1,y_1,x_2,y_2,\cdots,x_n,y_n$ 代入式（1-12）中可得方程组

$$\begin{cases}ax_1+b-y_1=\varepsilon_1\\ax_2+b-y_2=\varepsilon_2\\\quad\vdots\\ax_n+b-y_n=\varepsilon_n\end{cases} \tag{1-13}$$

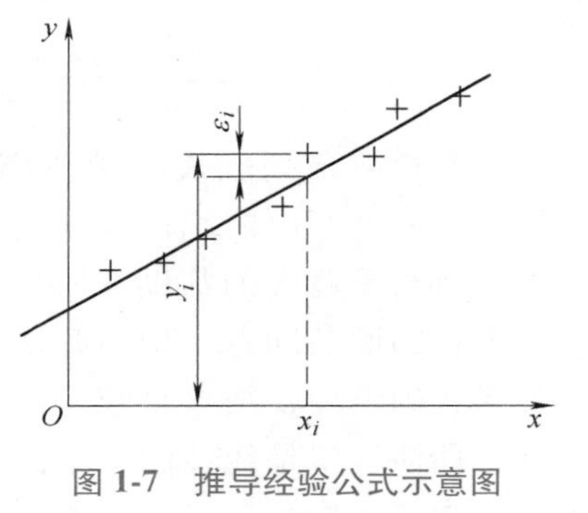

图1-7　推导经验公式示意图

我们的目的是要求 a、b 的值。显然，比较合理的 a 和 b 是使 $\varepsilon_1,\varepsilon_2,\cdots,\varepsilon_n$ 的数值都比较小，实际上每次测量的误差都不一样，而且符号也不同，所以只能要求总的误差为最小，即误差的平方和 $\left(\sum_{i=1}^{n}\varepsilon_i^2\right)$ 为最小。这一结果可由高斯定理导出，该方法就是最小二乘法。现介绍如下：

将方程组（1-13）各式平方后相加得

$$(ax_1+b-y_1)^2+(ax_2+b-y_2)^2+\cdots+(ax_n+b-y_n)^2$$

$$=\varepsilon_1^2+\varepsilon_2^2+\cdots+\varepsilon_n^2=\sum_{i=1}^{n}\varepsilon_i^2$$

若令

$$s=\sum_{i=1}^{n}\varepsilon_i^2$$

且令

$$\frac{\partial s}{\partial a}=0,\quad \frac{\partial s}{\partial b}=0$$

则得

$$\begin{cases}x_1(ax_1+b-y_1)+x_2(ax_2+b-y_2)+\cdots+x_n(ax_n+b-y_n)=0\\(ax_1+b-y_1)+(ax_2+b-y_2)+\cdots+(ax_n+b-y_n)=0\end{cases}$$

整理后可得含 a 与 b 两未知量的方程组

$$\begin{cases}a(x_1^2+x_2^2+\cdots+x_n^2)+b(x_1+x_2+\cdots+x_n)=x_1y_1+x_2y_2+\cdots+x_ny_n\\a(x_1+x_2+\cdots+x_n)+nb=y_1+y_2+\cdots+y_n\end{cases}$$

或

$$\begin{cases}a\sum_{i=1}^{n}x_i^2+b\sum_{i=1}^{n}x_i=\sum_{i=1}^{n}x_iy_i\\a\sum_{i=1}^{n}x_i+nb=\sum_{i=1}^{n}y_i\end{cases}\tag{1-14}$$

解之得

$$a=\frac{n\sum_{i=1}^{n}x_iy_i-\sum_{i=1}^{n}x_i\cdot\sum_{i=1}^{n}y_i}{n\sum_{i=1}^{n}x_i^2-\left(\sum_{i=1}^{n}x_i\right)^2},\quad b=\frac{\sum_{i=1}^{n}x_i^2\cdot\sum_{i=1}^{n}y_i-\sum_{i=1}^{n}x_i\cdot\sum_{i=1}^{n}x_iy_i}{n\sum_{i=1}^{n}x_i^2-\left(\sum_{i=1}^{n}x_i\right)^2}$$

这就是所谓最小二乘法标准方程组的最后形式，由此求出 a 与 b，然后再把它们代入式（1-11）中，即得到经验方程。

由于多数函数均可通过坐标转换，转变为一元线性函数。例如，函数形式为

$$y=Ax^B$$

两边取对数得

$$\ln y=\ln A+B\ln x$$

令 $\ln y=y'$，$\ln A=b$，$B=a$，$\ln x=x'$，得

$$y'=ax'+b$$

这样就转变成（用新变量表示的）一元线性回归问题了。

同理，函数 $y=AB^x$ 可转变为 $\ln y=\ln A+x\ln B$；

函数 $y=Ae^{mx}$ 可转变为 $\ln y=\ln A+mx$；

函数 $y=\dfrac{x}{A+Bx}$ 可转变为 $\dfrac{1}{y}=\dfrac{A}{x}+B$ 等。

这样，所给的函数均可转化成（用新变量表示的）一元线性回归问题了。因此，一元线性回归应用最广。

对于一组实验数据，通过线性回归所得的方程是否合理，在待定常数确定后，还需要计算一下相关系数 r。对于一元线性回归，r 的定义为

$$r=\frac{\overline{xy}-\overline{x}\ \overline{y}}{\sqrt{(\overline{x^2}-\overline{x}^2)\ (\overline{y^2}-\overline{y}^2)}}$$

式中
$$\overline{x}=\frac{\sum_{i=1}^{n}x_i}{n},\quad \overline{y}=\frac{\sum_{i=1}^{n}y_i}{n},\quad \overline{xy}=\frac{\sum_{i=1}^{n}x_iy_i}{n}$$

$$\overline{x^2}=\frac{\sum_{i=1}^{n}x_i^2}{n},\quad \overline{y^2}=\frac{\sum_{i=1}^{n}y_i^2}{n},\quad \overline{x}^2=\left(\frac{\sum_{i=1}^{n}x_i}{n}\right)^2,\quad \overline{y}^2=\left(\frac{\sum_{i=1}^{n}y_i}{n}\right)^2$$

$|r|$的值通常在0~1之间。$|r|$的值愈接近1，说明实验数据愈密集在求得的直线近旁，用线性回归就愈合理。相反，如果$|r|$值小于1，而接近0，则说明实验的数据对求得的直线很分散，即表示用线性回归不妥，必须用其他函数重新试探（详见“回归分析”有关书籍）。

例1-13　用光电比色计测定$CuSO_4$溶液浓度时，量x（浓度）与y（消光度）的测量值与运算结果如表1-4所示。

表1-4　浓度与消光度数据表

次　数	x_i	y_i	x_i^2	x_iy_i
1	0.200	0.048	0.0400	0.0096
2	0.400	0.090	0.1600	0.0360
3	0.600	0.140	0.3600	0.0840
4	0.800	0.174	0.6400	0.1392
Σ	2.000	0.452	1.2000	0.2688

将表中$\sum x_i$、$\sum y_i$、$\sum x_i^2$、$\sum x_iy_i$的值代入方程组得
$$\begin{cases}1.2000a+2.000b=0.2688\\2.000a+4b=0.452\end{cases}$$
解之得
$$a=0.124,\quad b=0.006$$
将a、b代入经验公式$y=ax+b$，得
$$y=0.124x+0.006$$

第八节　用Excel软件进行实验数据处理

Excel是一款功能较强的电子表格软件，可帮助我们进行处理数据、分析数据、绘制图表。Excel软件操作便捷，用于实验数据处理非常方便。下面简单介绍其在实验数据处理中的一些基本方法。

一、启动Excel

单击“开始”按钮，选择“程序”。在“程序”菜单上单击Microsoft Excel。

启动 Excel 成功后，Excel 的应用窗口的界面便出现在屏幕上，如图 1-8 所示。

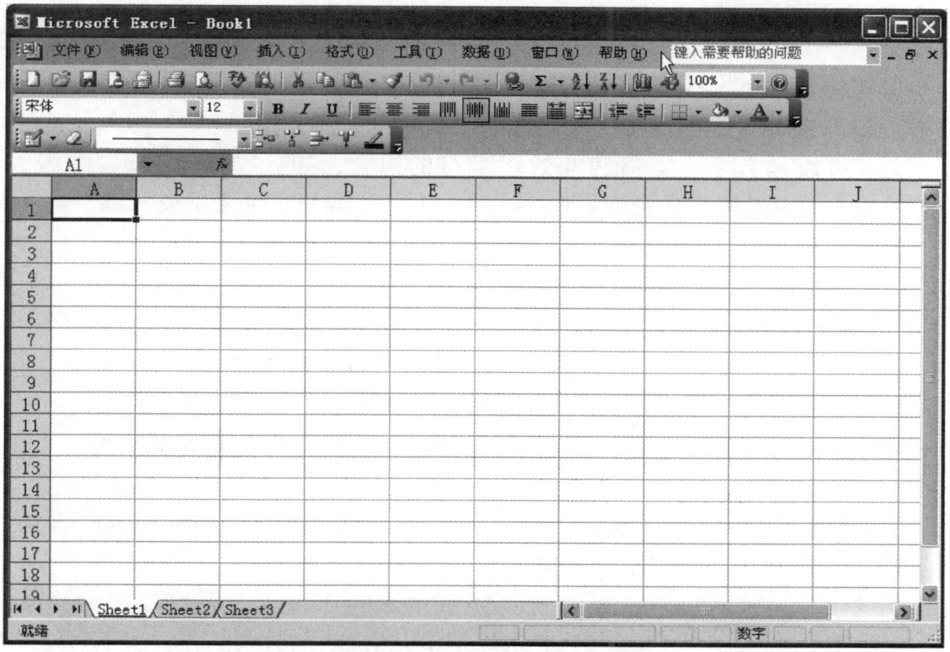

图 1-8 Excel 的应用窗口界面

二、工作表、工作簿、单元格、区域等概念

1. 工作表

启动 Excel 后，系统将打开一个空白的工作表。工作表有 256 列，用字母 A,B,C,…命名；有 65536 行，用数字 1,2,3,…命名。

2. 工作簿

一个 Excel 文件称为一个工作簿，一个新工作簿最初有 3 个工作表，标识为 Sheet1、Sheet2、Sheet3，若标签为白色即为当前工作表，单击其他标签即可转换为当前工作表。

3. 单元格

工作表中行与列交叉的小方格称为单元格，Excel 中的单元格地址来自于它所在的行和列的地址，如第 C 列和第 3 行的交叉处是单元格 C3，单元格地址称为单元格引用。单击一个单元格就使它变为活动单元格（即当前单元格），它是输入以及编辑数据和公式的地方。

4. 表格区域

表格区域是指工作表中的若干个单元格组成的矩形块。

指定区域：用表格区域矩形块中的左上角和右下角的单元格坐标来表示，中间用“:”隔开。如：A3:E6为相对区域，$A$3:$E$6为绝对区域，$A3:$E6或A$3:E$6为混合区域。

三、工作表中内容的输入

1. 输入文本

文本可以是数字、空格和非数字字符的组合，如：1234、12ab、中国等，单击需输入的单元格，输入后，按←、→、↑、↓或回车键来结束。

2. 输入数字

在Excel中数字只可以为下列字符：

0123456789+-()/%E。

输入负数：在数字前冠以减号（-），或将其置于括号中。

输入分数：在分数前冠以0，如键入“0　1/2”。

数字长度超出单元格宽度时，以科学计数（7.89E+08）的形式表示。

3. 输入公式

单击活动的单元格，先输入等号“=”，表示此时对单元格的输入内容是一个公式，然后在等号后面输入具体的公式内容即可。例如：

=55+B5	表示55和单元格B5的数值的和；
=4 * B5	表示4乘单元格B5的数值的积；
=B4+B5	表示单元格B4和B5的数值的和；
=SUM(A1:A6)	表示区域A1到A6所有数值的求和。

4. 输入函数

Excel包含许多预定义的或称内置的公式，它们称为函数。在常用的工具栏中点击f_x，打开对话框（见图1-9）选择函数进行简单的计算，或将函数组合后进行复杂的运算；还可以在单元格里直接输入函数进行计算。在实验中用其进行数据处理非常方便，现介绍一部分函数以供参考。

● 求和函数SUM

功能：返回参数表中所有参数的和。

例如：=SUM（B1，B2，B3）或=SUM（B1:B3），求B1、B2、B3的和。

● 求平均函数AVERAGE

功能：返回参数表中所有参数的平均值。

例如：=AVERAGE（B1:B3），求B1、B2、B3的平均值。

● 求最大值函数MAX

功能：返回一组参数中的最大值。

例如：=MAX（B1:B3），求B1、B2、B3中的最大值。

● 求最小值函数MIN

功能：返回一组参数中的最小值。

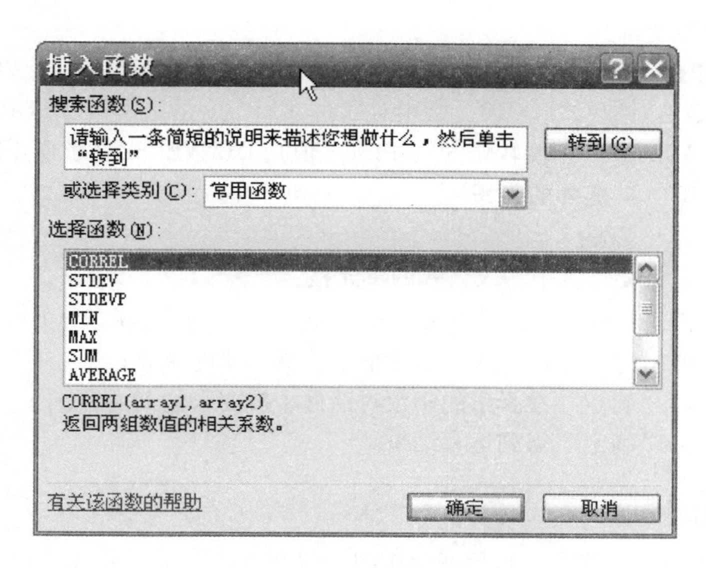

图 1-9　插入函数对话框

例如：=MIN（B1:B3），求 B1、B2、B3 中的最小值。

● 求标准偏差 STDEV

功能：估算基于给定样本的标准偏差 S。

例如：=STDEV（B1:B5），求 B1、B2、B3、B4、B5 的标准偏差 S。

● 计数函数 COUNT

功能：计算参数表中的数字参数和包含数字的单元格的个数。

● t 分布函数 TINV

功能：返回给定自由度和双尾概率的 t 分布的区间点。

● 直线方程的斜率函数 SLOPE

功能：返回经过给定数据点的线性回归拟合直线方程的斜率。

● 直线方程的截距函数 INTERCEPT

功能：返回线性回归拟合直线方程的截距。

● 直线方程的预测值函数 FORECAST

功能：通过一条线性回归拟合直线返回一个预测值。

● 取整函数 INT

功能：将数值向下取整为最接近的整数。

● 近似函数

ROUND　按指定的位数对数值四舍五入。

ROUNDDOWN　按指定的位数向下舍入数字。

ROUNDUP　按指定的位数向上舍入数字。

● 部分数学函数

SIN（正弦），COS（余弦），TAN（正切），SQRT（平方根），POWER（乘幂），LN（自然对数），LOG10（常用对数），EXP（e的乘幂），DEGREES（弧度转角度），RADIANS（角度转弧度），PI（π值），MINVERSE（求逆矩阵，即 $K\to K^{-1}$），MMULT（两矩阵的乘积）。

函数的输入方法：

（1）单击将要在其中输入公式的单元格；

（2）单击工具栏中 f_x；或由菜单栏“插入”中的“f_x 函数（F）…”进入；

（3）在弹出的“选择函数”对话框中选择需要的函数；

（4）单击“确定”在弹出的函数对话框中按要求输入内容；

（5）单击“确定”得到运算结果。

四、图表功能

Excel的图表功能为实验数据的作图、拟合直线、拟合曲线、拟合方程以及求相关系数等带来了极大的方便。其操作步骤为：

（1）选定数据表中包含所需数据的所有单元格；

（2）单击工具栏中的图标，或单击菜单栏中的“插入（I）”，选定“图表（H）…”栏，进入“图表向导-4步骤之1”的对话框（见图1-10），选出希望得到的图表类型。如：XY散点图，再单击“下一步”按其要求完成本对话框内容的输入，最后单击“完成”，便可得到图表；

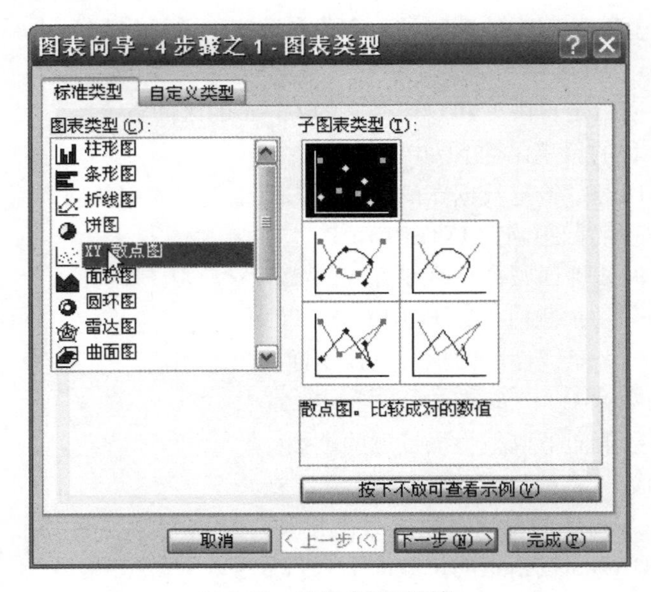

图1-10　图表类型对话框

（3）选中图表，单击“图表”主菜单，单击“添加趋势线”命令；

（4）单击“类型”标签，选择“线性”等类型中的一个；

（5）单击“类型”标签，可选中“显示公式”“显示 R 平方值”等复选框，再单击“确定”便可得到拟合直线或曲线、拟合方程和相关系数 R 平方的数值。

五、线性回归分析

线性回归法处理实验数据是实验数据处理中的重要方法之一，但其计算工作量较大，而在 Excel 中很容易实现线性回归分析。由 Excel 的窗口界面菜单中的“工具”栏进入“数据分析（D）…”（如果没有“数据分析（D）…”，则在“工具”栏菜单中，单击“加载宏”命令，选中“分析工具库”复选框）；在弹出的对话框中选中“回归”，即进入“回归”的对话框（见图 1-11）。在“回归”的对话框中输入 X、Y 值数据所在的单元格区域，以及输出区域的位置和其他的一些选项后单击“确定”就可完成线性回归分析的计算工作。

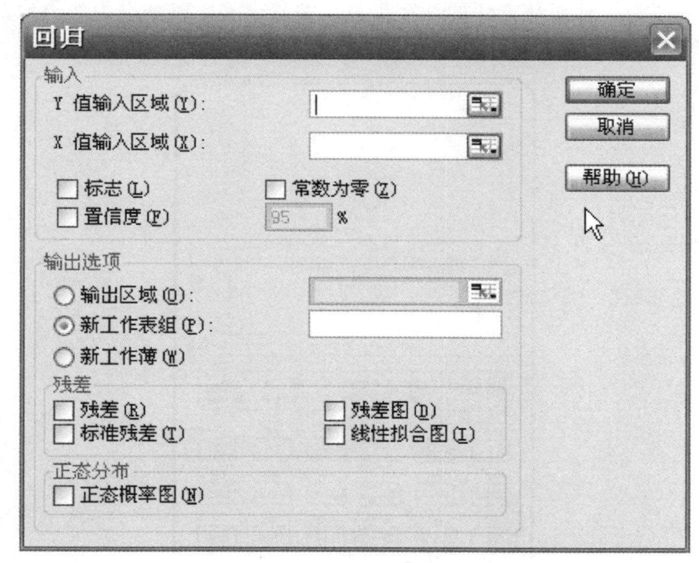

图 1-11　回归对话框

Excel 的数据处理功能非常强大，以上只介绍了其中很少的一部分功能，以便在实验数据处理中提供方便。

【思考题】

1. 指出下列各量是几位有效数字：

9.8，1.0070，0.3010，9.400×10^4

2. 改正：

（1）$L=(5.600\pm0.2)$ cm

（2）2.8g＝2800mg

（3）$D=(10.625\pm0.257)$ cm

3. 按有效数字运算法则计算下列各式：

（1）$98.35+1.065=$

（2）$4.862\times6.3\times0.002=$

（3）$0.003/1000=$

（4）$\dfrac{12.65-8.75}{13.50-8.75}=$

4. 一个铅圆柱体，测得直径 $d=(2.04\pm0.01)$ cm，高度 $h=(4.12\pm0.01)$ cm，质量 $m=(149.18\pm0.05)$ g。求铅的密度 ρ，并用不确定度评定测量结果。

【附录】　袖珍计算器的使用

袖珍型计算器是一种简易方便的计算工具，型号很多，但基本用法类似，现以 CASIO fx-82super（见图 1-12）为例，介绍常用的功能键和使用方法。

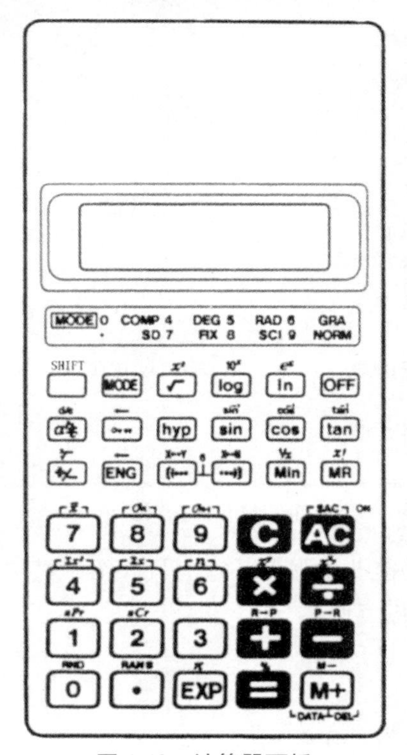

图 1-12　计算器面板

1. 开关键：按［AC］键，打开电源，按［OFF］键关闭电源，开机后数码屏上显示

“0”字。

2. 清“0”键［AC］：按［AC］键后，数码屏上的数字全部清为零。

3. 各种状态：使用计算器时，可配合计算需要，选用各种状态（见表 1-5）。

表 1-5　计算器各种状态

应　用	键 操 作	状 态 名
标准偏差计算	［MODE］［·］	SD
普通计算	［MODE］［0］	COMP
以度为角度单位的计算	［MODE］［4］	DEG
以弧度为角度单位的计算	［MODE］［5］	RAD
以梯度为角度单位的计算	［MODE］［6］	GRA
小数位数设定	［MODE］［7］	FIX
有效位数设定	［MODE］［8］	SCI
取消小数位数与有效位数设定	［MODE］［9］	NORM

注：指示符在显示屏中显示，表示现在设定的状态；无指示符显示时表示 COMP 状态。

4. 错误信息“E”：当使用功能键错误或计算错误时，显示屏上呈现错误信息，溢出符号“E”。

5. 第一功能键：开机后直接按面板上的“+”“-”“×”“÷”等符号或数字键时，即能作一般运算。该机器按先乘除后加减的法则运算，有些机器则不同，按一般代数式先后次序运算。

（1）四则运算：

7×8-4×5=7[×]8[-]4[×]5[=]　　显示 36

（2）平方和立方运算：

1.7^2=1.7[×][×][=]　　显示 2.89

1.7^3=1.7[SHIFT][x^y]3[=]　　显示 4.913

（3）分数运算：

$$4\frac{5}{6}\left(3\frac{1}{4}+1\frac{2}{3}\right)\div 7\frac{8}{9}$$

$$=4\left[a\frac{b}{c}\right]5\left[a\frac{b}{c}\right]6[\times][((\cdots]3\left[a\frac{b}{c}\right]1\left[a\frac{b}{c}\right]4[+]1\left[a\frac{b}{c}\right]$$

$$2\left[a\frac{b}{c}\right]3[\cdots))][\div]7\left[a\frac{b}{c}\right]8\left[a\frac{b}{c}\right]9[=]$$

显示 3⌟ 7⌟ 568　按$\left[a\frac{b}{c}\right]$　　显示 3.012323944

（4）对数运算：

log1.23=1.23［log］　　显示 0.089905111

ln90=90［ln］　　显示 4.49980967

（5）三角函数的运算：

计算三角函数时，所用角度单位有弧度、度数、梯度三种。

用弧度单位时三角函数的计算：按［MODE］［5］，显示 RAD，可做有关弧度方面的三角函数的运算。

如求 $\sin\left(\frac{\pi}{6}\right)$ 的值：［π］［÷］6［=］　　显示 0. 523598775

按［sin］　　显示 0. 5

用度数单位时三角函数的计算：按［MODE］［4］，显示 DEG

如求 cos63°52′41″按 63［°′″］52［°′″］41［°′″］　　显示 63. 87805556

按［cos］　　显示 0. 440283084

用梯度单位时三角函数的计算：按［MODE］［6］，显示 GRA（一圆周为 400 梯度）。

6. 转换功能键［SHIFT］可用黄色的各种功能键，如 10^x、$\cos^{-1}$等。

如求 $\sin^{-1}\frac{1}{2}$，在 DEG 状态下，再按$\frac{1}{2}$，再按［SHIFT］［$\sin^{-1}$］　　显示 30

7. 统计计算功能键［SD］：按［MODE］［·］显示 SD，即可用蓝色标记的各种功能键，如 $\sum x$ 、$\bar{x}$ 等。

第二章

基础物理实验

实验2-1　基本测量

游标卡尺

【实验目的】

1. 了解游标卡尺、外径千分尺的结构及原理。
2. 学会并熟练掌握它们的使用方法。
3. 进一步熟悉和巩固误差和有效数字的概念。

【实验器材】

游标卡尺、外径千分尺、金属圆筒，金属球。

【实验原理】

长度是一个基本物理量，许多其他的物理量也常常化为长度进行测量，许多测量仪器的长度或角度等读数部分也常常用米尺刻度或根据游标卡尺、外径千分尺等原理制成。在实验室中常用的长度测量仪器有米尺、游标卡尺和外径千分尺等。通常用量程和分度值表示这些仪器的规格。量程是测量范围，分度值是仪器的精密程度。一般来说，分度值越小，仪器越精密，仪器本身的“允许误差”（尺寸偏差）相应也越小。

一、游标卡尺的构造和游标原理

游标卡尺的外形如图2-1-1所示，它是由尺身（俗称主尺）D和游标（俗称副尺）E所组成的。测量爪（亦称测脚）A、A′固定在尺身上，B、B′与游标连在一起。深度尺（俗称尾尺）C也与游标连在一起，游标可沿尺身滑动。制动螺钉F用来固定游标。测量爪A、B（俗称外量爪、外卡或钳口）用来测量物体的外部尺寸；测量爪A′、B′（俗称内量爪、内卡或刀口）用来测量物体的内部长度；深度尺C用来测量深度。它们的读数值都是由游标的0线与尺身的0线之间的距离表示出来的。

根据游标分度值的不同，常用的游标卡尺有50分度、20分度和10分度等规格。

游标原理：普通米尺最小的刻度是毫米，即它的分度值是1mm。假如用它度量某一物体的长度，我们只能准确读到毫米，毫米以下的数字就要估计。为了能够更准确地读出毫米的十分之几，在米尺旁再附加一个能够滑动的有刻度的游标，而原来的米尺叫作尺身。

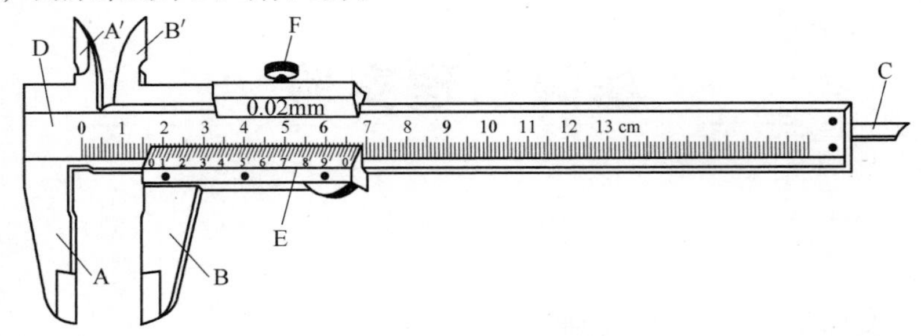

图 2-1-1 游标卡尺

常用的游标卡尺的设计：游标上 m 个分度的总长，正好与尺身上（$m-1$）个最小分度的总长相等。设尺身上最小分度为 y（1mm），游标上最小分度为 x(小于 1mm)则有

$$mx=(m-1)y$$

$$mx=my-y$$

$$m(y-x)=y$$

令 $\Delta x=y-x$，即尺身上最小分度与游标上最小分度相差的毫米数。则 $\Delta x=y-x=\frac{y}{m}$，Δx 称为游标卡尺的分度值（俗称精度）。

以 50 分度游标卡尺为例，游标上有 $m=50$ 格，其总长与尺身上（$m-1$）= 49 格的总长相等，如图 2-1-2 所示。

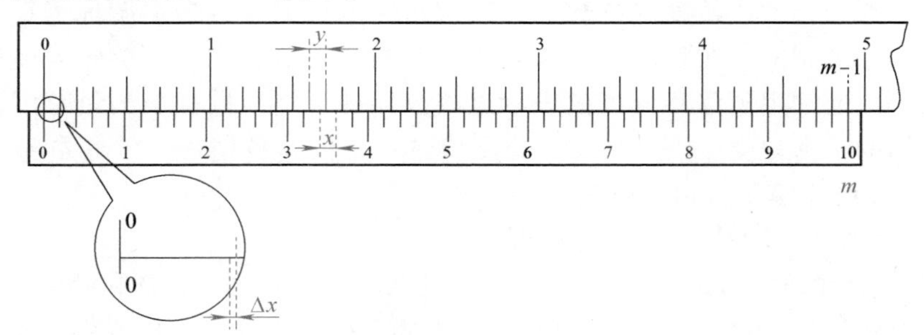

图 2-1-2 游标原理

这样有

$$50x=(50-1)\text{mm}$$

$$x=\frac{49}{50}\text{mm}$$

$$\Delta x=1-x=\frac{1}{50}\text{mm}=0.02\text{mm}$$

即 50 分度游标卡尺的分度值为 0. 02mm。

利用游标卡尺测量物体的长度时，把物体放于测量爪之间，这时游标向右移动，若游标的 0 线移至尺身 K 刻度与 $K+1$ 刻度之间，如图 2-1-3 所示。

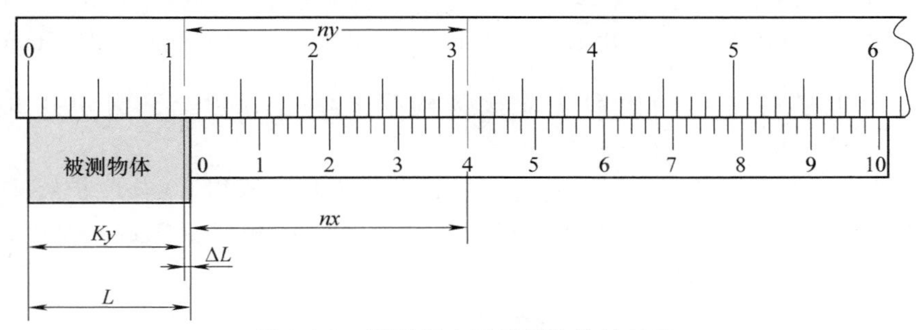

图 2-1-3 用游标卡尺测量物体的长度

显而易见，物体长度为

$$L=Ky+\Delta L$$

从图可见

$$\Delta L=ny-nx$$

$$\Delta L=n(y-x)=n\Delta x=n\frac{y}{m}$$

$$L=Ky+n\frac{y}{m}$$

可见，一物体的长度，借助游标来测量，等于尺身整数分度读数（Ky）加上游标卡尺的分度值（y/m）与游标上和尺身某一刻度重合的刻度格数（n）的乘积。图 2-1-3 所示被测物体的长度为

$$\begin{aligned}L&=Ky+n\frac{y}{m}\\&=11\times1\text{mm}+20\times0.02\text{mm}\\&=11\text{mm}+0.40\text{mm}\\&=11.40\text{mm}\end{aligned}$$

这里需要说明的是，用游标卡尺读数时，仔细看来，在一般情况下很可能游标上的任何一条线都不与尺身上的某一线完全对齐。通常就认为一对最相近的线是对齐的。这样就可能最多有半个分度值（对于 50 分度游标卡尺是 0.01mm）的估读误差。根据仪器读数的有效数字的规定，读数的最后一位应是可疑数字。因此，50 分度游标卡尺的读数应读到毫米的百分位上，例如 0.28mm、4.42mm 等。

对于 20 分度游标卡尺来说，$m=20$，即将尺身上的 19mm 等分为游标上的 20 格，这样它的分度值为

$$\Delta x=\left(1-\frac{19}{20}\right)\text{mm}=0.05\text{mm}$$

估读误差最大为$\frac{1}{2}\times0.05\text{mm}\approx0.02\sim0.03\text{mm}$，也在毫米的百分位上，因此，

读数也应读到毫米的百分位上，例如0.20mm、3.45mm、8.60mm等。

对于10分度游标卡尺来说，$m=10$，即将尺身上的9mm等分为游标上的10格。这样它的分度值为$\frac{1}{10}=0.1\text{mm}$。估读误差最大为$\frac{1}{2}\times0.1\text{mm}=0.05\text{mm}$，因此，10分度游标卡尺的读数也应该读到毫米的百分位上，例如0.30mm、9.80mm、12.50mm等。

另外，还有一种游标卡尺，称为扩展式游标卡尺。现以20分度扩展式游标卡尺为例来说明。若游标上20等分格的长度与尺身上39格（39mm）的长度相等，如图2-1-4所示，即

$$20x=(40-1)y$$

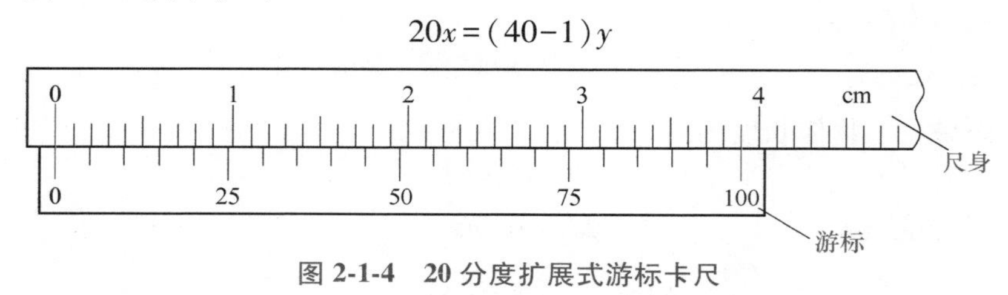

图2-1-4 20分度扩展式游标卡尺

若令扩展式游标卡尺的分度值$\Delta x=2y-x$，则$\Delta x=\left(2\times1-\frac{39}{20}\right)\text{mm}=0.05\text{mm}$。在这种情况下，尺身上的两格与游标上的一格相当。

利用扩展式游标卡尺测量物体长度时，所用公式仍为

$$L=Ky+n\cdot\Delta x$$

式中，n为游标上第n条线与尺身上某一条线重合的格数；Δx为该游标卡尺的分度值，且$\Delta x=2y-x$。

扩展式游标卡尺的优点是，游标上的分格比较宽松，便于读数。

使用游标卡尺时，可一手拿被测物体，另一手持尺，如图2-1-5所示。要特别注意保护测量爪不被磨损。使用时轻轻把物体卡住即可读数，不允许用来测量粗糙的物体，并切忌将被夹紧的物体在测量爪内挪动。

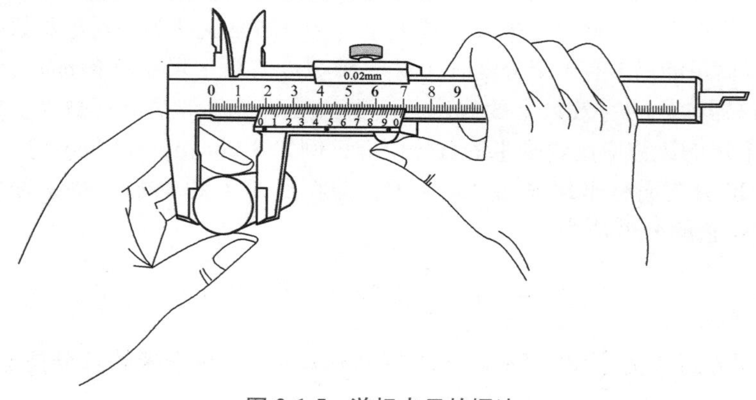

图2-1-5 游标卡尺的握法

二、外径千分尺的构造和原理

外径千分尺

外径千分尺是比游标卡尺更精密的测长仪器，常用来测量薄板的厚度、金属丝及小球的直径等。外径千分尺的结构如图 2-1-6所示。

外径千分尺的尺架 ABO 为一 U 形框。固定套管 CD 内有螺纹，它的螺距（即相邻两螺线沿轴线的距离）通常为 0. 5mm，CD 外侧刻有每格为 0. 5mm 的刻度。测微螺杆 H 穿过 CD 与微分筒 E 相连。微分筒口的边缘通常为 50 等分，转动螺旋头 F，可将测定物体夹持在 A、H 之间。新式的外径千分尺备有棘轮 G，转动棘轮至某一程度，如物体已被夹紧时将咯咯作响，该结构可以消除因钳口对被测量物体压紧程度不一致而造成的误差，同时可以避免损坏被测物体和螺纹。

当钳口 A、H 接触时，则微分筒 E 左端边缘应落在标尺 CD 的零线上，而且微分筒的零线也应正对标尺 CD 的横线。每当螺旋头 F 旋转一整圈时，则微分筒将在标尺 CD 上移动一个分度（通常为 0. 5mm），因此，微分筒每转动一小格，则在标尺上移动的距离为

$$\frac{0.5\text{mm}}{50\text{格}}=\frac{0.01\text{mm}}{\text{格}}$$

图 2-1-6 外径千分尺

例如，要测定一小球的直径，可将它贴附在钳口上，先转动螺旋头 F，使测微螺杆接近小球，然后转动棘轮 G，直到使 H 与小球接触并听到咯咯声时为止。读数时先在标尺 CD 上读出 0. 5mm 以上的读数，再加上标尺 CD 上横线正对微分筒 E 上的毫米数，如图 2-1-6 所示。微分筒 E 的边缘位于标尺 CD 的 3. 0mm 和 3. 5mm 之间，而标尺 CD 的横线正对微分筒 E 上第 30 和 31 条分度线的中间，则小球的直径为

$$3.0\text{mm}+30.5\text{格}\times0.01\text{mm}/\text{格}=3.0\text{mm}+0.305\text{mm}=3.305\text{mm}$$

又如图 2-1-7 所示，微分筒 E 的边缘位于标尺 CD 的 3. 5mm 和 4. 0mm 之间，而标尺 CD 的横线正对微分筒 E 上第 30 和 31 条分度线的中间，则小球的直径为

$$3.5\text{mm}+30.5\text{格}\times0.01\text{mm/格}=3.5\text{mm}+0.305\text{mm}=3.805\text{mm}$$

以上两例中的最后一位数（0.005），由估计得来。

读数时应特别注意活动微分筒上的读数是否过0，过0则加0.5，不过0则不能加0.5。如图2-1-8所示，虽然5.5mm的刻线已经可以看到，但活动套筒上的读数尚未过0，因此读数应为5.0mm+0.474mm=5.474mm，而非5.5mm+0.474mm=5.974mm。

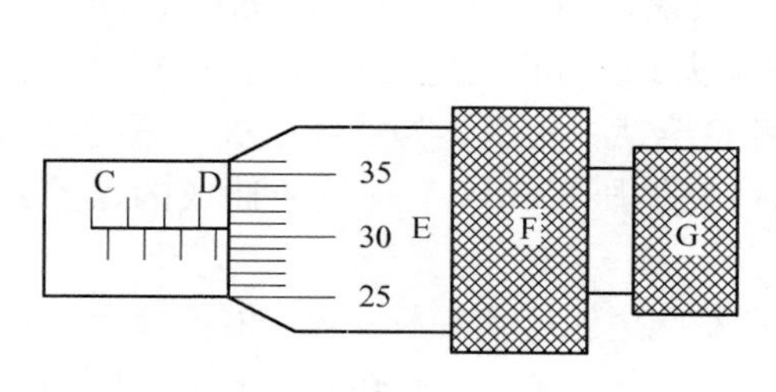

图2-1-7 外径千分尺的刻度

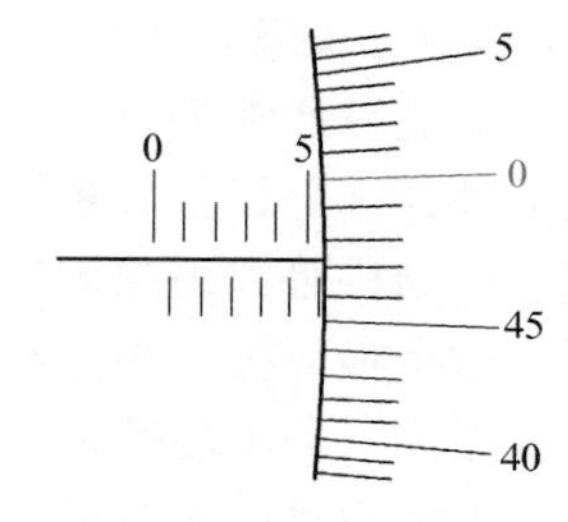

图2-1-8 外径千分尺读数

外径千分尺钳口A、H接触时，标尺横线与微分筒零线可能不重合。测量物体时，必须事先检查，予以校准或读出零点读数。零点读数有正有负：微分筒E上的零线在标尺CD横线的上方，零点读数应为负值；微分筒E上的零线在标尺CD横线的下方，零点读数应为正值，如图2-1-9所示。测量时读数减去零点读数才是被测物体的实际测量长度。在以后使用各种仪器时，通常都要进行零点校正。

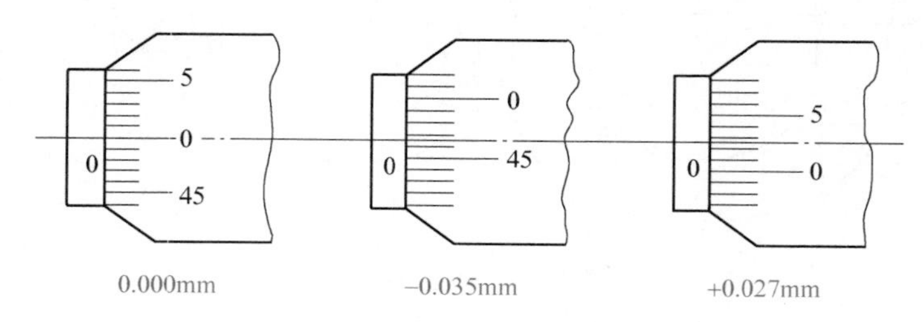

图2-1-9 零点读数

【注意事项】

1. 读数时要尽量避免视差。

2. 使用游标卡尺测量待测物体的外径时不能夹得太紧，以免损坏仪器和影响测量的准确程度。当用外径千分尺测量时，一定要使用棘轮固定物体，夹持物体的松紧程度以转动棘轮旋柄听到“咯、咯”两三声为宜。

3. 外径千分尺用毕，钳口处应稍留空隙，以免热膨胀时测砧和测微螺杆过分顶紧而损伤螺纹。

4. 在处理数据时要注意有效数字和误差相关概念的正确使用。

【实验内容与步骤】

1. 用游标卡尺测量圆筒的外径、内径和深度，在不同的位置测量 5 次，填入表 2-1-1 中，并写出标准表达式。

2. 用外径千分尺测量小球的直径 d，在不同的位置测量 5 次，每次测量前都要进行零点校正（即每次测量都有一个相应的零点读数），将测量结果填入表 2-1-2，计算小球体积和小球体积的相对误差及绝对误差，并写出标准表达式。

表 2-1-1　游标卡尺测量圆筒尺寸　（单位：mm）

次　数	外　径 D	$\lvert D_i-\overline{D}\rvert$	内　径 d	$\lvert d_i-\overline{d}\rvert$	深　度 h	$\lvert h_i-\overline{h}\rvert$
1						
2						
3						
4						
5						
平　均　值	$\overline{D}=$		$\overline{d}=$		$\overline{h}=$	

表 2-1-2　外径千分尺测量小球直径　（单位：mm）

次　数	零点读数	测量时读数	测　量　值	$\lvert D_i-\overline{D}\rvert$
1				
2				
3				
4				
5				
平　均　值			$\overline{D}=$	

【实验数据记录与处理】

1. 写出圆筒的外径、内径和深度的标准表达式。

计算 A 类分量 $\left(\Delta_A=\sqrt{\dfrac{\sum_{i=1}^{n}(x_i-\overline{x})^2}{n(n-1)}}\right)$：

$\Delta_A(D)=$ ________ mm；$\Delta_A(d)=$ ________ mm；$\Delta_A(h)=$ ________ mm。

计算B类分量$\left(\Delta_B=\frac{\Delta_{仪}}{\sqrt{3}}\right)$：

$\Delta_B(D)=$ ________ mm；$\Delta_B(d)=$ ________ mm；$\Delta_B(h)=$ ________ mm。

合成不确定度($\Delta=\sqrt{\Delta_A^2+\Delta_B^2}$)：

$\Delta_D=$ ________ mm；$\Delta_d=$ ________ mm；$\Delta_h=$ ________ mm。

圆筒的外径$\overline{D}\pm\Delta_D=$(________ ± ________)mm。

圆筒的内径 $\overline{d}\pm\Delta_d=$(________ ± ________)mm。

圆筒的深度 $\overline{h}\pm\Delta_h=$(________ ± ________)mm。

2. 计算小球的体积和小球体积的相对不确定度、绝对不确定度，并写出标准表达式。

计算A类分量$\Delta_A(D)=$ ________ mm。

计算B类分量$\Delta_B(D)=$ ________ mm。

合成不确定度$\Delta_D=$ ________ mm。

$\overline{D}\pm\Delta_D=$(________ ± ________)mm。

按有效数字运算规则计算小球体积的近真值

$$\overline{V}=\frac{\pi}{6}\overline{D}^3= \_\_\_\_\_\_\_\_ \text{ mm}^3$$

计算小球体积的相对不确定度、绝对不确定度，并写出小球体积的标准表达式：

$$\frac{\Delta_V}{\overline{V}}=3\frac{\Delta_D}{\overline{D}}= \_\_\_\_\_\_\_\_ \qquad \Delta_V= \_\_\_\_\_\_\_\_ \text{ mm}^3$$

$$V= \_\_\_\_\_\_\_\_ \pm \_\_\_\_\_\_\_\_ \text{ mm}^3$$

【思考题】

1. 对于图2-1-10所示的零点误差，若游标尺的读数为47.4mm，则物体的实际长度为多少？

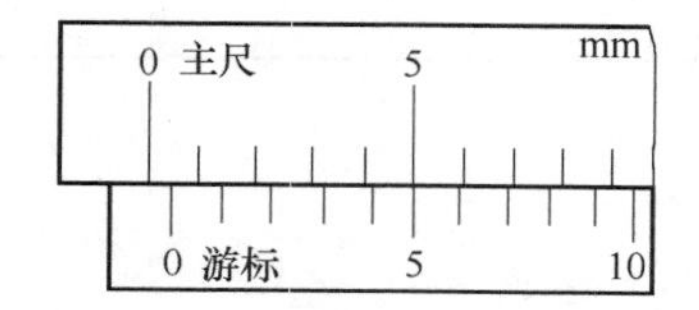

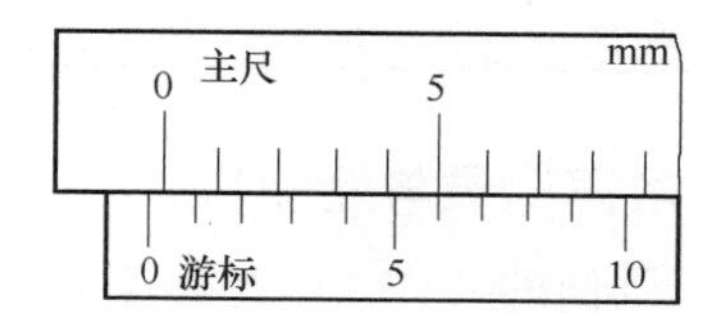

图2-1-10 零点误差

2. 读出图2-1-11中10分度游标卡尺的读数。

3. 在许多测角仪器中，为了提高测量的精度而装置一种弧形游标，其原理与前述直线游标完全相同，如尺身上每小格为1°（60′），把尺身上19格分成20等份刻在弧形游标上，如图2-1-12所示。在测量角度时，游标上“0”线以前的读数是“132°”，游标上第8条线与尺身某线重合，求此角度的大小（以度表示）。

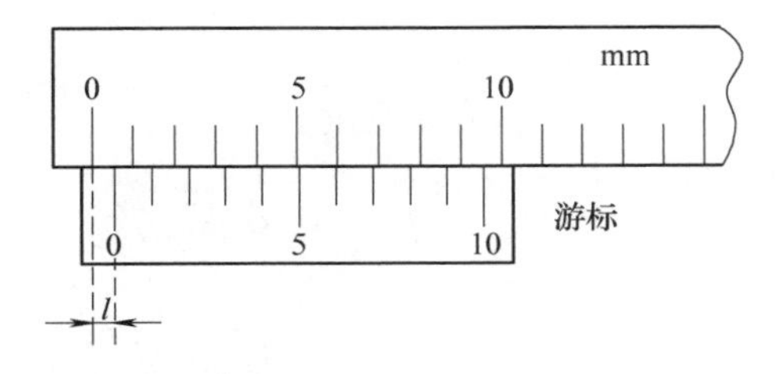

图2-1-11　10分度游标卡尺

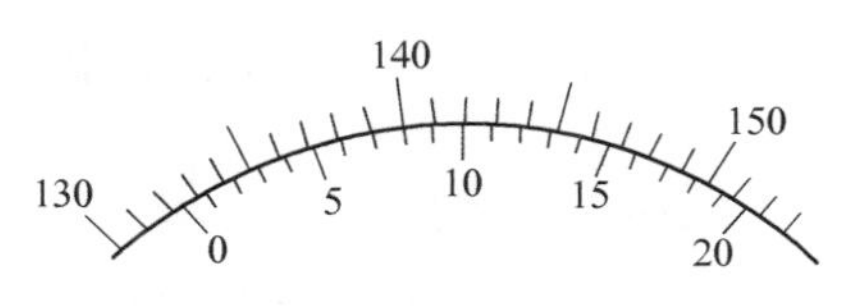

图2-1-12　弧形游标

4. 一个弧形游标，尺身29°（29分格）对应于游标30个分格，问这个游标的分度值是多少？读数应读到哪一位上？

5. 试确定下列几种游标卡尺的分度值（精度），见表2-1-3。

表2-1-3　游标卡尺相关参数

游标分格数	10	10	20	20	50
与游标分格数对应的尺身的读数/mm	9	19	19	39	49
分度值/mm					

6. 游标卡尺的工作原理是什么？公式 $L=Ky+n\left(\frac{y}{m}\right)=Ky+n\cdot\Delta x$ 中各项的物理意义是什么？

7. 50分度、20分度、10分度的游标卡尺的分度值各是多少？其读数的有效数字应保留到哪一位？

8. 应怎样握持游标卡尺？

9. 外径千分尺的工作原理是什么？外径千分尺的最小分格是多少？

10. 如何确定外径千分尺零点读数的正、负？

11. 使用外径千分尺时应注意哪些问题？

基本测量

实验 2-2　用力敏传感器测量物体的密度

【实验目的】

1. 掌握用流体静力称衡法测量不规则物体的密度和液体密度。
2. 了解硅压阻式力敏传感器的构造和使用方法。

力敏传感器测物体密度

【实验器材】

硅压阻式力敏传感器、数字电压表。

【实验原理】

一、力敏传感器

物体密度的测量是力学实验中的一个基本实验，通常采用静力称衡法进行测量。现在，力敏传感器在物理实验中已经得到较为广泛的应用。硅压阻式力敏传感器由弹性梁和贴在梁上的传感器芯片组成，如图 2-2-1 所示，该芯片由 4 个扩散电阻集成一个微型的惠斯通电桥。当外界拉力作用于梁上时，在拉力的作用下，梁产生弯曲，硅压阻式力敏传感器受力的作用，电桥失去平衡，有电压输出，输出电压与所加外力呈线性关系，即

$$\Delta U=BF \tag{2-2-1}$$

式中，F 为所加外力；ΔU 为相应的电压改变量；B 为力敏传感器的灵敏度。

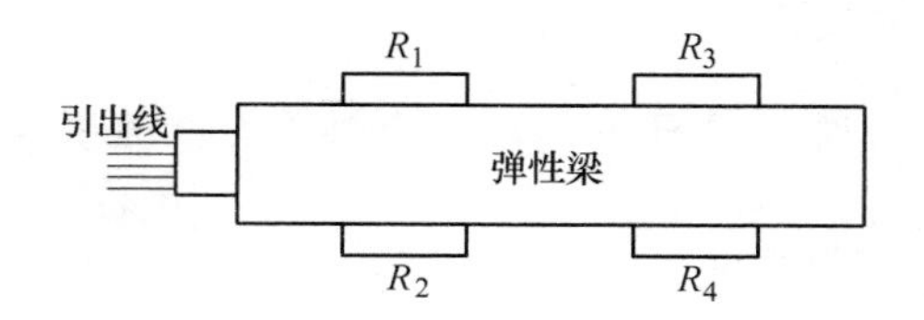

图 2-2-1　硅压阻式力敏传感器结构图

二、固体密度的测量

设待测物的质量为 m_1，且不溶于水，用一悬丝把待测物固定在力敏传感器的挂钩上，此时传感器受到的拉力$F_1=m_1g$ 和输出电压 U_1 成正比，即

$$U_1=BF_1 \tag{2-2-2}$$

将待测物体悬吊在水中，此时传感器受到的拉力 F_2 和输出电压 U_2 成正比，即

$$U_2=BF_2 \tag{2-2-3}$$

则物体在水中所受到的浮力为

$$F_{浮}=F_1-F_2=\frac{1}{B}(U_1-U_2) \tag{2-2-4}$$

又设水在当时温度下的密度为 ρ_w，物体的体积为 V，依据阿基米德定律有

$$V\rho_w g=F_{浮} \tag{2-2-5}$$

式中，g 为当地重力加速度。由上式得

$$V=\frac{F_{浮}}{\rho_w g} \tag{2-2-6}$$

则物体的密度为

$$\rho=\frac{m_1}{V}=\frac{U_1}{U_1-U_2}\rho_w \tag{2-2-7}$$

三、液体密度的测量

测量液体的密度需借助不溶于水并且和被测液体不发生化学反应的物体，用一悬丝把质量为 m_1 物体固定在力敏传感器的挂钩上，同样有 $U_1=BF_1$，且 $F_1=m_1g$；悬吊在被测液体中有 $U_2=BF_2$，且 $F_2=m_2g$；悬吊在水中有 $U_3=BF_3$，且 $F_3=m_3g$。由此可得液体的密度为

$$\rho=\frac{m_1-m_2}{m_1-m_3}\rho_w=\frac{U_1-U_2}{U_1-U_3}\rho_w \tag{2-2-8}$$

【仪器描述】

实验装置如图 2-2-2 所示。

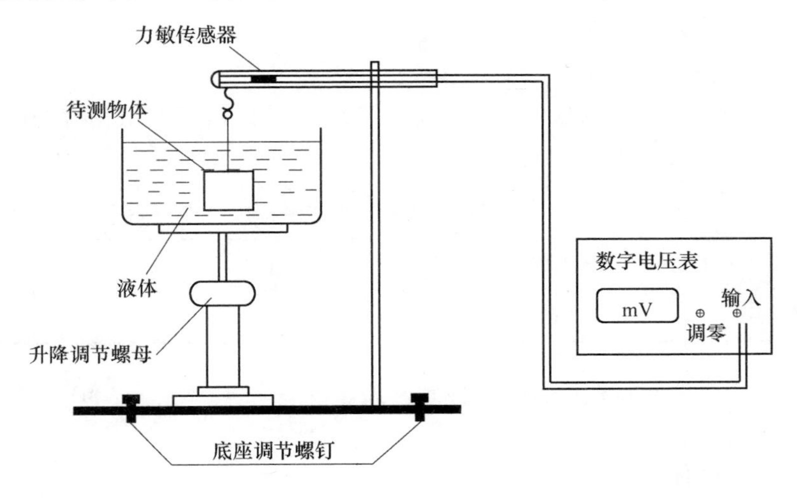

图 2-2-2 实验装置图

【实验内容与步骤】

一、力敏传感器定标

将力敏传感器的固定杆安装在立柱上，调节固定杆，使传感器弹簧片与竖直方向垂直。接通电源和数字电压表，预热15min后，挂上砝码盘，对数字电压表进行调零。将定标用的标准质量块依次加在砝码盘中，并依次从数字电压表上读出对应的电压输出值，作线性拟合 $U=a+B'm$，其中 $B'=Bg$，用最小二乘法求得力敏传感器的灵敏度 B' 及相关系数 r。

二、固体密度的测量

在烧杯中盛入纯水并安放在升降台上，将数字电压表调零，用一悬丝把待测物体挂在力敏传感器的挂钩上，读出电压表的读数 U_1。逆时针转动升降台下的大螺母，使烧杯上升，当待测物体全部浸入水中时，读出电压表读数 U_2。重复测量取平均值。用温度计测量烧杯中水的温度，查表得 ρ_w 的值，将测量结果代入式（2-2-7）中可得待测固体的密度。

三、液体的密度的测量

选不溶于水也不溶于待测液体的物体，将其悬挂在力敏传感器的挂钩上，读出数字电压表的读数 U_1，上升升降台，使该物体全部浸入水中，读出数字电压表读数 U_3，再将该物体全部浸入待测液体，读出数字电压表读数 U_2。重复测量取平均值。用温度计测量烧杯中水的温度，查表得 ρ_w 的值，将测量结果代入式（2-2-8）中可得待测液体的密度。

【实验数据记录与处理】

一、力敏传感器定标

在力敏传感器的砝码盘中，依次加入500mg的砝码，测出相应的电压输出值，实验数据记入表2-2-1中。

表 2-2-1　力敏传感器定标

m/g	0.500	1.000	1.500	2.000	2.500	3.000
U/mV						

用最小二乘法作直线拟合，得传感器灵敏度 $B'=$__________ $\mathrm{mV \cdot g^{-1}}$，线性相关系数 $r=$__________。

二、测定固体的密度

待测固体为铜片，纯水的温度 $T=$______℃，查表得 $\rho_w=$______ $\mathrm{g \cdot cm^{-3}}$，输出电压 U_1、U_2 见表2-2-2。

表 2-2-2　固体密度测量数据

序　　号	U_1/mV	U_2/mV
1		
2		
3		
平均		

将数据代入式（2-2-7），得固体密度 ρ_{Cu} = ____________ g · cm^{-3}。

三、待测液体密度

待测液体为酒精，水的温度为____________℃，酒精的温度为____________℃，U_1、U_2、U_3 的测量数据见表 2-2-3。

表 2-2-3　液体密度测量数据

序　　号	U_1/mV	U_2/mV	U_3/mV
1			
2			
3			
平均			

将数据代入式（2-2-8），得酒精密度 $\rho_{酒精}$ = ____________ g · cm^{-3}。

【思考题】

1. 压力传感器是怎样将压力转换为电压输出的？
2. 什么是传感器的灵敏度？由测量结果可见，它与什么有关？

【附录】

表 2-2-4　在 20℃时常用固体与液体密度

物　　质	密度 ρ/(kg · m^{-3})	物　　质	密度 ρ/(kg · m^{-3})
铝	2698.9	金	19320
铜	8960	钨	19300
铁	7874	铂	21450
银	10500	铅	11350

（续）

物　质	密度 $\rho/(kg \cdot m^{-3})$	物　质	密度 $\rho/(kg \cdot m^{-3})$
锡	7298	乙醇	789.4
水银	13546.2	乙醚	714
钢	7600～7900	汽车用汽油	710～720
石英	2500～2800	氟利昂—12	1329
水晶玻璃	2900～3000	（氟氯烷—12）	
窗玻璃	2400～2700	变压器油	840～890
冰（0℃）	880～920	甘油	1260
甲醇	792	蜂蜜	1435

表 2-2-5　水在 1atm（101.325kPa）下不同温度的不同密度

温度 t/℃	密度 $\rho/(kg \cdot m^{-3})$	温度 t/℃	密度 $\rho/(kg \cdot m^{-3})$	温度 t/℃	密度 $\rho/(kg \cdot m^{-3})$
0	999.841	17	998.774	34	994.371
1	999.900	18	998.595	35	994.031
2	999.941	19	998.405	36	993.68
3	999.965	20	998.203	37	993.33
4	999.973	21	997.992	38	992.96
5	999.965	22	997.770	39	992.59
6	999.941	23	997.538	40	992.21
7	999.902	24	997.296	41	991.83
8	999.849	25	997.044	42	991.44
9	999.781	26	996.783	50	988.04
10	999.700	27	996.512	60	983.21
11	999.605	28	996.232	70	977.78
12	999.498	29	995.944	80	971.80
13	999.377	30	995.646	90	965.31
14	999.244	31	995.340	100	958.35
15	999.099	32	995.025		
16	998.943	33	994.702		

实验 2-3 身高体重的回归分析

【实验目的】

1. 了解回归分析的意义。
2. 学习 Excel 软件。

【实验器材】

体重计、计算机。

【实验原理】

人们通过实验得到数据，然后就要对数据进行有效的整理和计算。对人体进行测量后，获得了来自人体的某些参数（身高、体重），要建立它们之间的经验公式，以便更好地掌握其内在的关系。在医学和生物学中，我们所能做的是在大量的实验和观察中，寻找随机性背后的统计规律，在数理统计中，研究这些规律的方法称为**回归分析**。利用回归分析能够找到一个描述变量之间变化的数学表达式，称为**回归方程**。

本实验用一元线性回归方程描述人体两个参量之间相关 x、y 的变化规律，并给出相关系数。

若变量 x 和 y 具有线性相关，对 x、y 值作 n 次独立观察，可得出容量为 n 的样本 $(x_1,y_1),(x_2,y_2),\cdots,(x_n,y_n)$。线性模型为 $y=ax+b$，根据数学上的最小二乘法原理得出

$$a=\frac{n\sum_{i=1}^{n}x_iy_i-\sum_{i=1}^{n}x_i\sum_{i=1}^{n}y_i}{n\sum_{i=1}^{n}x_i^2-\left(\sum_{i=1}^{n}x_i\right)^2},\quad b=\frac{\sum_{i=1}^{n}x_i^2\sum_{i=1}^{n}y_i-\sum_{i=1}^{n}x_i\sum_{i=1}^{n}x_iy_i}{n\sum_{i=1}^{n}x_i^2-\left(\sum_{i=1}^{n}x_i\right)^2}$$

$$r=\frac{\sum_{i=1}^{n}(x_i-\bar{x})(y_i-\bar{y})}{\sqrt{\sum_{i=1}^{n}(x_i-\bar{x})^2\sum_{i=1}^{n}(y_i-\bar{y})^2}}$$

相关系数 $|r|$ 的大小反映了变量 x 与变量 y 之间关系的密切程度，如图 2-3-1 所示。当 $r=+1$ 或 $r=-1$ 时，称为完全相关，拟合直线通过全部实验点；当 $|r|<1$ 时，实验点的线性不好，$|r|$ 越小线性越差，$r=0$ 表示 x 与 y 完全不相关。

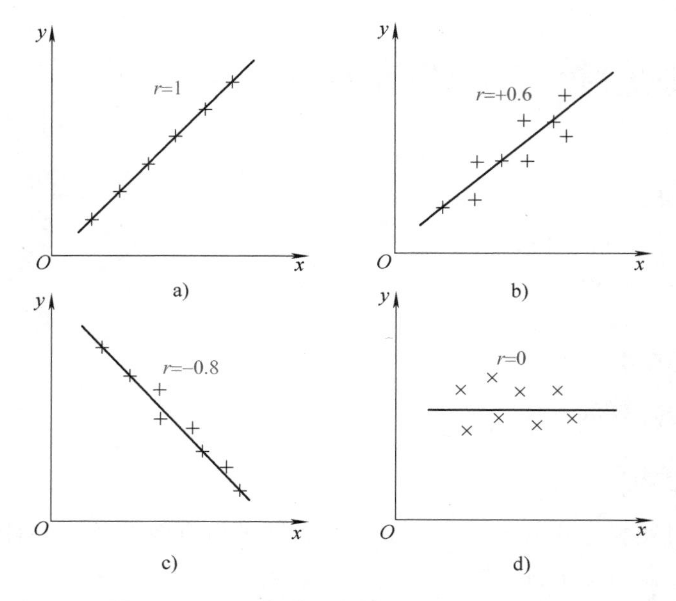

图 2-3-1 不同相关系数的数据点分布示意图

【实验内容与步骤】

在体重计上测量每个同学的身高与体重，填入表 2-3-1 中。

表 2-3-1 身高体重数据记录

序　　号	姓　　名	身高 x_i/cm	体重 y_i/kg
1			
2			
3			
⋮			
总和 Σ			

【实验数据记录与处理】

本实验用 Excel 处理数据。

【用 Excel 软件进行回归分析】

1. 将实验数据输入后，单击［工具］菜单上［数据分析］命令，在弹出的［数据分析］窗口的［分析列表］中选择［回归］，单击［确定］按钮，如图 2-3-2 所示。

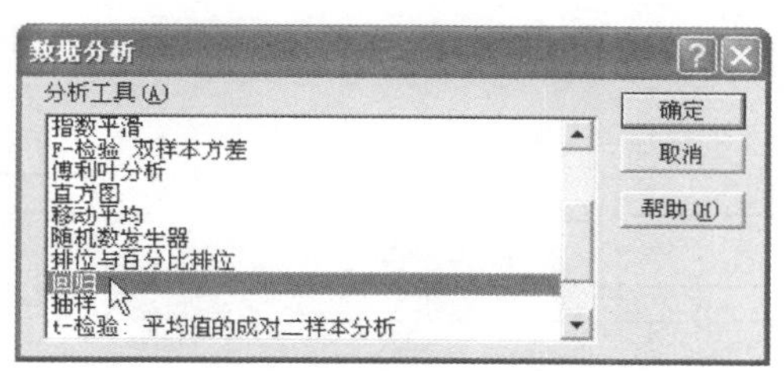

图 2-3-2　数据分析窗口

2. 在弹出的［回归］对话框的［输入］域中输入 Y 值的数据所在的单元格区域和 X 值的数据所在的单元格区域；在［输出选项］域中选择［输出区域］单选按钮并输入要显示结果的单元格（若要作线性拟合图，还可在［残差］域中选择复选按钮［线性拟合图］）。单击［确定］按钮，如图 2-3-3 所示。

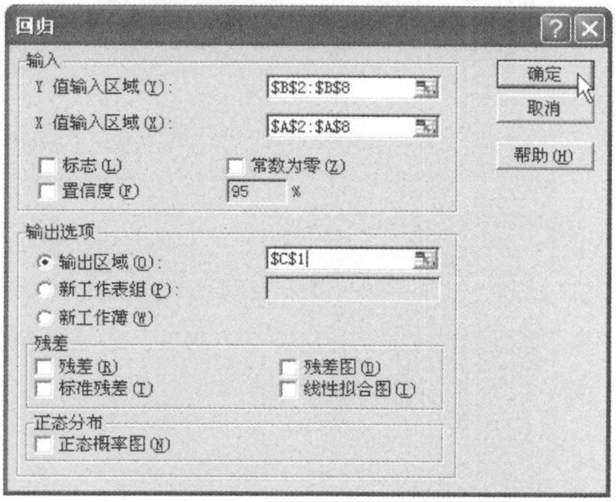

图 2-3-3　回归对话框

线性回归分析的很多计算数值都可显示出来，其中有我们的实验数据处理要求的线性回归方程的常数、相关系数等，如图 2-3-4 所示。［Multiple R］显示的是相关系数 r，本例中 $r=1$。［Coefficients］列中显示的是线性回归方程常数，［Intercept］是截距 b，本例中 $b=1$。［X Variable 1］是系数 a，本例中 $a=2$。

也可调用 Excel 里面的函数来计算相关系数 r，斜率 a 及截距 b。计算相关系数 r 可调用 Excel 里面的 CORREL 函数；计算斜率 a 可调用 Excel 里面的 SLOPE 函数；计算截距 b 可调用 Excel 里面的 INTERCEPT 函数。

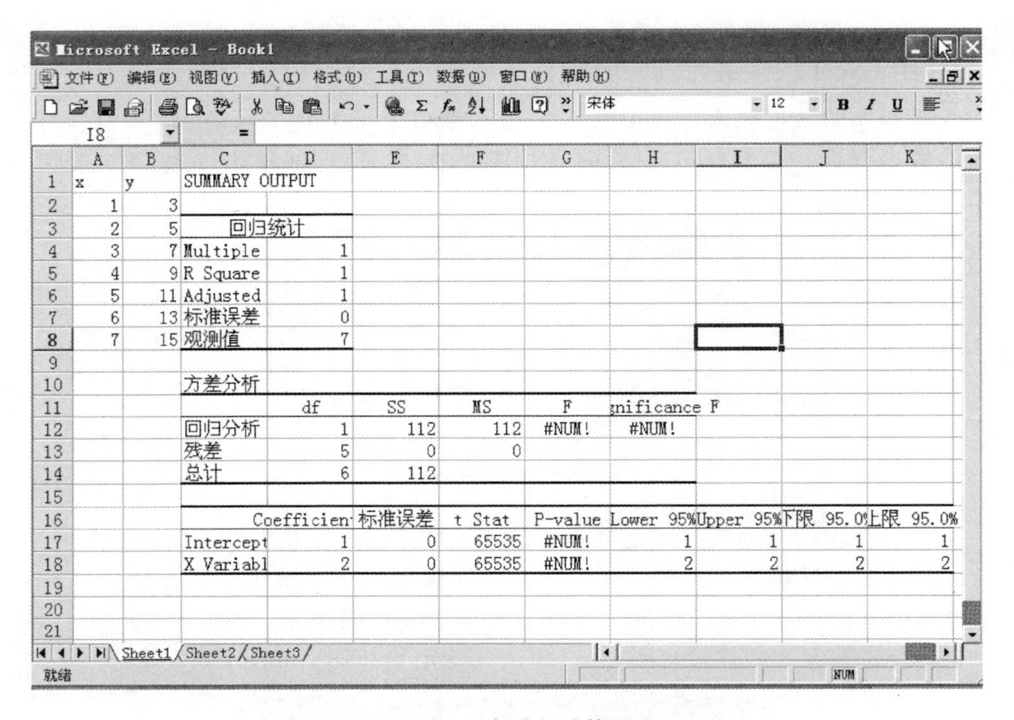

	A	B	C	D	E	F	G	H	I	J	K
1	x	y	SUMMARY OUTPUT								
2	1	3									
3	2	5	回归统计								
4	3	7	Multiple	1							
5	4	9	R Square	1							
6	5	11	Adjusted	1							
7	6	13	标准误差	0							
8	7	15	观测值	7							
9											
10			方差分析								
11				df	SS	MS	F	gnificance F			
12			回归分析	1	112	112	#NUM!	#NUM!			
13			残差	5	0	0					
14			总计	6	112						
15											
16				Coefficien	标准误差	t Stat	P-value	Lower 95%	Upper 95%	下限 95.0%	上限 95.0%
17			Intercept	1	0	65535	#NUM!	1	1	1	1
18			X Variabl	2	0	65535	#NUM!	2	2	2	2
19											
20											
21											

图 2-3-4　回归分析计算结果

实验 2-4　用单摆测量重力加速度

【实验目的】

1. 学习用单摆法测定重力加速度。
2. 研究单摆振动的周期与摆长、摆角的关系。

【实验器材】

FD—DB—II 单摆实验仪。

【实验原理】

重力加速度是物理学中一个重要的参量。地球上各个地区重力加速度的数值，随该地区的地理纬度和相对海洋平面的高度不同而稍有差异。一般来说，在赤道附近重力加速度 g 的数值最小，越靠近两极 g 的数值越大。g 的最大值与最小值相差仅为 1/300。研究重力加速度的分布情况在地球物理学中具有重要的意义。

单摆是由一个小球悬挂在一根不能伸缩的细线下端构成的。细线的质量比小球的质量小很多，且小球的直径比细线的长度也小很多，如果把小球沿水平方向略加移动，使其离开平衡位置，然后释放，小球将在重力的作用下，在竖直平面内的平衡位置附近摆动。单摆往返一次经过的时间称为单摆的周期。可以证明，当摆角 θ 很小时（不超过 5°），单摆的周期近似为

$$T=2\pi\sqrt{\frac{L}{g}} \tag{2-4-1}$$

式中，摆长 L 为悬点 O 到小球重心的距离；g 为当地的重力加速度。式（2-4-1）还可写成

$$T^2=4\pi^2\frac{L}{g} \tag{2-4-2}$$

以 L 作自变量，T^2 作因变量，作 T^2-L 图线，通过该图线的斜率可求出 g。

当单摆的摆角 θ 较大时，单摆的振动周期 T 和摆角 θ 之间的关系近似为

$$T=2\pi\sqrt{\frac{L}{g}}\left(1+\frac{1}{4}\sin^2\frac{\theta}{2}\right) \tag{2-4-3}$$

若测出不同摆角 θ 的周期 T，作 T-$\sin^2\dfrac{\theta}{2}$ 曲线，可用外推法求出 $\theta=0°$ 时的摆动周期 T，从而求出 g。

【仪器描述】

图 2-4-1 为计时计数毫秒仪面板示意图。

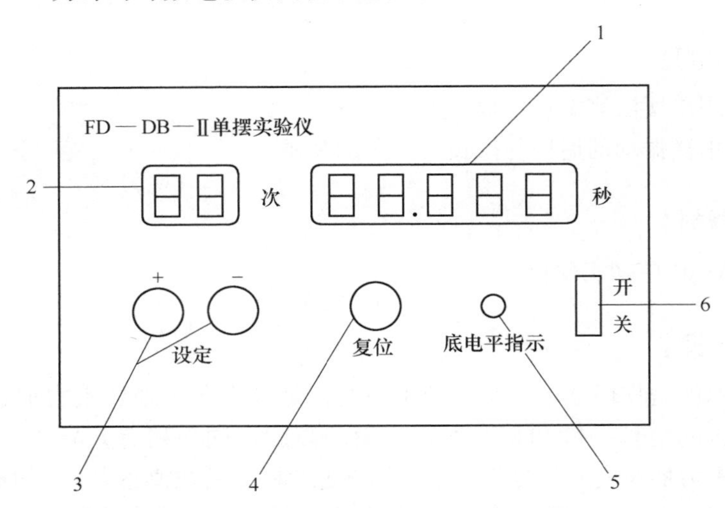

图 2-4-1 计时计数毫秒仪面板示意图

1—计时显示 2—计次显示 3—计次设定 4—复位 5—底电平指示 6—电源开关

本实验采用 UGN3109 型集成开关霍尔传感器（简称：集成霍尔开关）与 HTM 电子计时器实现自动计时。如图 2-4-2 所示，集成霍尔开关应放置在小球［$D=(2.000\pm0.002)$cm］正下方约 1.0cm 处，1.1cm 为集成霍尔开关的导通（或截止）距离。汝铁硼小磁钢放在小球的正下方，当小磁钢随小球从集成霍尔开关上方经过时，由于霍尔效应，会使集成霍尔开关的 V_{out} 端输出一个信号给计时器，计时器便开始计时。当磁钢经半个周期回复至平衡位置时，又产生一信号让计时器停止计时。所以单摆摆动 1 个周期，在计时器上反映 2 个周期。

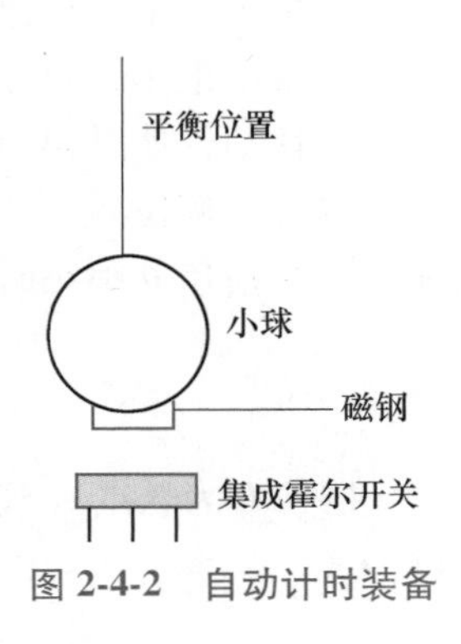

图 2-4-2 自动计时装备

HTM 电子计时器精度为 0.001s，采用单片机计时原理，有周期预置功能，从 0~66 次，可以任意调节计时次数，以便按实验要求的精度进行周期测量。

【实验内容与步骤】

一、固定摆角，改变摆长测 g

摆角小于 5°，改变摆长 5 次，见表 2-4-1，每个摆长下测 5 次周期，求平均值。

表 2-4-1　T^2-L 数据表

L/m	T/s						T^2/s^2
	1	2	3	4	5	平均值	
0.35							
0.40							
0.45							
0.50							
0.55							

由表 2-4-1 数据作 T^2-L 图，并进行直线拟合，得到相关系数 $r=$________；斜率 $B=\frac{4\pi^2}{g}=$__________ $s^2\cdot m^{-1}$；重力加速度 $g=\frac{4\pi^2}{B}=$__________ $m\cdot s^{-2}$，与新乡地区重力加速度 $g=9.79772m\cdot s^{-2}$相比，百分偏差为__________。

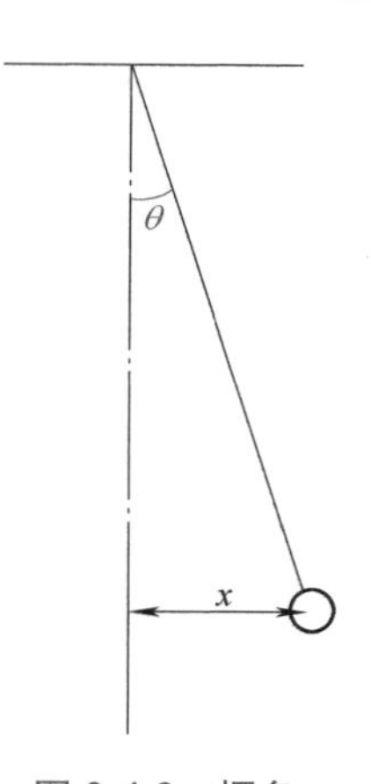

图 2-4-3　摆角

二、固定摆长，改变摆角测 g

摆角可以从摆线长和悬线下端点离中心位置的水平距离 x 求得，如图 2-4-3 所示。

改变 6 次摆角，每个摆角下测 5 次周期，求其平均值，数据记入表2-4-2中。

表 2-4-2　T-$\sin^2\frac{\theta}{2}$数据表

x/cm	$\sin^2\frac{\theta}{2}$	T/s					
		1	2	3	4	5	平均值
15.00							
20.00							
25.00							
30.00							
35.00							
40.00							

由表 2-4-2 数据作 T-$\sin^2\frac{\theta}{2}$图，并进行直线拟合，得到相关系数 $r=$__________；斜率 $B=$__________ s；截距 $T=$__________ s；将数据 T 及 $\theta=0$ 代

入式（2-4-3）中，算得重力加速度 $g=$__________ $m\cdot s^{-2}$，与新乡地区重力加速度 $g=9.79772m\cdot s^{-2}$ 相比，百分偏差为__________。

【注意事项】

1. 小球必须在与支架平行的平面内摆动，不可做椭圆运动。

2. 调节计时器，预置开关次数不宜太多，实验中可用10次，即5个周期。

3. 若摆球摆动时传感器感应不到信号，将摆球上的磁钢换个面装上即可。

4. 由于本仪器采用微处理器对外部的事件进行计数，有可能收到外部干扰信号的影响而使微处理器处于非正常状态，如出现此情况按复位键即可。

实验 2-5　用扭摆法测定物体转动惯量

【实验目的】

1. 了解扭摆测量转动惯量的原理和方法。
2. 用扭摆测定弹簧的扭转常数及几种不同形状刚体的转动惯量。
3. 验证刚体转动的平行轴定理。

【实验器材】

扭摆、转动惯量测试仪、待测物体、物理天平、游标卡尺。

【实验原理】

1. 用扭摆法测量物体转动惯量、弹簧的扭转常数的扭摆构造如图 2-5-1 所示。在垂直轴 1 上装有一根薄片状的螺旋弹簧 2，用以产生恢复力矩。在轴的上方可以装上各种待测物体。垂直轴与支座间装有轴承，以降低摩擦力矩。3 为水平仪，用来调整仪器转轴成铅直。

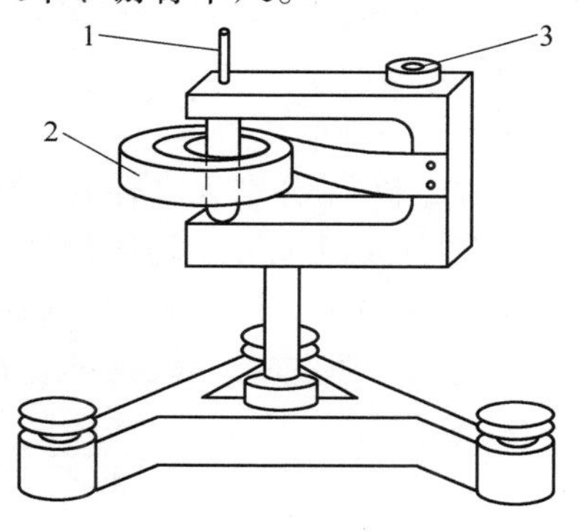

图 2-5-1　扭摆

1—垂直轴　2—螺旋弹簧　3—水平仪

将物体在水平面内转过 θ 角，在弹簧的恢复力矩作用下，物体就开始绕垂直轴作往返扭转运动。根据胡克定律，弹簧受扭转而产生的恢复力矩 M 与所转过的角度 θ 成正比，即

$$M=-K\theta \tag{2-5-1}$$

式中，K 为弹簧的扭转常数。根据转动定律

$$M=I\beta$$

式中，I 为物体绕转轴的转动惯量；β 为角加速度。由上式得

$$\beta=\frac{M}{I} \tag{2-5-2}$$

令 $\omega^2=\frac{K}{I}$，忽略轴承的摩擦阻力矩，由式（2-5-1）、式（2-5-2）得

$$\beta=\frac{\mathrm{d}^2\theta}{\mathrm{d}t^2}=-\frac{K}{I}\theta=-\omega^2\theta$$

上述微分方程表示扭摆运动具有角谐振动的特性，即角加速度 β 与角位移 θ 成正比，并且方向相反。此微分方程的解为

$$\theta=A\cos(\omega t+\varphi)$$

式中，A 为谐振动的角振幅；θ 为角位移；φ 为初相位角；ω 为角频率。此谐振动的周期为

$$T=\frac{2\pi}{\omega}=2\pi\sqrt{\frac{I}{K}} \tag{2-5-3}$$

由式（2-5-3）可知，只要实验测得物体扭摆的摆动周期 T，并在 I 和 K 中任何一个量已知时，即可计算出另一个量。

本实验利用测量一个形状规则物体（圆柱体）在扭摆上的摆动周期来测量弹簧 K 值。圆柱体的转动惯量 I_1' 可根据它的质量和几何尺寸用理论公式直接计算得到，从而可算出本仪器弹簧的 K 值。因圆柱是放在金属载物盘上测量，须考虑载物盘的转动惯量 $I_{盘}$，所以有

$$K=4\pi^2\frac{I_1'}{T_1^2-T_{盘}^2}\quad ,\quad I_{盘}=\frac{I_1'T_{盘}^2}{T_1^2-T_{盘}^2} \tag{2-5-4}$$

式中，$T_{盘}$ 和 T_1 分别为只有金属载物盘和载有圆柱体时测出的摆动周期。

若要测定其他形状物体的转动惯量，只需将待测物体安放在本仪器顶部的载物盘或夹具上，测定其摆动周期。利用式（2-5-3）即可算出该物体绕转动轴的转动惯量，但应扣除载物盘或夹具的转动惯量，即

$$I=\frac{KT^2}{4\pi^2}-I_{盘}\quad 或\quad I=\frac{KT^2}{4\pi^2}-I_{夹具} \tag{2-5-5}$$

2. 转动惯量平行轴定理的验证。若质量为 m 的刚体对过质心轴 C 的转动惯量为 I_C，可以证明，当转轴平行移动距离 x 时，刚体对新轴的转动惯量将变为

$$I_x=I_C+mx^2$$

这就是转动惯量的平行轴定理。

本实验利用一金属细杆，在其两侧对称放置两个尺寸和质量相同的滑块（带同轴孔的金属圆柱）。改变两滑块距金属细杆中心的距离 x，可测出相应的、过金属细杆中心、垂直于金属细杆的转动轴的摆动周期 T。由式（2-5-3）和平行轴定理，有

$$T^2=\frac{4\pi^2(2m)}{K}x^2+\frac{4\pi^2}{K}(I_4+I_5) \tag{2-5-6}$$

式中，$2m$ 为两滑块质量；I_4 为金属细杆（包括夹具）绕过其中心的垂直转轴的转动惯量；I_5 为两滑块绕过其中心的垂直转轴的转动惯量。

由式可见，摆动周期的平方 T^2 与两滑块质心距金属细杆中心的距离的平方 x^2 成正比。令 $y=T^2$，$w=x^2$，$a=4\pi^2(2m)/K$，$b=4\pi^2(I_4+I_5)/K$，有 $y=aw+b$。对实验数据作最小二乘法函数拟合，若线性关系成立，则可验证平行轴定理。

【仪器描述】

转动惯量测试仪由主机和光电传感器两部分组成。主机采用新型的单片机作控制系统，用于测量物体转动或摆动的周期，能自动记录、存储多组实验数据并能计算多组实验数据的平均值。光电传感器主要由红外发射管和接收管组成，将光信号转换为脉冲电信号，送入主机工作。因人眼无法直接观察仪器工作是否正常，但可用遮光物体往返遮挡光电探头发射光束通路，检查计时器是否开始计数和到预定周期数时是否停止计数。为防止过强光线对光探头的影响，光电探头不能置放在强光下，实验时可采用窗帘遮光，确保计时的准确。

TH—2 型转动惯量测试仪面板如图 2-5-2 所示，使用方法如下。

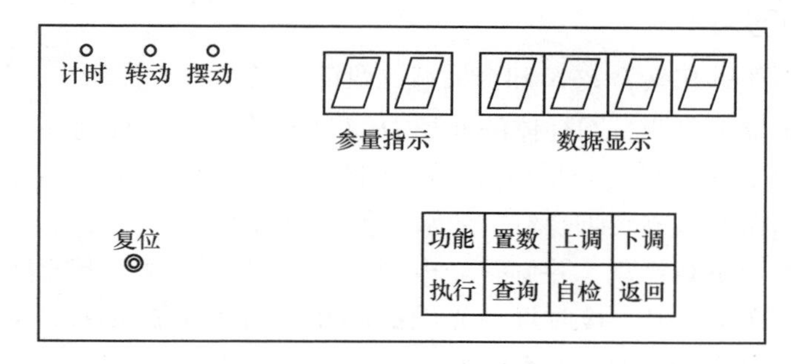

图 2-5-2　TH—2 型转动惯量测试仪面板

（1）开机：打开电源开关，摆动指示灯亮。显示“P1----”（参量指示为 P1、数据显示为----）。若情况异常（死机），可按复位键，即可恢复正常。

（2）功能选择：按“功能”键，可以选择摆动、转动两种功能（开机默认状态为“摆动”）。

（3）置数：按“置数”键，显示“$n=10$”（默认周期数）。按“上调/下调”键，周期数依次增加/减少 1（周期数设置范围 1~20），再按“置数”键确认，显示“F1 end”或“F2 end”。周期数一旦预置完毕，除复位和再次置数外，其他操作均不改变预置的周期数。

（4）执行（以扭摆为例）：将刚体水平旋转约 90°后，让其自由摆动。按“执行”键，仪器显示“P1 000. 0”。当被测物体上的挡光杆第一次通过光电门时开始计时，同时状态指示的计时灯点亮。随着刚体的摆动，仪器开始连续计时，直到周期数等于设定值时，停止计时，计时灯熄灭，此时仪器显示第一次测量的总时间。重复上述步骤，可进行多次测量。本机设定重复测量的最多次数为 5 次，即（P1,P2,…,P5）。

执行键还具有修改功能。例如，要修改第三组数据，可连续按执行键直到出现“P3 000. 0”后，重新测量第三组数据。

(5) 查询：按“查询”键，可知各次测量的周期值C1,C2,…,C5及它们的平均值CA。以及当前的周期数n。若显示“NO”，表示没有数据。

(6) 自检：按“自检”键，仪器应依次显示“n=N-1”，“2n=N-1”，“SC GOOD”，并自动复位到“P1----”，表示仪器工作正常。

(7) 返回：按“返回”键，系统将无条件地回到最初状态，清除当前状态的所有执行数据，但预置周期数不改变。

(8) 复位：按“复位”键，实验所得数据全部清除，所有参量恢复初始时的默认值。

本仪器显示的时间单位为s，计时精度（仪器误差限）为0.001s。

【实验内容与步骤】

1. 测量弹簧的扭转常数K和金属载物盘的转动惯量$I_{盘}$。

(1) 用游标卡尺测量圆柱体的外径D_1（测6次：在圆柱两头不同位置各测3次）；用物理天平测量其质量m_1（1次测量）。

(2) 调整扭摆基座底脚螺钉，使水平仪气泡居中。

(3) 装上金属载物盘，并调整光电探头的位置使载物盘上的挡光杆处于其缺口中央且能遮住发射、接收红外光线的小孔。用转动惯量测试仪测定摆动周期$T_{盘}$（设定周期数$n=20$，测5次）。

(4) 将塑料圆柱体垂直放在载物盘上，测定摆动周期T_1（设定周期数$n=10$，测5次）。

2. 测量金属圆筒、塑料圆球和金属细杆的转动惯量I_2、I_3、I_4。

(1) 测量金属圆筒的外、内径$D_{外}$、$D_{内}$（测6次）和质量m_2（测1次）。塑料圆球、金属细杆的几何尺寸和质量及支架、夹具的转动惯量由实验室给出。

(2) 用金属圆筒替换塑料圆柱体，测定摆动周期T_2（$n=10$，测3次）。

(3) 卸下金属载物盘，装上塑料圆球，测定摆动周期T_3（$n=10$，测3次）。

(4) 卸下塑料圆球，装上金属细杆（金属细杆中心必须与转轴重合）。测定摆动周期T_4（$n=10$，测3次）。

3. 验证转动惯量平行轴定理。

将金属滑块对称放置在金属细杆两侧（滑块上的固定螺钉应落入细杆两边的凹槽内），依次改变滑块质心离转轴的距离分别为5.00cm，10.00cm，15.00cm，20.00cm和25.00cm，测定相应的摆动周期T（$n=10$，1次测量）。称量金属滑块的质量$2m$（1次测量）。

【实验数据记录与处理】

1. 由圆柱体的外径D_1和质量m_1计算其转动惯量I_1'，并由式（2-5-4）计算

弹簧的扭转常数 K 和载物盘的转动惯量 $I_{盘}$。计算 I_1'、K 和 $I_{盘}$ 的不确定度，并给出测量结果。

2. 由式（2-5-5）计算金属圆筒、塑料圆球和金属细杆的转动惯量 I_2、I_3、I_4，并与由几何尺寸和质量计算出的转动惯量 I_2'、I_3'、I_4'作比较，计算相对误差。

3. 对实验内容 3 的实验数据作最小二乘法线性拟合。由相关系数 r 判断是否验证了转动惯量的平行轴定理。由系数 a 计算弹簧的扭转常数 K，并与实验内容 1 得到的实验结果相比较，计算相对误差。

【注意事项】

1. 扭摆基座应保持水平。

2. 在安装金属载物盘或待测物体时，其支架必须全部套入扭摆主轴，并将止动螺母（在垂直轴上）旋紧，否则扭摆不能正常工作。

3. 光电探头宜放置在挡光杆的平衡位置处，且挡光杆不能和它相接触。

4. 由于弹簧的扭转常数 K 不是固定常数，它与摆角略有关系，摆角在 90°左右时基本相同，在小角度时变小。因此，为了降低实验时由于摆动角度变化过大带来的系统误差，在测量各种物体的摆动周期时，摆角不宜过小，摆幅也不宜变化过大。

5. 为保证测量精度，应先让扭摆自由摆动，然后再按动转动惯量测试仪的“执行”键进行计时。

实验 2-6 拉伸法测量金属的弹性模量

【实验目的】

1. 学习用拉伸法测量金属丝的弹性模量。

2. 学习游标卡尺、外径千分尺等基本长度测量仪器的使用，掌握用光杠杆装置测量微小长度变化量的原理。

3. 学会用逐差法、作图法处理实验数据。

【实验器材】

弹性模量测定仪、尺读望远镜、游标卡尺、外径千分尺、钢卷尺。

【实验原理与仪器描述】

物体在外力的作用下都要或多或少地发生形变。当形变不超过某一限度时，撤走外力之后，形变能够随之消失，这种形变称之为“弹性形变”。发生弹性形变时，物体内部产生恢复原状的内应力。弹性模量（亦称杨氏模量）是描述固体材料抵抗形变能力大小的物理量，是选定机械构件的依据之一，是工程中常用的重要参数。

本实验所设计的微小长度变化量的测量方法——光杠杆法，其原理广泛应用于诸多测量技术中。光杠杆装置还被许多高灵敏的测量仪器（如冲击电流计和光电检流计等）所采用。

根据胡克定律，材料在弹性限度内，正应力的大小 σ 与应变 ε 成正比，即

$$\sigma=E\varepsilon \tag{2-6-1}$$

式中，比例系数 E 即为弹性模量。对于长为 L、截面积为 S 的均匀金属丝或棒，在沿长度方向的外力 F 的作用下伸长 ΔL，有 $\sigma=\dfrac{F}{S}$，$\varepsilon=\dfrac{\Delta L}{L}$，代入式（2-6-1）则有

$$E=\frac{FL}{S\Delta L} \tag{2-6-2}$$

弹性模量与所施外力、物体长度、材料截面积的大小无关，是反映固体材料本身性质的一个重要物理量，其工程单位用 $\mathrm{N\cdot m^{-2}}$ 表示。

据式（2-6-2），若用实验方法测定金属丝的弹性模量大小，只要测出 F、S 和 L 的值便可得到 E 值。F、S、L 各量易用一般的测量仪器测得。但是通常很少用一般的测量仪器、常用的测量方法测量，因为这不但较为困难，而且测量的准确度很低。采用光杠杆法可以较好地解决这一难题。

光杠杆系由平面全反射镜（简称平面镜）1、主杠支脚 2 和刀口 3 组成，如

图 2-6-1 所示。镜面倾角及主杠尖脚到刀口间距离均可调。

测量微小长度变化量原理如图 2-6-2 所示。假定平面镜 A 的法线和望远镜光轴在同一直线上，且望远镜光轴和刻度尺垂直，刻度尺上 a 点发出的光线经平面镜反射进入望远镜，可在望远镜中十字叉丝处读刻度 a 的像，设为 H_0。当主杠尖脚绕刀口移动 ΔL，平面镜 A 绕刀口转过角度 φ 时，平面镜法线也将转过角度 φ，根据反射定律，反射线转过角度 2φ。此时在望远镜十字叉丝处可见刻度 b 处的像，设为 H_1。

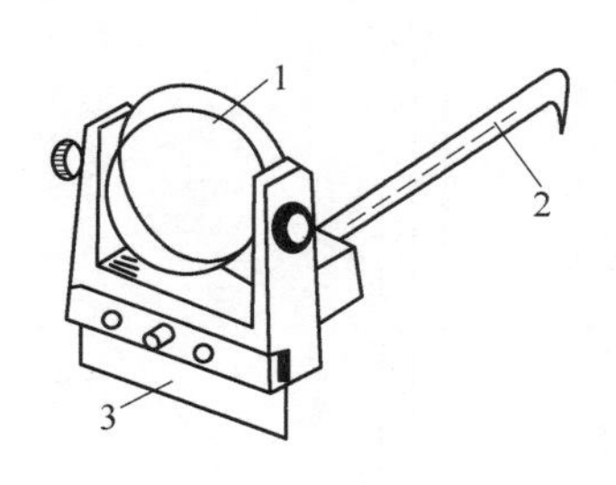

图 2-6-1 光杠杆

1—平面全反射镜 2—主杠支脚 3—刀口

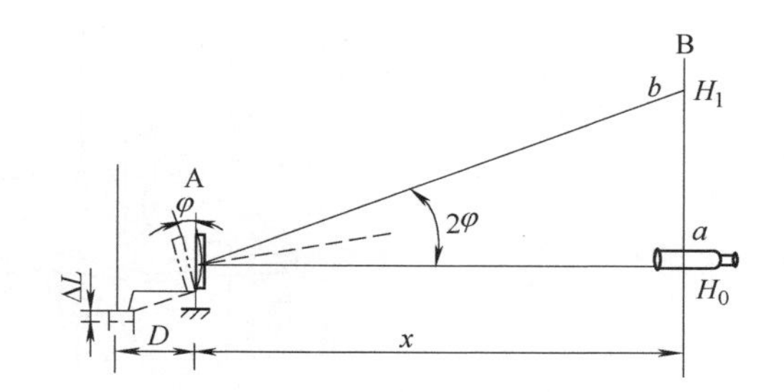

图 2-6-2 测量微小长度变化量原理

A—平面镜 B—尺读望远镜 D—主杠尖脚至刀口间距离 x—平面镜镜面至刻度尺距离

因 ΔL 很小，且 $\Delta L \perp D$，φ 亦很小，故有

$$\frac{\Delta L}{D}=\tan\varphi \approx \varphi \tag{2-6-3}$$

因 $H_1H_0 \perp x$，故有

$$\frac{H_1-H_0}{x}=\tan 2\varphi \approx 2\varphi \tag{2-6-4}$$

由式（2-6-3）、式（2-6-4）消去 φ，有

$$\frac{2\Delta L}{D}=\frac{H_1-H_0}{x}$$

令 $\Delta H=H_1-H_0$，有

$$\Delta L=\frac{D}{2x}\Delta H \tag{2-6-5}$$

由式（2-6-5）可见，利用光杠杆装置测量微小长度变化量的实质是将微小长度的变化量 ΔL，经光杠杆装置转变为微小角度的变化 φ，再经尺读望远镜转变为刻度尺上较大范围的读数变化量 ΔH。通过测量 ΔH，实现对微小长度变化量 ΔL 的测量。这样不但可以提高测量的准确度，而且可以实现非接触测量。$2x/D$ 为光杠杆的放大倍数。增大 x，减小 D，光杠杆的放大倍数增大。但预置

过大的 x，过小的 D，系统的抗干扰性能变差。实际测量时，一般选取 $x=1.5\text{m}$，$D=7.00\text{cm}$ 左右，这样光杠杆放大倍数可达 30~60 倍。

将式（2-6-5）代入式（2-6-2），有

$$E=\frac{2xFL}{SD\Delta H}=\frac{8xFL}{\pi d^2 D\Delta H} \tag{2-6-6}$$

式中，d 为金属丝直径。

弹性模量测定装置如图 2-6-3 所示。

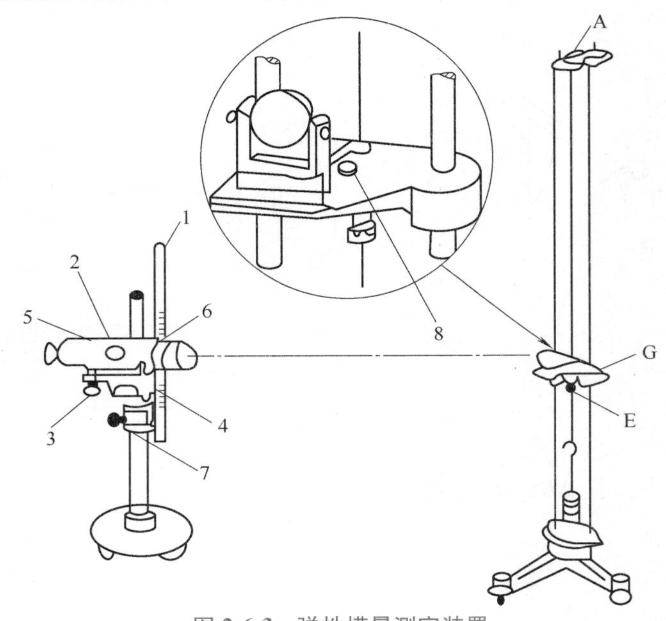

图 2-6-3　弹性模量测定装置

1—刻度尺　2—望远镜调焦手轮　3—望远镜轴线调整螺钉　4—望远镜紧固螺钉　5—准星　6—刻度尺紧固螺钉　7—高度调节紧固螺钉　8—水准泡

金属丝上端固定在支架 A 处，下端用一圆柱形夹具 E 夹紧。夹具 E 可在平台 G 中间的圆孔内上下自由移动，夹具下端挂有砝码。光杠杆刀口放在平台 G 的凹槽内，光杠杆的主杠尖脚放在夹具 E 上。弹性模量仪还配有用来判断平台 G 水平与否的水准泡仪，调整支架底部三颗调整螺钉可使平台水平。

当增加（或减少）砝码时，金属丝将伸长（或缩短）ΔL，光杠杆的主杆尖脚也将随夹具 E 一起下降（或上升）ΔL，平面镜因此转过角度 φ，望远镜中可观察并记录到由此变化而引起的刻度尺的变化量 ΔH。

尺读望远镜由刻度尺和望远镜组成。转动望远镜目镜可清楚地看到十字叉丝像；调整望远镜调焦手轮并通过光杠杆的平面镜可以看到刻度尺的像。望远镜的轴线可通过望远镜轴线调整螺钉调整，松开望远镜刻度尺紧固螺钉，望远镜、刻度尺能够分别沿立柱上下移动。

【实验内容与步骤】

一、仪器调节

（1）调整弹性模量测定仪中支架下部三颗水平调整螺钉使立柱铅直（平台水平）。

（2）将光杠杆按要求放在平台 G 上，目视检查其主杆是否水平。如不水平，可上下移动夹具 E，待主杆水平后旋紧夹具 E，并检查 E 能否在平台圆孔内上下自由移动；调整光杠杆平面镜，使镜面位于铅直面内。

（3）在金属丝下端挂钩上加挂初始砝码（又称“本底砝码”，该砝码不应计入以后所加的力 F 之内），拉直金属丝（不同规格的金属丝所加的本底砝码不同，对 $d=0.7$mm 左右的钢丝可加 1~2kg）。

（4）在光杠杆平面镜前 1.5~2m 处放置尺读望远镜。调整望远镜使其与光杠杆等高，刻度尺面与光杠杆平面镜镜面平行。

（5）旋转目镜看清十字叉丝，调整望远镜调焦手轮，看清刻度尺中间读数。

为了尽快找到经平面镜反射至望远镜中刻度尺的像，建议先在望远镜外沿其缺口、准星目视平面镜，并根据反射定律上下左右移动望远镜寻找平面镜中刻度尺的像。一旦发现刻度尺的像，再将眼睛移入望远镜，仔细调整望远镜调焦手轮，直到可以清楚地观察到刻度尺的读数且无视差为止。若发现视场内刻度尺读数上下清晰度不一样，可通过调整望远镜轴线解决。为了保证在以后加挂砝码时，刻度尺的像上下端不移出视场，上下移动刻度尺使望远镜十字叉丝初始时与刻度尺中间对准。

二、测量

（1）仪器调整完毕，记录十字叉丝处刻度尺读数 H_0（H_0一般应调至 0 处）。

（2）依次在砝码钩上加挂砝码（每次 1kg，并注意砝码应交错放置整齐）。待砝码静止后，记下相应十字叉丝处读数 H_i（$i=1,2,\cdots,7$）。依次减少砝码（每次 1kg），待砝码稳定后，记下十字叉丝处相应读数 H_i（$i=7,6,\cdots,0$）。

（3）取同一负荷下刻度尺两个读数平均值$\overline{H_i}$：

$$\overline{H_i}=\frac{H_i+H_i'}{2}$$

（4）用钢卷尺测量金属丝长度 L 和平面镜镜面至刻度尺间距离 x。

（5）用外径千分尺测量金属丝直径 d（不同处测量 6 次）。

（6）取下光杠杆，将其放在一张平整的白纸上用力压，将刀口及主杠尖脚印在纸上，如图 2-6-4 所示，用游标卡尺测量主杠尖脚至刀口间距离 D。

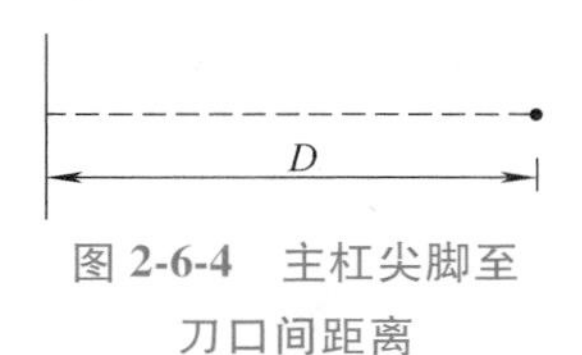

图 2-6-4　主杠尖脚至刀口间距离

以上各量测量仪器的选择及测量方法见本实验“附录”。

【实验数据记录与处理】

实验采用两种方法处理数据，分别求出金属丝的弹性模量，见表2-6-1。

表2-6-1　加负荷后刻度尺读数记录

次　数	负荷/kg	望远镜中刻度尺的读数/cm		同一负荷下刻度尺读数平均值$\overline{H_i}$/cm	$\Delta H_i=\overline{H_{i+4}}-\overline{H_i}$/cm
		H_i	H_i'		
0	0				
1	0.5				
2	1.0				
3	1.5				
4	2.0				
5	2.5				
6	3.0				
7	3.5				

1. 用逐差法处理：用逐差法计算对应3.5kg负荷时金属丝的伸长量

$$\Delta H_i=\overline{H_{i+4}}-\overline{H_i}\,(i=0,1,2,3)$$

及每增加2.0kg伸长量的平均值

$$\overline{\Delta H}=\frac{\sum_{i=0}^{3}\Delta H_i}{16}$$

将$\overline{\Delta H}$、L、x、D、d各量的测量结果代入式（2-6-6），计算出待测金属丝的弹性模量及其不确定度。

注：代入式（2-6-6）计算时，拉力F为通过砝码所加负荷乘以重力加速度获得，如砝码所加负荷为0.5kg，则拉力F为$0.5\text{kg}\times9.8\text{N}\cdot\text{kg}^{-1}\approx5\text{N}$。

2. 作图法。

由式（2-6-6），有

$$\Delta H=\frac{8Lx}{\pi d^2 DE}F=KF \qquad (2\text{-}6\text{-}7)$$

式中，$K=\dfrac{8Lx}{\pi d^2 DE}$，在给定的实验条件下，$K$为常量，若以$\Delta H_i=\overline{H_i}-\overline{H_0}$（$i=1,2,\cdots,7$）

为纵坐标、F 为横坐标作图，可得一直线，求出该直线的斜率 K，即可得到待测金属丝的弹性模量

$$E=\frac{8Lx}{\pi d^2 DK} \tag{2-6-8}$$

【注意事项】

1. 在望远镜调整中，必须注意视差的消除，否则将会影响读数的正确性。

2. 实验过程中不得碰撞仪器，更不得移动光杠杆主杆支脚的位置；加减砝码必须轻拿轻放，待系统稳定后才可读数。

3. 待测钢丝不得弯曲，加挂本底砝码仍不能将其拉直，严重锈蚀的钢丝必须更换。

4. 光杠杆平面镜是易碎物品，为了保持镜面良好的反射，不得用手触摸，也不得随意擦拭，更不得将其跌落在地，以免打碎镜面。

【思考题】

1. 如果圆柱形夹具和平台圆孔间有摩擦力存在，对实验结果将有何影响？实验中如何减小这种影响？

2. 加挂本底砝码的作用是什么？

3. 实验中，为什么有的量只需进行一次测量，且只需选用精度较低的测量仪器，而另一些量则必须进行多次浏量，同时必须选用精度较高的测量仪器？

4. 光杠杆测量微小长度变化量的原理是什么？有何优点？

5. 你能否根据实验数据判断金属丝有无超过弹性限度？

6. 你能否根据实验所测得的数据，计算出所用的光杠杆的放大倍数？如何增大光杠杆的放大倍数以提高光杠杆测量微小长度变化量的灵敏度？在你所用的仪器中，光杠杆的分度值是多少？

7. 如望远镜光轴和水平面的夹角为 α，平面镜镜面和铅直面夹角为 β，那么，对微小长度变化量测量有无影响？若有影响，测量结果如何修正？

8. 根据你的实验体会，写出如何快速找到刻度尺像的具体步骤。

【附录】

实验中各待测量的测量仪器选取和有关问题分析。

由误差分析可知

$$E_E=\sqrt{E_L^2+E_x^2+E_F^2+E_D^2+(2E_d)^2+E_{\Delta H}^2}$$

可见弹性模量测量的相对不确定度等于各直接测量量相对不确定度的方和根。

1. 在给定的实验条件下，如果 L、x、D、F 各量本身量值较大，即使使用精度较低的测

量仪器进行单次测量，其相对不确定度也远小于$\overline{\Delta H}$、d各量测量的相对不确定度。

2. 测量金属丝直径d必须选用精度较高的外径千分尺，这是因为对$d=0.600\text{mm}$的待测钢丝，若用0~25mm级的外径千分尺，$\Delta_{仪}=0.004\text{mm}$，仅此一项，其测量不确定度可达$1.3\%\left(2E_d=2\times\dfrac{0.004\text{mm}}{0.600\text{mm}}=1.3\%\right)$，若金属丝有锈蚀，各处直径相差较大，其$E_d$还会更大。因此，必须在金属丝不同处进行多次测量，才能减小测量不确定度。

3. 减小ΔH测量误差的考虑。对$d=0.600\text{mm}$的金属丝，即使加挂4kg砝码，其实际伸长量也只有0.5cm左右；若光杠杆的放大倍数为60，ΔH也只有3.00cm，$E_{\Delta H}$可达1%左右；为了减小ΔH的测量误差，可从以下两方面着手：尽可能预置较大的光杠杆放大倍数（增大x，减小D）；在弹性限度以内，尽可能增加金属丝上加挂的砝码质量。

实验 2-7 液体黏度的测定

【实验目的】

液体黏度的测定

1. 掌握用奥氏黏度计测定液体黏度的方法。
2. 理解用比较法测定液体黏度的原理。
3. 学会正确使用温度计、秒表、注射器等仪器。

【实验器材】

奥氏黏度计（亦称为毛细管黏度计）、恒温槽、温度计、秒表、注射器、蒸馏水、酒精、无水乙醇、胶管、吸球、铅锤。

【仪器描述】

本实验所用的测量装置如图 2-7-1 所示。它由奥氏黏度计、温度计、恒温槽、铅锤和支架组成。奥氏黏度计是一个 U 形玻璃管，其中一边管子 F 较粗，它的下端有一球泡 N；另一边管子 E 较细，它的上端有一球泡 M，球泡 M 的上、下两端各有一刻线 C 和 A，用以限制一定量的液体体积，AB 部分为一均匀毛细管。E 管用胶管与吸球连通。温度计 T 用来测量液体的温度，铅锤 G 用来确定黏度计是否垂直。

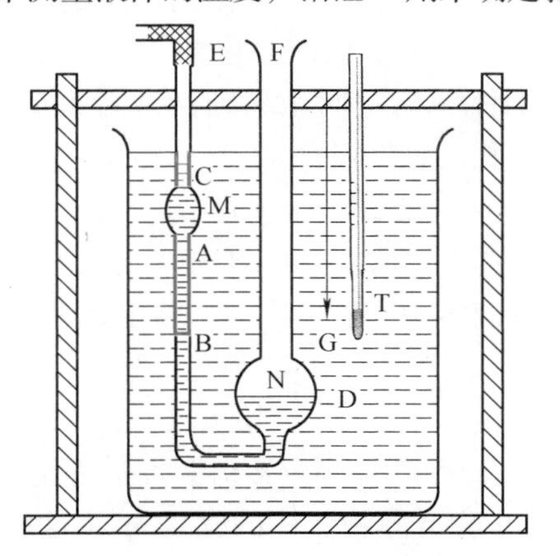

图 2-7-1 实验测量装置图

【实验原理】

在流体力学中，当牛顿黏滞液体在均匀水平圆管中做稳定流动时，在 t 时间内流经毛细管的液体的体积 V，根据泊肃叶公式可知

$$V=\frac{\pi R^{4}\Delta pt}{8\eta L} \tag{2-7-1}$$

式中，η 为液体的黏度，它与液体的性质、纯度及温度有关；R 为管的半径；L 为管的长度；Δp 为管两端的压强差。

如果用实验的方法测出 V、R、Δp、t、L 各量，则可求得液体的黏度

$$\eta=\frac{\pi R^4\Delta pt}{8VL} \tag{2-7-2}$$

用上述方法虽可直接测定 η，但因所测物理量较多，而且有的物理量难以测准，致使误差较大。因此，奥斯特瓦尔德（Ostwald）设计出了奥氏黏度计（Ostwald viscometer），采用比较法进行测量。

实验时，取黏度分别为 η_1（已知，一般用蒸馏水）和 η_2（待测液体）的两种体积相等的液体，注入黏度计并使其液面上升达到刻痕 C 以上（参见图 2-7-1），毛细管两端的压强差将使管中的液体慢慢向下流动。分别测出两种液体从刻痕 C 降至 A 的时间 t_1 和 t_2。两次测量中流过毛细管 AB 的液体体积相等（等于 M 泡上下刻痕间的体积），毛细管的半径 R、长度 L 相同，由式（2-7-2）可得

$$\eta_1=\frac{\pi R^4\Delta p_1 t_1}{8VL}$$

$$\eta_2=\frac{\pi R^4\Delta p_2 t_2}{8VL}$$

毛细管两端的压强差是由液体的重力作用产生的。理论可以证明，毛细管两端的压强差 Δp 与 U 形管两侧液面的高度差 H（变量）和液体的密度 ρ 成正比。两种液体均以相等的体积流过同一毛细管，因而在流动的两个过程中的 H 对应相等，R、L、V 诸量相同，所以

$$\frac{\Delta p_2}{\Delta p_1}=\frac{\rho_2 gH}{\rho_1 gH}=\frac{\rho_2}{\rho_1}$$

式中，ρ_1、ρ_2 分别为两种液体的密度。因此，将上述两式相比可得

$$\eta_2=\eta_1\frac{\rho_2 t_2}{\rho_1 t_1} \tag{2-7-3}$$

式（2-7-3）即为用奥氏黏度计测定液体黏度的理论依据。若 ρ_1、ρ_2 和 η_1 已知，只要测出 t_1 和 t_2 即可求出待测液体的黏度 η_2，这种方法叫作比较测量法。用比较法测量黏度时，需要保证在同一条件下进行实验。同一个 R、L 是由仪器本身满足的，同一个 V 则要在测量时予以保证。此外，还要保证黏度计都保持铅直，并在同一温度下进行实验。但由于环境等因素的影响，在实验过程中，保持温度绝对相同是不可能的。所以，我们一般用两种比较液体所处的平均水温 $\overline{T}$ 来代替。

【实验内容与步骤】

1. 先用蒸馏水冲洗黏度计 3 次，然后装上胶管，按图 2-7-1 所示将黏度计放入已盛好清水的恒温槽中，黏度计的 C 刻度线需在水面以下。参考重垂线，调整黏度计，使其处于铅直方位。将温度计插入水中，用来测量水的温度。

2. 将 5mL 蒸馏水用注射器从 F 管注入，再把吸球嘴与 E 管上的胶管相连。缓慢地将蒸馏水吸到黏度计的 M 泡，直到液面超过 C 线为止（但不要让蒸馏水进入胶管）。用手捏住胶管，取下吸球。

3. 放开手指，让 E 管内蒸馏水液面下降。当液面降到 C 线时，秒表开始计时，液面降到 A 线时终止计时，此时秒表的读数表示球泡内 C、A 两刻线间的液体通过毛细管所需的时间。记下时间 t_1 和水温 T_1，填入表 2-7-1。按此方法重复 3 次。

4. 取下黏度计，把蒸馏水倒掉。用酒精冲洗黏度计 1 次，再用无水乙醇冲洗 2 次。按步骤 1 把黏度计固定在支架上。

5. 用注射器将 5mL 无水乙醇注入 F 管。按测蒸馏水 t_1 的方法，测出 E 管内无水乙醇从 C 线降至 A 线所需的时间 t_2，共测 3 次，同时记下水温 T_2，填入表 2-7-1。

6. 把无水乙醇倒入回收瓶中，将黏度计放好待用。

表 2-7-1　测液体黏度数据记录表

次　数	酒　精			水		
	时间 t_2/s	$\vert t_{2i}-\overline{t_2}\vert$/s	温度 T_2/℃	时间 t_1/s	$\vert t_{1i}-\overline{t_1}\vert$/s	温度 T_1/℃
1						
2						
3						
平　均　值	$\overline{t_2}$ =		$\overline{T_2}$ =	$\overline{t_1}$ =		$\overline{T_1}$ =

【注意事项】

1. 拿黏度计不能同时捏住两管，只能一只手拿住粗管 F 进行冲洗，以免损坏。

2. 黏度计必须保持清洁，并须置于铅直位置。测量时黏度计内的液体不能存有气泡。

3. 注入 N 泡中的液体，必须与恒温槽中清水达到热平衡后（即放入液体后稍停几分钟），方能进行实验。

4. 按秒表不能用力过度，否则容易损坏。

【实验数据记录与处理】

1. 计算A类分量$\left(\Delta_A = \sqrt{\frac{\sum_{i=1}^{n}(x_i - \bar{x})^2}{n(n-1)}}\right)$：

$\Delta_A(t_1)=$______s；$\Delta_A(t_2)=$______s；

2. 计算B类分量$\left(\Delta_B = \frac{\Delta_{仪}}{\sqrt{3}}\right)$：

$\Delta_B(t_1)=$______s；$\Delta_B(t_2)=$______s；

3. 合成不确定度（$\Delta=\sqrt{\Delta_A^2+\Delta_B^2}$）：

$\Delta_{t_1}=$______s；$\Delta_{t_2}=$______s；

4. 由表2-7-1求出实验时水、酒精的平均水温$\overline{T}=\frac{\overline{T_1}+\overline{T_2}}{2}$；

5. 利用式（2-7-3），求出酒精的黏度的近真值。

在平均温度$\overline{T}$时：

$\rho_1=$____$g\cdot cm^{-3}$

$\eta_1=$____$\times10^{-3}Pa\cdot s$

$\rho_2=$____$g\cdot cm^{-3}$

$\overline{\eta_2}=\eta_1\frac{\rho_2\overline{t_2}}{\rho_1\overline{t_1}}=$____$\times10^{-3}Pa\cdot s$

6. 计算酒精黏度的相对不确定度、绝对不确定度，并写出标准表达式。

相对不确定度$E=\frac{\Delta_{\eta_2}}{\overline{\eta_2}}=\sqrt{\left(\frac{\Delta_{t_1}}{\overline{t_1}}\right)^2+\left(\frac{\Delta_{t_2}}{\overline{t_2}}\right)^2}=$______%；

绝对不确定度$\Delta_{\eta_2}=E\overline{\eta_2}=$______$\times10^{-3}Pa\cdot s$；

标准表达式$\eta_2=\overline{\eta_2}\pm\Delta_{\eta_2}=$______$\times10^{-3}Pa\cdot s$。

7. 求酒精黏度的百分偏差

$$B=\frac{|\eta_2'-\overline{\eta_2}|}{\eta_2'}\times100\%=\_\_\_\_\_\_$$

η_2'、ρ_1、η_1、ρ_2可分别由表2-7-2、表2-7-3、表2-7-4、表2-7-5查得。必要时可用内插法进行处理，关于内插法在本实验“附录”中介绍。

表2-7-2 不同温度下酒精的黏度η_2'

温度/℃	0	5	10	15	20	25	30	35	40
黏度/$10^{-3}Pa\cdot s$	1.730	1.623	1.466	1.332	1.200	1.096	1.003	0.914	0.834

表 2-7-3　水在不同温度时的密度 ρ_1

温度/℃	密度/(g·cm^{-3})	温度/℃	密度/(g·cm^{-3})	温度/℃	密度/(g·cm^{-3})
0	0.99987	12	0.99952	24	0.99732
1	0.99993	13	0.99940	25	0.99707
2	0.99997	14	0.99927	26	0.99681
3	0.99999	15	0.99913	27	0.99654
4	1.00000	16	0.99897	28	0.99626
5	0.99999	17	0.99880	29	0.99597
6	0.99997	18	0.99862	30	0.99557
7	0.99993	19	0.99843	31	0.99537
8	0.99988	20	0.99832	32	0.99505
9	0.99981	21	0.99802	33	0.99472
10	0.99973	22	0.99780	34	0.99440
11	0.99963	23	0.99757	35	0.99406

表 2-7-4　不同温度下水的黏度 η_1

温度/℃	0	1	2	3	4	5	6	7	8	9
黏度/10^{-3}Pa·s	1.794	1.732	1.674	1.619	1.568	1.519	1.474	1.429	1.387	1.348
温度/℃	10	11	12	13	14	15	16	17	18	19
黏度/10^{-3}Pa·s	1.310	1.274	1.239	1.206	1.175	1.145	1.116	1.088	1.060	1.034
温度/℃	20	21	22	23	24	25	26	27	28	29
黏度/10^{-3}Pa·s	1.009	0.984	0.965	0.938	0.916	0.895	0.875	0.855	0.837	0.818
温度/℃	30	31	32	33	34	35	36	37	38	39
黏度/10^{-3}Pa·s	0.800	0.788	0.767	0.751	0.736	0.721	0.705	0.693	0.679	0.666

表 2-7-5　酒精在不同温度时的密度 ρ_2

温度/℃	密度/(g·cm^{-3})	温度/℃	密度/(g·cm^{-3})	温度/℃	密度/(g·cm^{-3})
0	0.80625	12	0.79620	24	0.78606
1	0.80541	13	0.79535	25	0.78522
2	0.80457	14	0.79451	26	0.78437
3	0.80374	15	0.79361	27	0.78352
4	0.80290	16	0.79283	28	0.78267
5	0.80207	17	0.79198	29	0.78182
6	0.80123	18	0.79114	30	0.78037
7	0.80039	19	0.79029	31	0.78012
8	0.79956	20	0.78945	32	0.77927
9	0.79872	21	0.78860	33	0.77843
10	0.79788	22	0.78775	34	0.77756
11	0.79704	23	0.78691	35	0.77671

【思考题】

1. 在每次测量时，黏度计若不处于铅直方位，对实验结果会产生什么影响？如果每次黏度计的倾斜方位都相同呢？

2. 对黏度大小不同的液体进行测量时，应该怎样选择毛细管黏度计（指毛细管的粗细不同）？

3. 简述泊肃叶公式中各量的意义及公式适用条件。

4. 用比较法测量液体黏度的优点是什么？其限制条件又是什么？

5. 实验中记录的时间是什么时间？怎样才能记录得更准确？

6. 实验中所取蒸馏水和无水乙醇的体积必须相等吗？为什么？

7. 实验时应注意的问题是什么？

8. 怎样利用内插法求已知数据的中间值？

【附录】　内插法

通常在数据表中所列各独立变量的间距比较大，而在实际中常常需要知道表中未列出的中间数值。内插法就是讨论根据一些已知数据如何求得中间值的方法。这种求解的方法很多，这里我们介绍一种常用的方法——比例法。

比例法是最简便的方法。如图2-7-2所示，假定 x、y 的关系为直线式，现在已知 a、b 两点坐标分别为 (x_a, y_a)、(x_b, y_b)，求 x_a 与 x_b 之间横坐标为 x_c 的一点 c 的纵坐标 y_c。

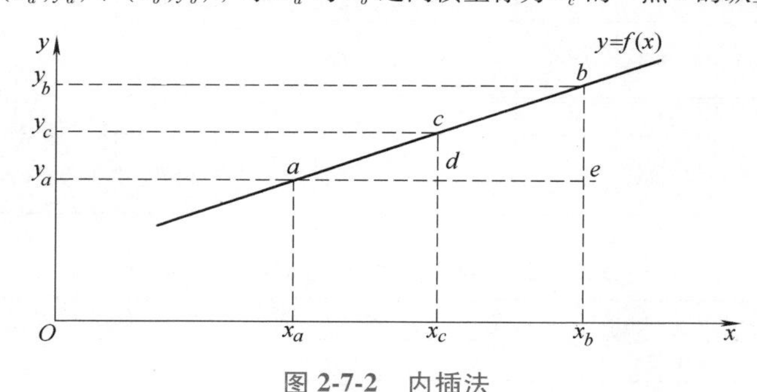

图 2-7-2　内插法

根据相似三角形原理，图中 $\triangle abe \backsim \triangle acd$，所以

$$ae : ad = be : cd$$

又因为

$$ae = x_b - x_a,\ ad = x_c - x_a,\ be = y_b - y_a,\ cd = y_c - y_a$$

所以

$$\frac{x_b - x_a}{x_c - x_a} = \frac{y_b - y_a}{y_c - y_a}$$

整理得

$$y_c = y_a + \frac{x_c - x_a}{x_b - x_a}(y_b - y_a)$$

可见，若知道 x_a、x_b 与 y_a、y_b 对应值，中间值可由上式求出。

例　根据表 2-7-4 所给数据，求 $T=22.6$℃时，水的黏度 η。

解：将温度 T 作为自变量，相当于上式中的 x，将黏度 η 作为因变量，相当于 y。

已知

$$T_a=22℃,\ \eta_a=0.965\times10^{-3}\mathrm{Pa\cdot s}$$

$$T_b=23℃,\ \eta_b=0.938\times10^{-3}\mathrm{Pa\cdot s}$$

根据公式，当 $T_c=22.6$℃时，

$$\eta_c=\eta_a+\frac{T_c-T_a}{T_b-T_a}(\eta_b-\eta_a)=\left[0.965+\frac{22.6-22}{23-22}\times(0.938-0.965)\right]\times10^{-3}\mathrm{Pa\cdot s}$$

$$=0.949\times10^{-3}\mathrm{Pa\cdot s}$$

实验 2-8　液体表面张力系数的测定

【实验目的】

1. 学会用拉脱法测定液体的表面张力系数。
2. 了解硅压阻式力敏传感器张力测定仪的构造和使用方法。

【实验器材】

硅压阻式力敏传感器张力测定仪、铁架台、微调升降台、固定杆、玻璃皿、圆形环状吊片、砝码、游标卡尺、温度计。

【实验原理与仪器描述】

液体的表面张力是表征液体性质的一个重要参数，测量液体的表面张力系数有多种方法，拉脱法是测量液体的表面张力系数常用的方法之一。该方法的特点是，用测量仪器直接测量液体的表面张力，测量方法直观，概念清楚。用拉脱法测量液体表面张力，对测量力的仪器要求较高，由于用拉脱法测量液体表面的张力约在 $1\times10^{-3}\sim1\times10^{-2}$N 之间，因此需要用一种量程范围小、灵敏度高且稳定性好的测量力的仪器。近年来，新发展的硅压阻式力敏传感器张力测定仪正好能满足测量液体表面张力的需要，它比传统的焦利秤、扭秤等灵敏度高，稳定性好，且可数字信号显示，利于计算及实时测量。

为了能对各类液体的表面张力系数的不同有深刻的理解，在对水进行测量以后，再对不同浓度的酒精溶液进行测量，这样可以明显观察到表面张力系数随溶液浓度的变化而变化的现象，从而对这个概念加深理解。

测量一个已知周长的金属片从待测液体表面脱离时所需要的力，求得该液体表面张力系数的实验方法称为拉脱法。若金属片为环状吊片时，考虑一级近似，可以认为脱离力为表面张力系数乘上脱离表面的周长，即

$$F=\alpha\cdot\pi(D_1+D_2) \tag{2-8-1}$$

式中，F 为脱离力；D_1、D_2 分别为圆环的外径和内径；α 为液体的表面张力系数。

硅压阻式力敏传感器由弹性梁和贴在梁上的传感器芯片组成，其中芯片由四个硅扩散电阻集成一个非平衡电桥。当外界压力作用于金属梁时，在压力作用下，电桥失去平衡，此时将有电压信号输出，输出电压大小与所加外力成正比，即

$$\Delta U=KF \tag{2-8-2}$$

式中，F 为外力的大小；K 为硅压阻式力敏传感器的灵敏度；ΔU 为传感器输出

电压的大小。

图 2-8-1 为实验装置图。其中，液体表面张力系数测定仪包括硅扩散电阻非平衡电桥的电源和测量电桥失去平衡时输出电压大小的数字电压表。其他装置包括铁架台、微调升降台、装有力敏传感器的固定杆，盛液体的玻璃皿和圆形吊片。试验证明，当环的直径在 3cm 左右而液体和金属环接触的接触角近似为零时，运用公式（2-8-1）测量各种液体的表面张力系数的结果较为准确。

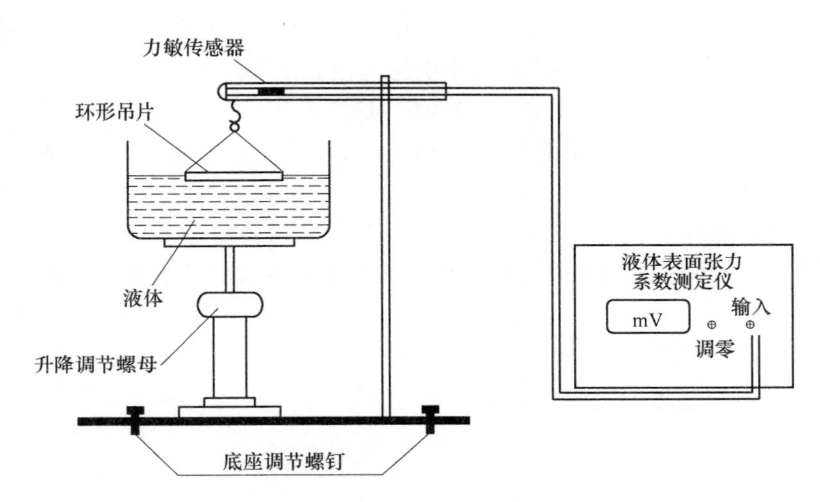

图 2-8-1　液体表面张力测定实验装置

【实验内容与步骤】

一、必做部分

1. 力敏传感器的定标

每个力敏传感器的灵敏度都有所不同，在实验前，应先将其定标。步骤如下：（1）打开仪器的电源开关，将仪器预热。（2）在传感器梁端头小钩中，挂上砝码盘，调节电子组合仪上的补偿电压旋钮，使数字电压表显示为零。（3）在砝码盘上分别加 0.5g、1.0g、1.5g、2.0g、2.5g、3.0g 等质量的砝码，记录相应砝码力 F 作用下，数字电压表的读数值 U。（4）用最小二乘法作直线拟合，求出传感器灵敏度 K。

2. 环的测量与清洁

（1）用游标卡尺测量金属圆环的外径 D_1 和内径 D_2（关于游标卡尺的使用方法参见实验 2-1）。

（2）环的表面状况与测量结果有很大的关系。实验前应将金属环状吊片在 NaOH 溶液中浸泡 20~30s，然后再用净水洗净。

3. 测量液体的表面张力系数

(1) 将金属环状吊片挂在传感器的小钩上。调节升降台，将液体升至靠近环片的下沿，观察环状吊片下沿与待测液面是否平行。如果不平行，将金属环状吊片取下后，调节吊片上的细丝，使吊片与待测液面平行。

(2) 调节容器下的升降台，使其逐渐上升，将环片的下沿部分全部浸没于待测液体，然后反向调节升降台，使其液面逐渐下降。这时，金属环片和液面间形成一环形液膜，继续下降液面，测出环形液膜即将拉断前一瞬间数字电压表读数值 U_1 和液膜拉断后一瞬间数字电压表读数值 U_2，有

$$\Delta U=U_1-U_2$$

(3) 将实验数据代入式（2-8-2）和式（2-8-1），求出液体的表面张力系数，并与标准值进行比较。

二、选做部分

测出其他液体，如酒精、乙醚、丙酮等在不同浓度时的表面张力系数。

【实验数据记录与处理】

1. 传感器灵敏度的测量（见表2-8-1）

表2-8-1 传感器灵敏度的测量

砝码质量/g	0.500	1.000	1.500	2.000	2.500	3.000
电压/mV						

河南新乡地区的重力加速度 $g=9.79772\text{m}\cdot\text{s}^{-2}$。

经最小二乘法拟合得 $K=$________ $\text{mV}\cdot\text{N}^{-1}$，拟合的线性相关系数 $r=$________。

2. 水的表面张力系数的测量（见表2-8-2，表2-8-3）

金属环外径 $D_1=$________ cm，内径 $D_2=$________ cm。

水的温度：$\theta=$________℃。

表2-8-2 水的表面张力系数的测量

编　号	U_1/mV	U_2/mV	ΔU/mV	F/N	$\alpha/(\text{N}\cdot\text{m}^{-1})$
1					
2					
3					
4					
5					

平均值：$\bar{\alpha}=$________ $\text{N}\cdot\text{m}^{-1}$。

表 2-8-3　水的表面张力系数的标准值

温度/℃	$\alpha/(\times10^{-3}N\cdot m^{-1})$	温度/℃	$\alpha/(\times10^{-3}N\cdot m^{-1})$	温度/℃	$\alpha/(\times10^{-3}N\cdot m^{-1})$
0	76.63	12	73.80	24	71.96
1	75.47	13	73.65	25	71.81
2	75.31	14	73.50	26	71.65
3	75.16	15	73.35	27	71.50
4	75.01	16	73.20	28	71.34
5	74.86	17	73.05	29	71.19
6	74.71	18	72.89	30	71.04
7	74.56	19	72.73	31	70.87
8	74.41	20	72.58	32	70.71
9	74.26	21	72.43	33	70.56
10	74.11	22	72.27	34	70.40
11	73.96	23	72.11	35	70.23

【思考题】

在实验中，有哪些因素可能使实验结果产生误差，为什么？

王亚平太空授课

实验 2-9 空气比热容比的测定

【实验目的】

1. 学习用绝热膨胀法测定空气的比热容比。
2. 观察热力学过程中状态变化及基本物理规律。
3. 了解气体压力传感器和电流型集成温度传感器的工作原理。

【实验器材】

DZ4331 型空气比热容比综合实验仪。

【实验原理】

在压强不变的条件下，使单位质量的气体温度升高 1℃所需要的热量称为比定压热容；在体积不变的情况下，使单位质量的气体温度升高 1℃所需的热量称为比定容热容。比定压热容与比定容热容的比值称为比热容比，用 γ 表示，它是热力学中一个重要参量。本实验把空气当作理想气体，利用绝热膨胀法测定空气的比热容比。

首先给待测气体设置一个初始状态 Ⅰ（p_1, V_1, T_1），其中 p_1 比大气压 p_0 稍高，V_1 为单位质量的气体体积，T_1 与外部环境温度相等。然后使气体经过一个绝热膨胀过程，到达中间过渡状态 Ⅱ（p_2, V_2, T_2），这时待测气体对外做功消耗了内能，因而温度由 T_1 下降至 T_2，而待测气体的压强降为大气压，即 $p_2=p_0$，最后，系统将从外界吸收热量且温度升高至 T_3，因吸收热量过程中体积不变，所以压强将随之升高为 p_3，系统变至状态Ⅲ（p_3, V_3, T_3），其中 $V_3=V_2$，$T_3=T_1$。根据上述的两个过程和三个状态，并把待测气体当做理想气体，单位质量的气体状态变化过程如图 2-9-1 所示。

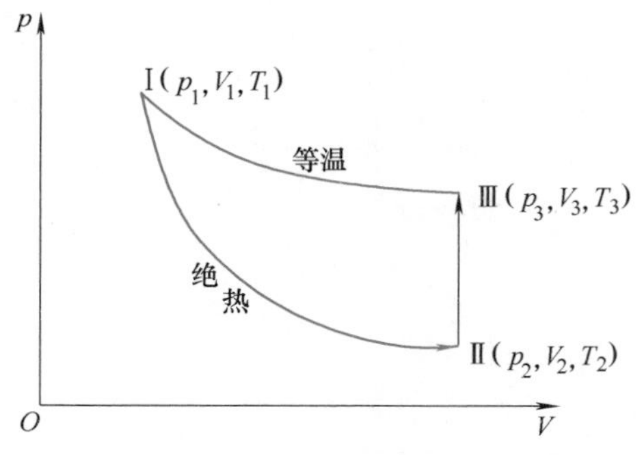

图 2-9-1 单位质量的气体状态变化过程图

状态Ⅰ至状态Ⅱ的变化是绝热的，满足泊松公式

$$p_1 V_1^{\gamma} = p_0 V_2^{\gamma} \tag{2-9-1}$$

而状态Ⅲ与状态Ⅰ是等温的，所以，玻意耳-马略特定律成立，即

$$p_1 V_1 = p_3 V_3 \tag{2-9-2}$$

由以上两式消去 V_1、V_2 可解得

$$\gamma=\frac{\ln p_1-\ln p_0}{\ln p_1-\ln p_3} \tag{2-9-3}$$

可见，只要测得 p_0、p_1、p_3的值即可测量出空气的比热容 γ。

如果用 Δp_1、Δp_3分别表示 p_1、p_3与大气压强 p_0的差值，则有

$$p_1=p_0+\Delta p_1,\quad p_3=p_0+\Delta p_3 \tag{2-9-4}$$

将式（2-9-4）代入式（2-9-3），并考虑到 $p_0\gg\Delta p_1$，$p_0\gg\Delta p_3$，则有

$$\ln p_1-\ln p_0=\ln\frac{p_1}{p_0}=\ln\left(1+\frac{\Delta p_1}{p_0}\right)\approx\frac{\Delta p_1}{p_0}$$

及

$$\begin{aligned}\ln p_1-\ln p_3&=(\ln p_1-\ln p_0)-(\ln p_3-\ln p_0)\\&=\ln\left(1+\frac{\Delta p_1}{p_0}\right)-\ln\left(1+\frac{\Delta p_3}{p_0}\right)\approx\frac{\Delta p_1}{p_0}-\frac{\Delta p_3}{p_0}\end{aligned}$$

所以

$$\gamma=\frac{\Delta p_1}{(\Delta p_1-\Delta p_3)} \tag{2-9-5}$$

同样，只要用压力计测得实验过程中 p_1、p_3时与 p_0的压力差 Δp_1、Δp_3，即可通过式（2-9-5）求出比热容比 γ。

图 2-9-2 为本实验的装置。液晶显示屏第一排显示压强数值，第二排显示温度数值。

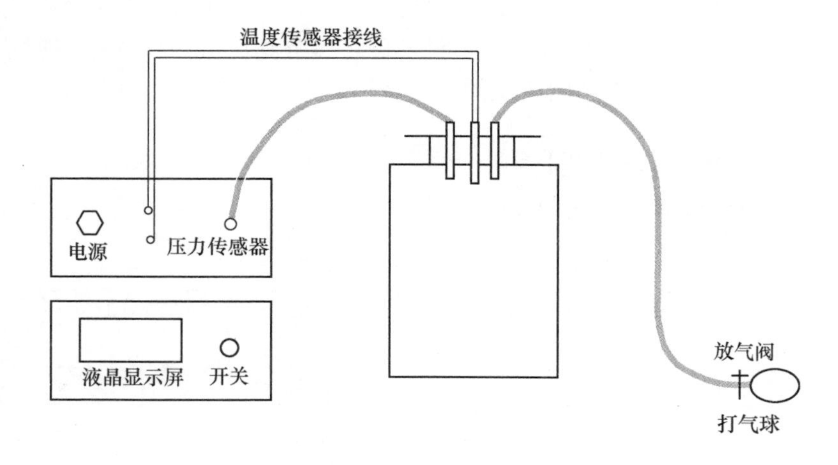

图 2-9-2　实验装置

【实验内容与步骤】

一、安装调试仪器装置

按照图 2-9-2 所示，连接好实验装置，开启电源。关闭放气阀，用气球慢慢

打气，观察压强计显示，若示数保持不变，则仪器不漏气。

二、设置初始状态

关闭放气阀，挤压打气球，向容器内均缓压入适量的空气（压强差值不能超过15kPa），压强为 p_1。由于在打气过程中，瓶内空气温度升高，必须经过一段时间，使瓶内空气与外界空气达到热平衡。观察温度、压强的变化，记录状态Ⅰ(p_1,V_1,T_1)的 Δp_1、T_1 值。

三、绝热膨胀过程

打开放气阀，即令其绝热膨胀，当放气声结束时，即瓶内的压强等于大气压 p_0，立即关闭放气阀。由于本过程进行得很快，瓶内气体来不及与外界空气交换能量，故可近似地看作绝热膨胀过程。该过程中，瓶内气体对外做功，温度下降为 T_2。此即中间过渡状态Ⅱ(p_2,V_2,T_2)，其中 $p_2=p_0$。

四、等容吸热过程

关闭放气阀后，瓶内空气从外界吸热，使压强不断升高，最后与瓶外空气达到热平衡。此时瓶内状态即状态Ⅲ(p_3,V_3,T_3)，记录此状态时 Δp_3、T_3 的值，其中 $V_3=V_2$，$T_3=T_1$。

重复2，3，4，测量10次，求 γ 的平均值。

【注意事项】

1. 用打气球往瓶内注入空气时，不能过快，压强差值不能超过15kPa。

2. 放气动作要快，以保证绝热膨胀过程。当听到放气声即将结束时应迅速关闭放气阀，提早或推迟关闭放气阀，都将影响实验效果，增大误差。

【实验数据记录与处理】

数据记录表格如表2-9-1所示。

表2-9-1 数据记录表格

次数	t_1/℃	Δp_1/kPa	t_3/℃	Δp_3/kPa	γ
1					
2					
3					
4					
5					
6					
7					
8					
9					
10					

常温下，空气 $c_p = 1.0032\text{J}\cdot(\text{g}\cdot℃)^{-1}$，$c_V = 0.7106\text{J}\cdot(\text{g}\cdot℃)^{-1}$，$\gamma = 1.412$

比热容比平均值 $\overline{\gamma}$ = ________________，百分偏差 $E = \dfrac{|\overline{\gamma} - \gamma|}{\gamma} \times 100\% =$ ____________________。

【思考题】

1. 为什么打气过程中瓶内气体温度会升高？
2. 实验步骤三关闭放气阀过早或过迟对测量结果将有什么影响？
3. 在相同温度下，空气相对湿度较大对测量结果有何影响？

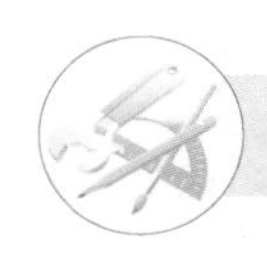

实验 2-10 电偶极子电场的描绘

【实验目的】

1. 通过对电偶极子电场等电势线的描绘，了解电偶极子电场中电势的分布情况。

2. 学习用模拟法测量不易测量的物理量的方法，了解模拟法使用的条件。

【实验器材】

绝缘垫、尖端电极两个、探针两个、灵敏电流计、直流稳压电源（8V）、导线若干、导电纸、复写纸、白纸、大头针、回形针。

【实验原理与仪器描述】

电场是电荷周围空间存在的一种特殊物质。电场的性质可用电场强度 $\boldsymbol{E}$ 和电势 U 来描述。为了形象地表示出电场的分布情况，常利用电力线和等势线（面）把电场描绘出来。由于通过实验确定等势线（面）比较容易，因此一般实验方法是先画出在一个平面内的等势线，然后再根据电力线与等势线处处正交的关系画出电力线。

在实验中直接测量静电场的分布是相当困难的，因为当静电式仪表引入静电场中进行测量时，表针上就会有感应电荷出现，从而产生了附加电场，它与原电场叠加，改变了被测电场，也影响了原带电体系的电荷分布。电磁场理论指出，静电场与稳恒电流场具有相同的数学方程式，因而这两个场具有相同形式的解，即电流场的分布与静电场的分布完全相似。为此我们可以用稳恒电流场来模拟静电场，而且此时测量探针的引入不会造成模拟场的畸变，这样就可间接地测出被模拟的静电场。用电流场来测定静电场是研究静电场的实验方法之一。

利用原型和模型遵从相同的数学规律而进行的模拟称为数学模拟。这种模拟方法可以广泛地用于对电缆、示波管、电子显微镜等内部电场分布情况的研究。

研究电偶极子的电场，对了解极性分子间的相互作用和心电波形的形成都是很有必要的。电偶极子是两个相距很近的带等量异号电荷所组成的带电系统，直接研究这一系统在空间建立的静电场是比较困难的。本实验是把两个尖端电极分别与电源的正极和负极相连，然后置于导电纸（在一张纸基上均匀涂布一薄层导电碳墨而制成）上的 A、B 两点，这样这两个电极在导电纸平面上产生的电流场，与两个等量异号点电荷产生的电偶极子电场，就其等势线的分布来说，是相类似的。

等势线（面）就是电场中电势相等的点组成的曲线（面）。如果将两个探针用导线接在电流计上，将两探针置于同一等势线（面）的任意两点，则电流计中无电流通过。根据这一原理，就可以测绘出电场中一系列的等势线（面）。

在绝缘垫上，依次叠放着导电纸、复写纸、白纸，如图 2-10-1 所示。尖端电极 M、N 分别放在导电纸的 A、B 两点，用 8V 直流稳压电源。D 和 C 为两个探针，G 为灵敏电流计。

【实验内容与步骤】

1. 在导电纸的中线位置，先取相距 8cm 的 A、B 两点，如图 2-10-1 所示。将 AB 分成八等份，分点为 −3，−2，−1，0，1，2，3（注意：只用大头针点“点”，不要连线）。将导电纸、复写纸和白纸依序叠好，用回形针固定在绝缘垫上。

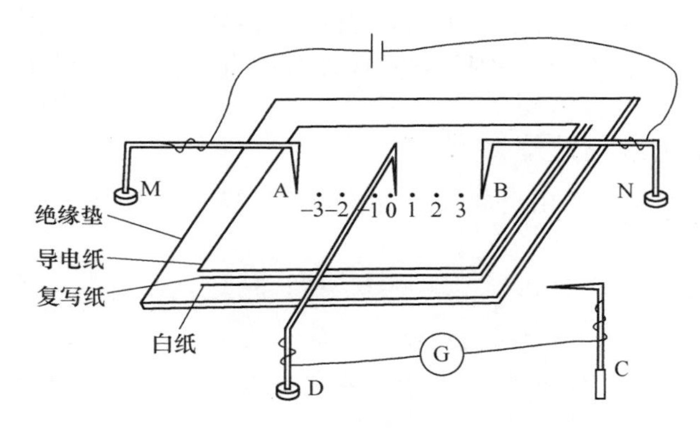

图 2-10-1 电偶极子电场描绘装置

2. 将尖端电极 M、N 置于导电纸的 A、B 位置上，按图 2-10-1 接好连线。调节 A、B 之间的电压，使其为 8V。

3. 把探针 D 放在 AB 的中点 0 处不动。移动探针 C，在 AB 线的两旁各找3~4 个与 0 点等势的点，每找到一个等势点，都应轻轻按压一下探针 C，以便使该点通过复写纸印在白纸上（注意：不能在导电纸上打孔）。

4. 将探针 D 分别置于 1、2、3 和−1、−2、−3 各点。按上述方法，分别找出它们的等势点，都复印在白纸上。

5. 取出白纸，通过每组等势点，分别画出平滑曲线（用实线），此组曲线即为电偶极子电场电势的分布图。

6. 根据等势线与电力线的正交性，画出若干条电力线（用虚线），以此来表示电场强度的大小和方向。

【注意事项】

1. 尖端电极 M、N 接通电源后，不能相碰，以免短路而烧坏电源。

2. 导电纸必须保持平整，切勿折叠或划破。否则，导电纸不能看作均匀的不良导体薄层，绘出的模拟场将与静电场分布不同。

3. 在电偶极子电场等势线描绘的实验中，尖端电极 M、N 一经放好，就不可移动。探针 D 在找同一条等势线时，也不能移动。

4. 灵敏电流计是用来检查电路中有无微弱电流通过的一种仪器（满偏电流 $I_g = 300\mu A$），只能作检流计或示零仪使用，切勿将灵敏电流计当作安培计或伏特计接入线路。实验中探针不能与电极相碰，以免电流通过灵敏电流计。灵敏电流计使用前应先调零。

5. 由于导电纸边界条件的限制，边界上的等势线分布严重失真，已失去模拟的意义，实验中应在导电纸中央区域找点，让曲线自然延伸到边界。

6. 在等势线曲率较大的区域应多找几个点；实验中，若探针在某个范围内移动时，灵敏电流计都示零，则等势点应取其中点。

【实验数据记录与处理】

按实验记录结果，绘出电偶极子电场的等势线和电力线。

【思考题】

1. 为什么能通过电流场间接测绘静电场？

2. 检流时电流计指针开始时是否一定要指在零？怎样才能正确判断检流计两极真正等势？

3. 能否在导电纸上模拟点电荷激发的电场？圆球形点电荷激发的电场呢？

实验 2-11　万用电表的使用

【实验目的】

1. 了解万用电表的构造原理。
2. 掌握用万用电表测量电阻、交直流电压和直流电流的方法。

【实验器材】

万用电表、线路板、交直流电源。

【实验原理】

万用电表是一种用来测量电阻、交直流电压和直流电流等多种电学量的综合性电工仪表。它的种类很多，但其基本原理相同，都是建立在欧姆定律和电阻串并联电路以及整流电路的基础上的。

【仪器描述】

万用电表由灵敏电流计（表头）、线路、转换开关和刻度盘四部分组成。

万用电表的表头为灵敏度高、准确度较好的磁电式微安表，它的作用是把不直观的电流转变为直观的指针偏转角度显示。它内部有一个可动线圈，可动线圈的电阻称为表头内阻。电流通过可动线圈时，通电线圈在永久磁铁所建立的磁场中受到磁场力的作用而发生偏转，带动指针转动以显示偏转角度，所偏转的角度正比于通过它的电流。当指针指示满刻度时，通过线圈中的电流称为表头的灵敏度。满刻度偏转电流越小，表头灵敏度越高，表头内阻越大。常用表头的灵敏度为几十微安至几百微安，表头内阻一般为几百欧至几千欧。

对于每一种电学量的测量，在万用电表里都有相应的电路，它把被测量转换为表头所能接受的电流量，依据表头指针的偏转角度大小，确定被测量的数值。

一、直流电流挡

由于表头的灵敏度很高而量程很小，仅用表头的满刻度值不能满足实际测量需要。通常用一个电阻 R_s 与表头相并联，如图 2-11-1 所示，对表头电流进行分流，被测电流越大，流过表头的电流也越大，它们成正比变化，故可由指针指示出待测电流。电阻 R_s 不同，可得到电流挡的不同量程。

二、直流电压挡

用一个电阻 R_p 与表头相串联，即构成直流电压挡，如图 2-11-2 所示。待测电压加在电表输入端，电表中即产生电流。电流与电压成正比变化，可把刻度刻成相应的电压刻度，故电流表可指示出电压值。改变 R_p 可得到直流电压的不同量程。

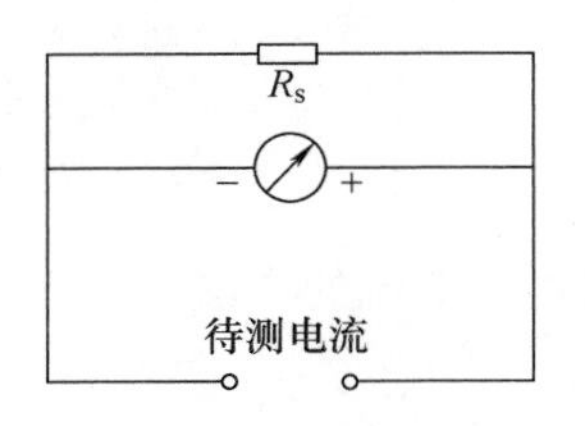

图 2-11-1　测电流原理

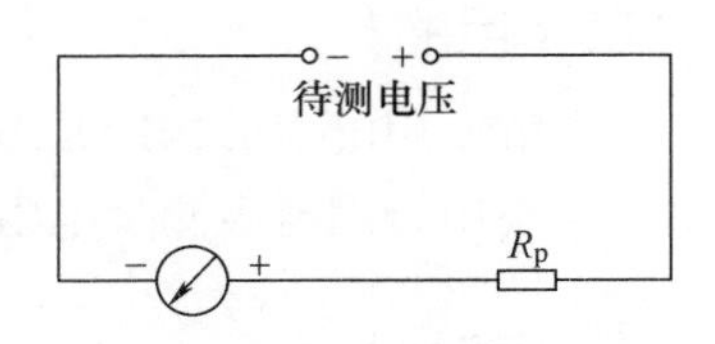

图 2-11-2　测电压原理

三、交流电压挡

图 2-11-3 是测量交流电压的原理图。它与直流电压挡的区别仅在于表头电路中加装了一个整流器。当有交流电流进入电表时，流过表头的电流仍然是直流。这样使原来的直流电压表变为一个交流电压表。

四、电阻挡

测电阻的原理如图 2-11-4 所示。电表内部有电池与电流表串联，R_g 为表头内阻，R 为调零电阻。当被测电阻 R_x 接入电路时，根据全电路欧姆定律，通过表头的电流为

$$I_g=\frac{E}{R_x+R+\frac{R_iR_g}{R_i+R_g}}\cdot\frac{R_i}{R_i+R_g}$$

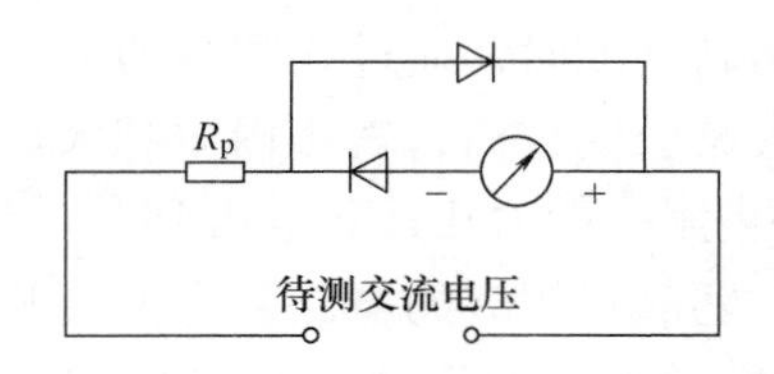

图 2-11-3　测量交流电压原理图

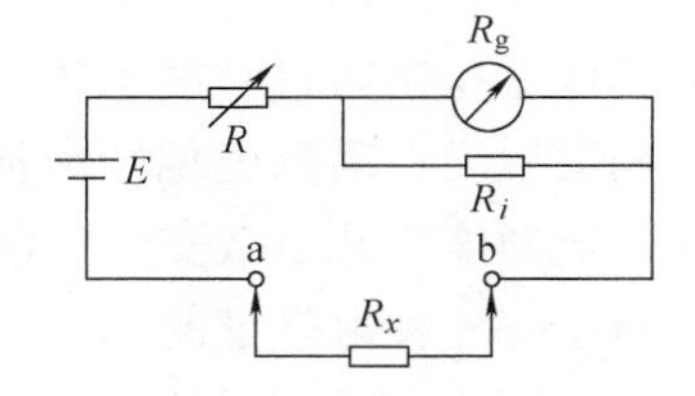

图 2-11-4　测电阻原理图

适当选取 R_i，当：

1. $R_x=0$，即 a、b 间短路时，回路电流最大，表指针应当满偏，此时电阻刻度为 0。

2. $R_x=\infty$，即 a、b 间开路时，回路电流为 0，表针不动，此时电阻刻度为 ∞。

在 E、R、R_i、R_g 均不变的情况下，I_g 的数值取决于 R_x；反过来由 I_g 的大小可知 R_x 的值。按照 I_g 与 R_x 间的固定关系，在刻度盘上进行刻度就能直

接读出被测电阻值。因 I_g 与 R_x 不是线性关系，故电阻挡的刻度是不均匀的。

图 2-11-5 是万用表的面板图。“Ω”挡为测量电阻用，测量所得值应为刻度数乘以量程数。其他各挡的量程数均为刻度盘的满刻度数。“Ω”为电阻挡调零电位器。

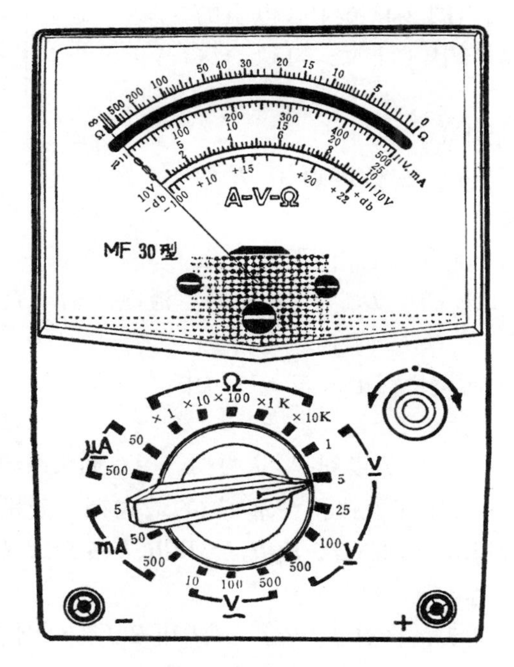

图 2-11-5 万用表面板图

表盘上共有四条刻线，第一条刻线为电阻读数用；第二条刻线为除交流 10 V以外的各电压、电流挡读数用；第三条刻线专为交流 10 V读数所设。第四条刻线是以分贝为单位进行电量测试的，本实验略。

【实验内容与步骤】

一、交流电压的测量

1. 将万用电表量程选择开关拨至V挡、500 V量程，直接测量市电。

2. 将所测结果及所用量程记入测量记录表中。

二、电阻的测量

1. 测量电阻时首先将万用电表量程选择开关拨至“Ω”挡范围内某量程上，两表笔短接形成短路，指针向满刻度偏转，调节旋钮“Ω”，使指针指在零欧姆刻度上。

2. 取如图 2-11-6 所示的被测线路板，将被测电阻接到万用电表两表笔之间，观察指针摆动（为了提高测量结果的精度，指针尽可能指示在全刻度的 20%～80%范围内）。

3. 从“Ω”刻度线上读出指针所指刻度，刻度数乘以量程数即为所测电阻值。

4. 用同样方法测出图 2-11-6 中各电阻的电阻值，填入相关表格中（注意：每换一次量程必须先调零）。

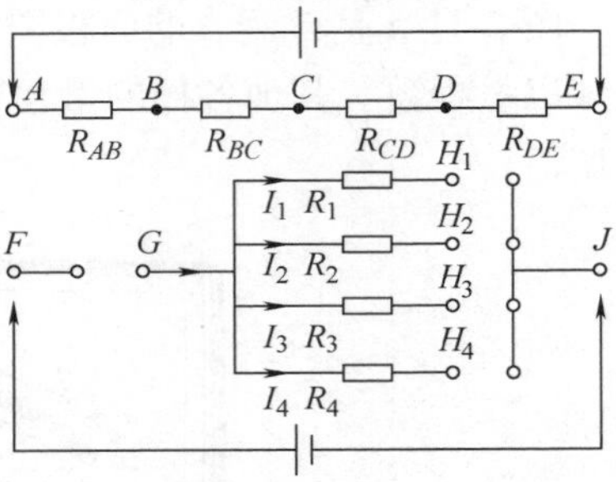

图 2-11-6 被测线路板

三、直流电压的测量

1. 将直流电源按左正右负接到 A、E 两端，电路中即有电流通过。

2. 万用电表选择开关拨至“$\underline{V}$”挡，选择适当量程测 AB、BC、CD、DE 及 AE 间的直流电压值。表笔须按左红右黑接入测试电路。

3. 将测量结果及所用量程记入表 2-11-1 中。

四、直流电流的测量

1. 将直流电源按左正右负接到 F、J 两端。用双插头线将 F、G 连接起来。

2. 将万用电表的选择开关拨至“mA”的最大挡，分别试接入 H_1J、H_2J、H_3J 和 H_4J 各端，测得流经 FGH_1J、FGH_2J、FGH_3J 和 FGH_4J 各支路电流，如指针摆动过小可更换量程。

3. 拔下 FG 连接插头，将 H_1J、H_2J、H_3J 和 H_4J 各分别连接，在 FG 两端测得 FJ 总电路的电流值。表笔仍需按左红右黑接入电路。

4. 将所测数值和所用量程填入表 2-11-2 中。

【注意事项】

1. 使用万用表时，首先要使电表平放，当指针与反光镜中指针的像重合时，指针应停在表盘左端“0”位处。否则要用旋具旋转“指针零位调节器”，使指针指向“0”位，然后把红、黑表笔分别插入面板上标有“+”和“-”的插孔中，即可进行各种项目的测量。

2. 测量电阻时，被测电路不能带电；测电流时不能将电表的表笔直接接在电源的两端。

3. 当被测电路中的电压和电流的数值无法估计时，应将万用电表的量程拨至最大量程。测量时用瞬时点接法试验，根据指针偏转大小选择适当量程。

4. 使用量程选择旋钮选择项目和转换量程时，表笔要离开被测电路。在每次测量前必须认真检查量程选择旋钮是否在合适位置，不得搞错。牢记：

一挡二程三正负，正确接入再读数。
调换量程断开笔，切断电源测电阻。

5. 测量结束后，应将电表选择旋钮拨至交流电压最大量程处，以避免偶然事故发生。

【实验数据记录与处理】

表 2-11-1　电阻电压数据记录表

项目	电阻/Ω		电压/V	
	使用量程	电阻值	使用量程	电压值
AB 间				
BC 间				
CD 间				
DE 间				
AE 间				

表 2-11-2　电阻电流数据记录表

项目	电阻/Ω		电流/mA	
	使用量程	电阻值	使用量程	电流值
FGH_1J 支路				
FGH_2J 支路				
FGH_3J 支路				
FGH_4J 支路				
FJ 总电路				

【思考题】

1. 通过本实验验证了些什么？
2. 万用电表由哪几部分组成？
3. 万用电表进行各种测量的基本原理是什么？
4. 万用电表测电阻、交直流电压和电流的基本方法是什么？
5. 使用万用电表时应注意哪些问题？

实验 2-12 示波器的使用

示波器

【实验目的】

1. 了解示波器的基本结构和示波原理，基本掌握示波器的使用方法。

2. 利用示波器观察信号波形，测量信号电压和频率。

【实验器材】

示波器、信号发生器、直流电源。

【实验原理与仪器描述】

示波器是一种能把随时间变化的电过程用波形显示出来的电子仪器，应用范围非常广泛。用它可观察电压和电流的波形，测量电压的幅值、频率和位相。凡能转换成电压和电流的电学量或非电学量（如温度、压力、声波等）都可以用示波器观察和测量。在医学上常用示波器观察心电、脑电、肌电和心音等生理量的变化。

示波器的种类很多，大致可分为两大类：一类是通用示波器，如 ST—16B 型、SB—10 型、SB—14 型等；另一类是专用示波器，如心电示波器等。但其基本原理相同。本实验仅对通用示波器作简要介绍。

示波器由示波管系统、垂直放大器（Y 轴放大）、水平放大器（X 轴放大）、扫描发生器、触发同步和直流电源等几部分组成，其结构原理如图 2-12-1 所示。

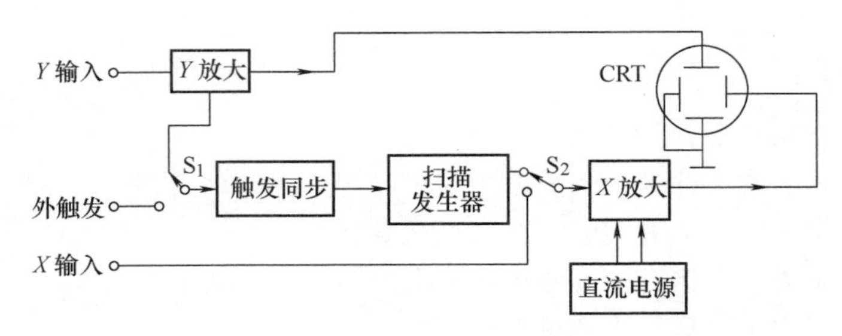

图 2-12-1 示波器结构图

一、示波管

示波管是示波器的核心部分，如图 2-12-2 所示，它由抽成真空的玻璃管与在其内部的电子枪、偏转系统和荧光屏等部分组成。

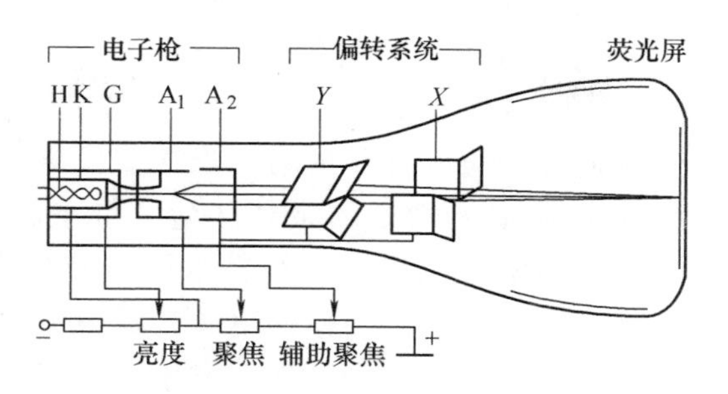

图 2-12-2　示波管结构图

1. 荧光屏：是一块垂直于管轴的扁平球面，内面涂有荧光物质，是显示波形的屏幕。当高速运动的电子束打在荧光屏上某点时，该点就发光。单位时间内打到屏上的电子数越多，则光越强。由于荧光材料不同，产生的荧光颜色和余辉时间也不同。一般荧光屏发绿色光供观察用，发蓝色光供摄影用。所谓余辉时间就是指电子束停止轰击后光点在屏幕上残留的时间。按余辉时间的长短，示波管可分为长余辉（100ms ~ 1s），中余辉（10ms ~ 100ms），短余辉（10μs ~ 10ms）等不同规格。例如，ST—16B 型、SB—10 型示波器均使用中余辉示波管，慢扫描示波器则使用长余辉示波管。医学上常使用慢扫描长余辉示波管，因为生物信号一般频率较低。

2. 电子枪：电子枪是由灯丝 H、阴极 K、栅极 G 和若干阳极组成的。用低压加热灯丝，使阴极发出电子，在阳极加速下射出电子束，射向荧光屏。栅极电压低于阴极电压，调节栅极电压可以控制发射的电子流密度。在面板上的“辉度”旋钮就是用来调节栅压的电位器。第二阳极电压高于第一阳极电压。阳极间的不均匀电场所形成的“静电电子透镜”，使电子流聚焦成极细的电子束。面板上的“聚焦”和“辅助聚焦”旋钮就是用来调节第一、第二阳极电压的电位器。

3. 偏转系统：偏转系统有两对互相垂直的偏转板组成，一对为垂直（Y 轴）偏转板，一对为水平（X 轴）偏转板。当两对偏转板上都不加电压时，电子束将沿示波管的轴线直射到屏中央，在荧光屏幕中央出现亮点。如果仅在垂直（或水平）偏转板上加直流电压，电子束将由于电场力的作用而发生垂直（或水平）偏移。理论分析指出：在一定范围内，加在垂直偏转板上的电压（U_y），与荧光屏上光点在垂直方向偏转的距离（y）成正比，其比例系数为垂直偏转灵敏度，一般用偏转单位距离（cm）所需的偏转电压（U）来表示，其值约为 10 ~ 20V · cm^{-1}。同样，水平偏转板也有水平偏转灵敏度。当两对偏转板上同时加上直流电压时，电子束将按电场合力的方向偏移，并通过荧光屏上的光点偏移显示出来，如图 2-12-3 所示。因此，只要在两对偏转板上加不同极性、不同大小的直流电压，光点就能显示在屏幕上不同的位置。面板上的“Y 轴位移”和“X

轴位移”旋钮就是分别调节 Y 轴和 X 轴偏转电压的电位器。

二、锯齿波发生器和示波原理（扫描和示波原理）

若仅将待测交变信号加在垂直偏转板上，水平偏转板上不加任何信号，则荧光屏上的光点仅在垂直方向做直线运动，当交变信号频率超过十几赫兹时，由于人眼的视觉暂留和荧光物质的余辉效应，屏上将出现一条垂直亮线。为了描绘出待测信号的电压波形，必须在水平偏转板上加一扫描电压。扫描电压是由扫描电路提供的。理想的扫描电压是锯齿形的，因此，扫描电压也叫作锯齿波电压。扫描电路也称为锯齿波发生器。扫描电压与时间的关系如图 2-12-4 所示。

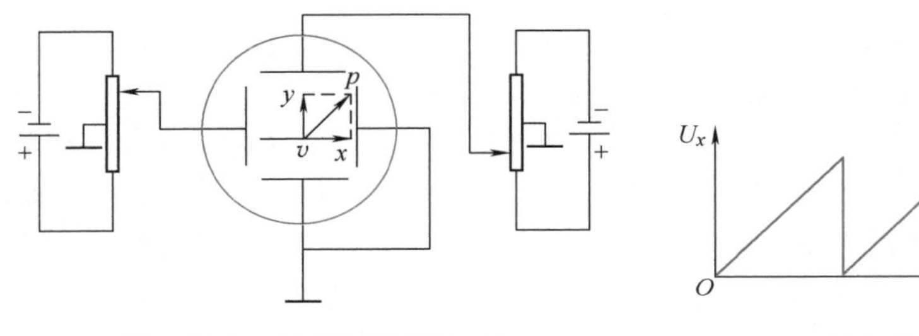

图 2-12-3　示波器的偏转系统

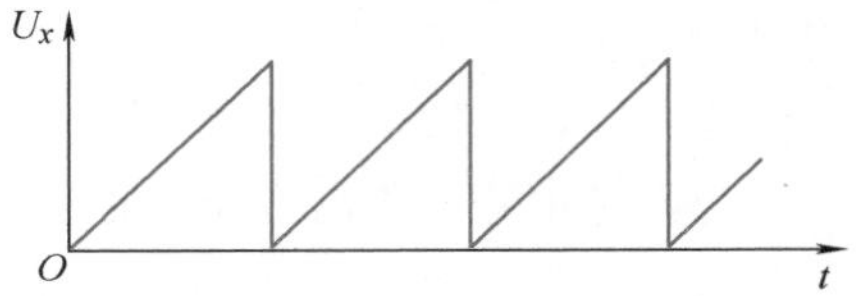

图 2-12-4　锯齿波

在每一个周期 T 内，电压随时间成正比增长，到达最大值后，电压迅速降为零，以后又开始下一个周期，重复上面的变化。如果把这种电压加到水平偏转板上，则荧光屏上的光点将在水平方向匀速地移动。到了一定位置后，又迅速地跳回开始时的位置，开始另一周期的匀速移动，如此反复，称为扫描。扫描的作用是为示波器提供一个与时间成正比变化的电压，使光点在水平方向的位移正比于时间。换句话说，就是给待测电压曲线提供一个时间轴。

如果在垂直偏转板上加上待测信号电压 U_y 的同时，又在水平偏转板上加上锯齿波电压 U_x，则可在荧光屏上观察到这个待测交流电压 U_y 的波形，如图 2-12-5 所示。因为电子射线同时受到两对偏转板所加电压的电场作用，垂直偏转板使电子射线按 U_y 的变化规律在垂直方向上下偏转，而水平偏转板使电子射线按锯齿波电压在水平方向匀速扫描，这两个运动合成的结果，使光点在荧光屏上形成了一个待测电压 U_y 的波形。

从图 2-12-5 不难理解，当扫描电压周期（T_c）等于被测信号周期（T_s）时，屏上可显一个完整周期被测信号的波形；当扫描电压周期（即锯齿波电压周期）为被测信号周期的两倍时，则在屏幕上可显示出两个完整周期的被测信号的波形，依次类推。只要改变扫描电压的周期，使其为被测信号周期的 n 倍，即

$$\frac{T_c}{T_s}=\frac{f_s}{f_c}=n \qquad (n=1,2,3,\cdots) \qquad (2\text{-}12\text{-}1)$$

就可以从屏上看到 n 个完整周期的被测信号的波形。如果不满足上述条件，则屏上的波形就要向左或向右移动，就不能显示出稳定的波形。

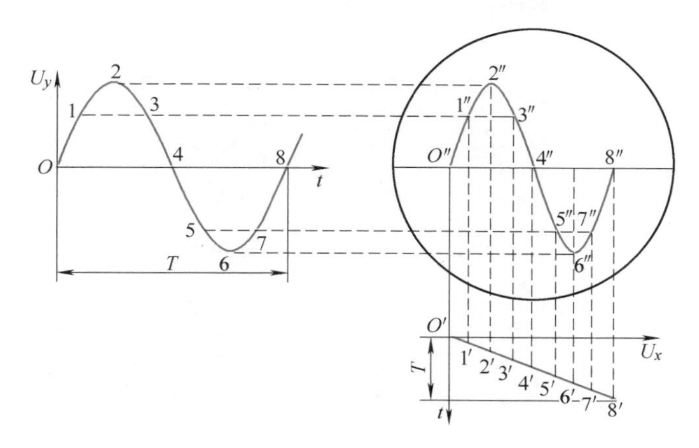

图 2-12-5　示波原理

扫描电压频率决定于扫描电路中的电阻 R 和电容 C，改变 C（频率粗调）和 R（频率细调），就可以使扫描电压频率 f_c 为待测电压频率 f_s 的 $1/n$。从而在荧光屏上则可观察到稳定的待测电压的波形曲线。

三、垂直通道和水平通道

垂直通道包括 Y 轴放大器和 Y 轴衰减器。Y 轴放大器可以将由 Y 轴输入的微弱信号放大，使其适合示波管垂直偏转灵敏度的需要。

Y 轴衰减器的作用是衰减过大的输入信号，使加到 Y 轴放大器的信号适当，保证 Y 轴放大器不失真地放大各种不同幅值的被测信号。

同理，水平通道也包括 X 轴衰减器和 X 轴放大器。

四、整步（或同步）

前面已讲过，要使荧光屏上出现被测信号的稳定波形，应满足式（2-12-1）要求。但由于被测信号和扫描电压来自不同的信号源，整数关系不可能长时间地保持相对稳定性。因此，在示波器扫描电路中就需要引入一个可以调节的电压来迫使（控制）扫描电压的周期与信号周期保持整数倍关系，满足这种作用的电路叫整步电路或同步电路。同步信号可以取自待测信号，叫作“内同步”；也可取自外加的其他信号去控制扫描电压，叫作“外同步”；或者取市电交流电压作同步信号，控制扫描电压频率。

五、电源

示波器的各个部分，不论示波管、扫描电路和放大器部分都需要电源。电源是由变压器、整流、滤波和稳压等几部分组成的。由电源电路分别供给示波管灯丝低压和各级直流电压放大器和扫描电路的直流工作电压。

六、示波器

图 2-12-6 为 ST—16B 型示波器面板图，结合仪器熟悉面板上各旋钮的作用，见表 2-12-1。

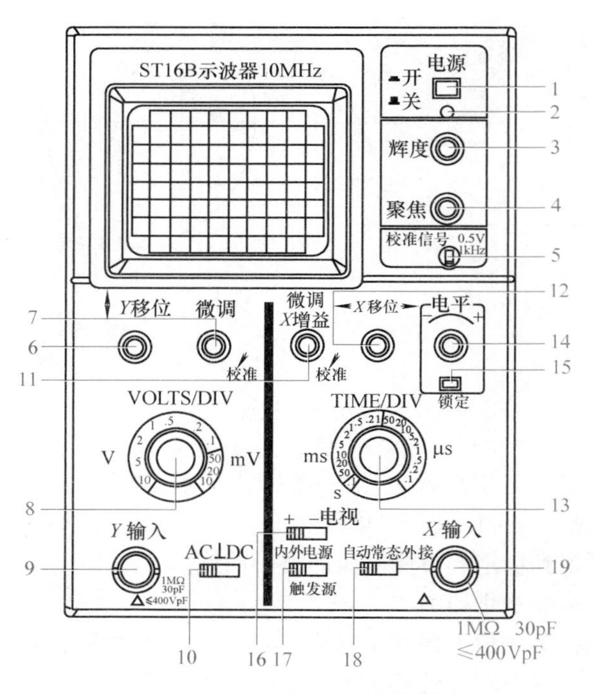

图 2-12-6　ST—16B 型示波器面板图

表 2-12-1　控制件的功能

序　　号	控制件名称	功　　能
1	电源开关	接通或关闭电源
2	电源指示灯	电源接通时灯亮
3	辉度	调节光迹亮度，顺时针方向转动光迹增亮
4	聚焦	调整光迹清晰度
5	校准信号	输出频率为 1kHz、幅度为 0.5V 的方波信号，用于校正 10∶1 探极以及示波器的垂直和水平偏转因素
6	Y 移位	调节屏幕上光点或信号波形垂直方向的位置
7	微调	连续调节垂直偏转因素，顺时针旋转到底为校准位置
8	Y 衰减开关	调节垂直偏转因素

（续）

序　号	控制件名称	功　能
9	信号输入端子	Y 信号输入端
10	AC⊥DC（Y 耦合方式）	选择输入信号的耦合方式。AC：输入端处于交流耦合方式，它隔断被测信号中的直流分量。DC：输入端处于直流耦合方式，特别适用于观察各种缓慢变化的信号。⊥：输入端处于接地状态，便于确定输入端为零电位时，光迹在屏幕上的基准位置
11	微调、X 增益	当在“自动、常态”方式时，可连续调节扫描时间因数，顺时针旋转到底为校准位置；当在“外接”时，此旋钮可连续调节 X 增益，顺时针旋转为灵敏度提高
12	X 移位	调节光迹在屏幕上的水平位置
13	TIME/DIV（扫描时间）	调节扫描时间因数
14	电平	调节被测信号在某一电平上触发扫描
15	锁定	此键按进后，能自动锁定触发电平，无需人工调节，就能稳定显示被测信号
16	+、-（触发极性）、电视	+：选择信号的上升沿触发；-：选择信号的下降沿触发；电视：用于同步电视场信号
17	内、外、电源（触发源选择开关）	内：选择内部信号触发；外：选择外部信号触发；电源：选择电源信号触发
18	自动、常态、外接（触发方式）	自动：无信号时，屏幕上显示光迹，有信号时与“电平”配合稳定地显示波形；常态：无信号时，屏幕上无光迹，有信号时与“电平”配合稳定地显示波形；外接：X-Y 工作方式
19	信号输入端子	当触发方式开关处于“外接”时，为 X 信号输入端；当触发源选择开关处于“外”时，为外触发输入端

【实验内容与步骤】

一、将仪器面板上各控制旋钮置于表 2-12-2 中的位置

表 2-12-2　控制件的作用位置

控制件名称	作用位置	控制件名称	作用位置
辉度（3）	居中	自动、常态、外接（18）	自动
聚焦（4）	居中	TIME/DIV（13）	0.1ms 或合适挡
位移（6）、（12）	居中	+、-（16）	+
垂直衰减开关（8）	0.1V 或合适挡	内、外、电源（17）	内
微调（7）、（11）	校准位置	AC⊥DC（10）	DC

二、调整

接通电源，指示灯亮。稍停片刻，仪器便能正常工作。将校准信号通过10：1探头输入示波器，顺时针调节辉度旋钮，此时屏幕上应显示出不同步（图形不稳定）的标准方波信号。调节触发电平位置，至方波波形得到同步，然后将方波波形移至屏幕中间。如仪器性能正常，则屏幕显示的方波垂直幅度为5格，方波周期在水平轴上的宽度为10格，如图2-12-7所示。否则应调节增益校准和扫描校准。

三、直流电压的测量

1. 测量交流信号中的直流分量：首先应确定一个相对的参考基准电位。一般情况下的基准电位直接采用仪器的地电位，其测量步骤如下：

（1）垂直输入耦合选择开关置于“⊥”，屏幕上出现一条扫描基线；并按被测信号的幅值和频率将“V/div”挡级和“T/div”扫描速度开关置于适当位置，然后调节 Y 移位。使扫描基线位于图2-12-8所示的某一特定基准位置（0V）。

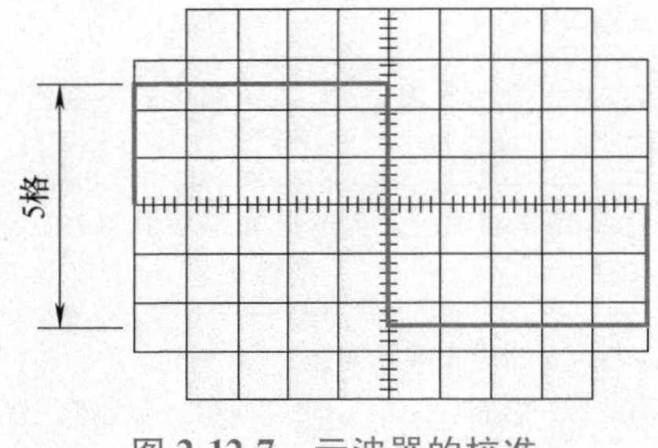

图 2-12-7　示波器的校准

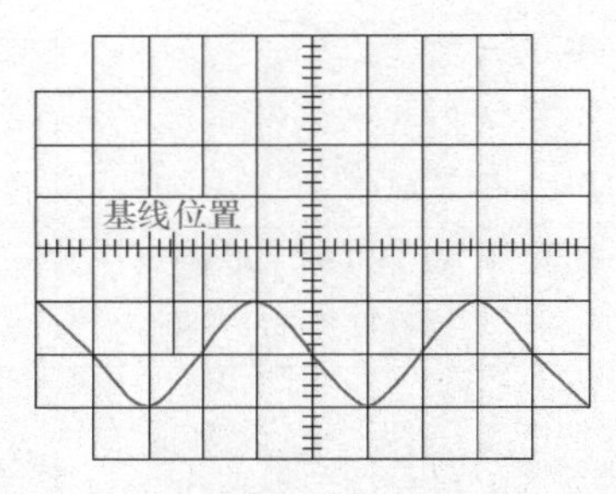

图 2-12-8　直流电压的基准电位

（2）将垂直输入耦合选择开关改置于“DC”位置，并将直流电源信号经10：1衰减探头（或直接）接入仪器的 Y 轴输入插座，调节“V/div”至适当位置。然后调节触发“电平”，使信号波形稳定（见图2-12-9）。

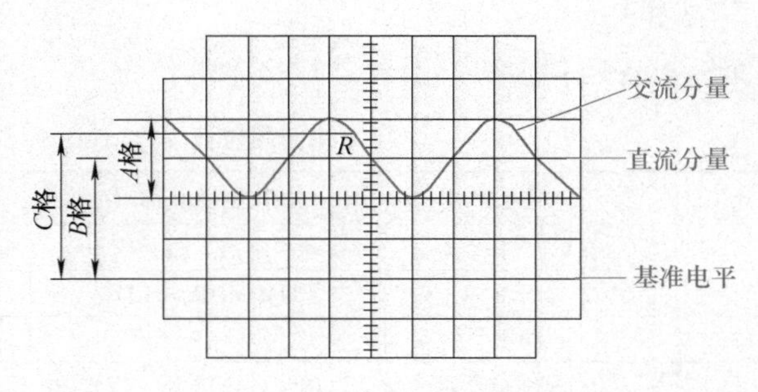

图 2-12-9　直流电压的测量

（3）根据屏幕坐标刻度，分别读出显示信号波形的交流分量（峰-峰）为 A 格，直流分量为 B 格以及被测信号某待定点 R 与参考基线间的瞬时电压值为 C 格。若仪器 V/div 挡级的标称值为 0.2V/格，同时 Y 轴输入端使用了 10∶1 衰减探头，则被测信号的各电压值分别为

被测信号交流分量：$U_{p\text{-}p}=0.2\text{V/格}\times A\text{ 格}\times 10=2A$（V）

被测信号直流分量：$U=0.2\text{V/格}\times B\text{ 格}\times 10=2B$（V）

被测信号 R 点瞬时值：$U_R=0.2\text{V/格}\times C\text{ 格}\times 10=2C$（V）

2. 测量干电池电压：首先应确定一个相对的参考基准电位。一般情况下的基准电位直接采用仪器的地电位，其测量步骤如下：

（1）垂直输入耦合选择开关置于“⊥”，屏幕上出现一条扫描基线，然后调节 Y 移位。使扫描基线位于图 2-12-10 所示的某一特定基准位置（0V）。

（2）将垂直输入耦合选择开关置于“DC”位置，并将直流电源信号经 10∶1 衰减探头（或直接）接入仪器的 Y 轴输入插座，调节“V/div”至适当位置。读出亮线到刚才所定的扫描基线的格数 B，则被测直流电压为 U=(　　) V/格×B 格×10，如图 2-12-11 所示。

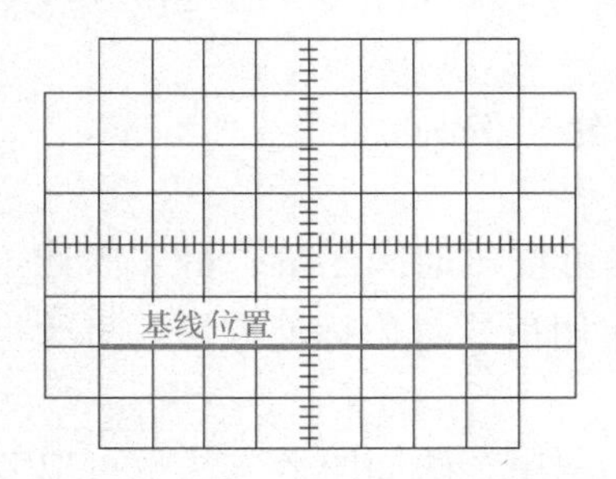

图 2-12-10　干电池电压的基准电位

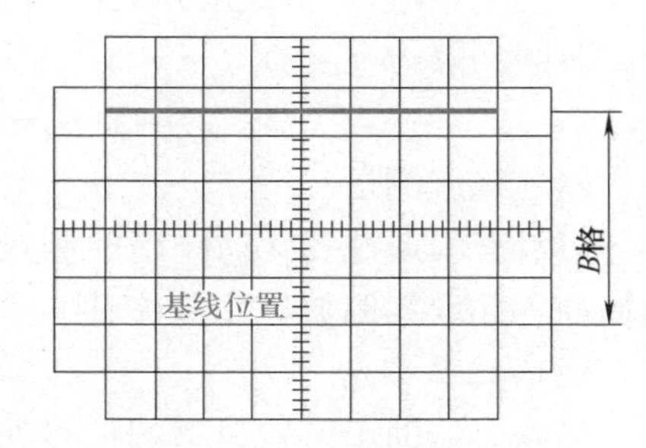

图 2-12-11　干电池电压的测量

四、交流电压的测量

1. 将垂直输入耦合选择开关置于“AC”，根据被测信号的幅值和频率将“V/div”挡级开关和“T/div”扫描速度开关置于适当位置。将低频信号发生器输出的信号通过 10∶1 衰减探头（或直接）输入 Y 轴的输入端，调节触发电平，使波形稳定，如图 2-12-12 所示。

2. 根据屏幕上坐标刻度，读出被测信号的峰-峰值为 D 格。如仪器“V/div”挡级标称值为 0.1 V/格，且 Y 轴输入端使用了 10∶1 探头，则被测信号的峰-峰值应为

$$U_{p\text{-}p}=0.1\text{V/格}\times D\text{ 格}\times 10=D(\text{V})$$

五、时间测量

当仪器对时基扫描速度“T/div”校准后，即可对被测信号波形上任意两点的时间参数进行定量测量，其步骤如下：

1. 按被测信号重复频率或被测信号的两特定点 P 与 Q 的时间间隔，选择适当的“T/div”扫描速度挡级，使两特定点的距离在屏幕上尽可能达到较大的限度，以便提高测量精度，如图 2-12-13 所示。

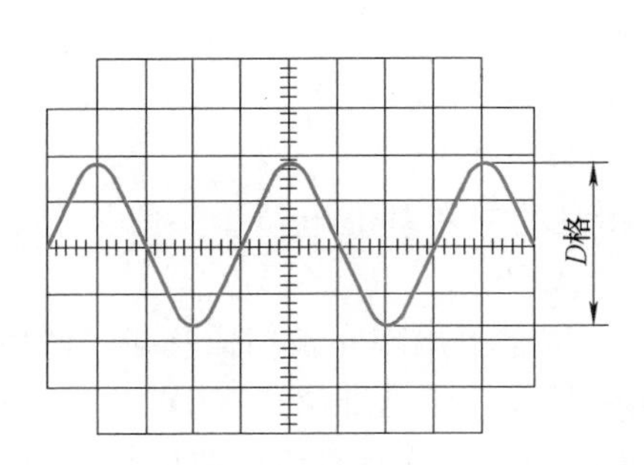

图 2-12-12 交流电压的测量

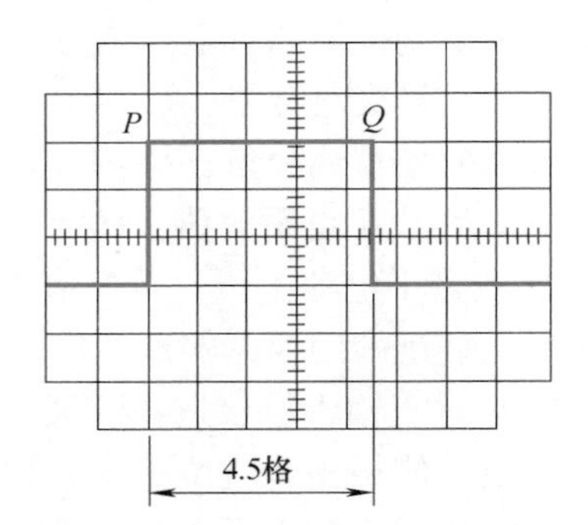

图 2-12-13 时间的测量

2. 根据屏幕上坐标的刻度，读出被测量信号两特定点 P 与 Q 间的距离为 D 格，如“T/div”扫描速度开关挡级的标称值为 2ms/格，$D=4.5$ 格，则 P、Q 两点的时间间隔为

$$t=2\text{ms/格}\times4.5\text{ 格}=9.0\text{ms}$$

六、频率测量

对具有周期性变化的频率的测量，一般可按“时间测量”的步骤测出信号的周期，并取其倒数算出频率值。本实验所用信号均为标准波形。将所得结果填入表 2-12-2 中。

另外，借助于已知频率的信号发生器，利用李萨如图形方法也可以测出信号的频率。

七、观察波形

1. 将垂直输入耦合转换开关“AC⊥DC”置于“⊥”，将“V/div”开关和“T/div”开关置于适当位置（挡级），使屏幕上出现一条扫描基线。调节 Y 移位和 X 移位使扫描基线位于中间位置。

2. 将“AC⊥DC”置于“AC”位置，把交流信号（由低频信号发生器提供）通过 10∶1 衰减探头输入 Y 轴。把“V/div”和“T/div”开关置于适当的位置，使屏幕上出现适当幅度的具有 3~5 个周期的交流电压波形，调节“触发电平”，使波形稳定。观察此波形并绘出波形图。

【注意事项】

1. 要按操作规程进行操作，不得随意扳动旋钮。

2. 荧光屏上静止的光点或曲线不能过强或长时间停留，以免损坏荧光屏。

3. 在操作过程中如出现故障或异常现象，（如冒烟闪光、异常气味等）应立即关掉电源并报告指导教师。

4. 实验结束后，应请指导教师检查仪器设备，之后方能离开实验室。

【实验数据记录与处理】

1. 被观察信号的波形。

2. 被测直流电压值（见表 2-12-3）：

表 2-12-3　测干电池电压

V/格	格	U/V

3. 被测信号电压、频率（见表 2-12-4）：

表 2-12-4　交流电压的测量

	V/格	U_{p-p}		$U_{有效}=\frac{U_{p-p}}{2\sqrt{2}}$	T/格	T		f/Hz
		格	V			格	s	
交流电压								

【思考题】

1. 为什么荧光屏上的光点不能太亮，而且不能长时间停留在一点？
2. 测量电压和时间时，哪几个旋钮在测量过程中不能旋动，为什么？
3. 示波器由哪几部分组成？
4. 示波管由哪几部分组成？
5. 了解示波原理。
6. 预习直流电压（指干电池电压）的测量方法及交流信号的测量方法。
7. 实验中应注意哪些问题？

【附录】　双踪示波器简介

双踪示波器是可以同时观察两个电信号的示波器。下面仅就 YB4324 型双踪示波器的面板作一些简单介绍。图 2-12-14 是 YB4324 型双踪示波器的面板图。

（1）POWER：电源开关。

（2）INTENSITY：亮度。

（3）FOCUS：聚焦。

（4）TRACE ROTATION：光迹旋转。调节光迹与水平线平行。

（5）PROBE ADJUST：标准信号。此端口输出幅度为 0.5V 频率为 1kHz 的方波信号，用以校准 Y 轴偏转因数和扫描时间因数。

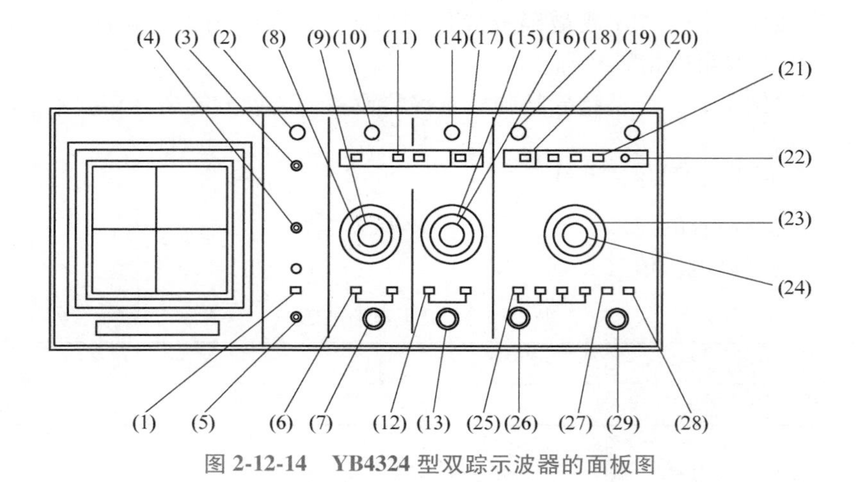

图 2-12-14 YB4324 型双踪示波器的面板图

（6）AC GND DC：耦合方式。AC 用以观察交流信号，DC 用以观察直流或频率较低信号，GND 为输入端接地。

（7）CH1 OR X：通道 1 输入插座。常规使用时，此端口作为垂直通道 1 的输入口，当仪器工作在 *X-Y* 方式时此端口作为水平轴信号输入口。

（8）VOLTS/DIV：通道 1 灵敏度选择开关。

（9）VARIABLE PULL×5：微调拉×5。

（10）POSITION：垂直移位。

（11）MODE：垂直方式。选择垂直移位系统的工作方式。

CH1：只显示 CH1 通道的信号。

CH2：只显示 CH2 通道的信号。

DUAL：CH1、CH2 分别显示。

ADD：用于显示 CH1，CH2 相加的结果。

CHOP：适合于扫描速率较慢时同时观察两路信号。

ALT：用于同时观察两路信号，此时两路信号交替显示，该方式适合于扫描速度较快时同时观察两路信号。

（12）、（13）、（14）、（15）、（16）用于 CH2 通道，其作用分别与（6）、（7）、（8）、（9）、（10）相同。

（17）CH2：CH2 信号极性。此键未按入时，CH2 的信号为常态显示，按入此键时，CH2 的信号被反相。

（18）POSITION：水平移位。

（19）SLOPE：扫描极性。

（20）LEVEL：电平。用以调节被测信号在变化到某一电平时触发扫描。

（21）SWEEP MODE：扫描方式。

AUTO：自动。当无信号输入时，屏幕上显示扫描光迹，一旦有触发信号输入，电路自动转换为触发扫描状态，调节电平可使波形稳定地显示在屏幕上，此方式适合观察 50Hz 以上的信号。

NORM：常态。无信号输入时，屏幕上无光迹显示，有信号输入时，且触发电平旋钮在合适位置上，电路被触发扫描，当被测信号频率低于 50Hz 时，必须选用该方式。

SINGLE RESET：单次。用于产生单次扫描。进入单次状态（SINGLE）后，按动 RESET 键，电路工作在单次扫描方式，扫描电路处于等待状态，当触发信号输入时，扫描只产生一次，下次扫描需再次按动单次 RESET 键。

（22）TRIGGER READY：触发（准备）指示。该指示灯具有两种功能，当仪器工作在非单次扫描方式时，该灯亮表示扫描电路工作在被触发状态。当仪器工作在单次扫描方式时，该灯亮表示扫描电路在准备状态，此时若有信号输入将产生一次扫描，指示灯随之熄灭。

（23）SEC/DIV：扫描速率。

（24）VARIABLE PULL ×5：微调拉×5。

（25）TRIGGER SOURCE：触发源。用于选择不同的触发源。

CH1：在双踪显示时，触发信号来自 CH1 通道，单踪显示时，触发信号来自被显示的通道。

CH2：在双踪显示时，触发信号来自 CH2 通道，单踪显示时，触发信号来自被显示的通道。

ALT：交替。在双综显示时，触发信号交替来自于两个 Y 通道，此方式用于同时观察两路不相关的信号。

LINE：电源。触发信号来自于市电。

EXT：外接。触发信号来自于触发输入端口。

（26）⊥：机壳接地端。

（27）AC/DC：外触发信号的耦合方式。当选择外触发源，且信号频率很低时，应将开关置 DC 位置。

（28）TV/NORM：TV/常态。一般观察，此开关置常态位置。当需观察电视信号时，应将此开关置 TV 位置。

（29）EXT INPUT：外触发输入端。

实验 2-13　分光计的调整与使用

【实验目的】

1. 了解分光计的基本结构和原理。
2. 掌握分光计的调整要求和调整方法。
3. 用分光计测三棱镜的顶角。

【实验器材】

分光计、汞灯、玻璃三棱镜。

【仪器描述】

分光计是一种精确测量角度的仪器，它常用来测量折射率、光波波长、色散率和观察光谱等。它是一种比较精密的仪器。分光计的结构如图 2-13-1 所示。

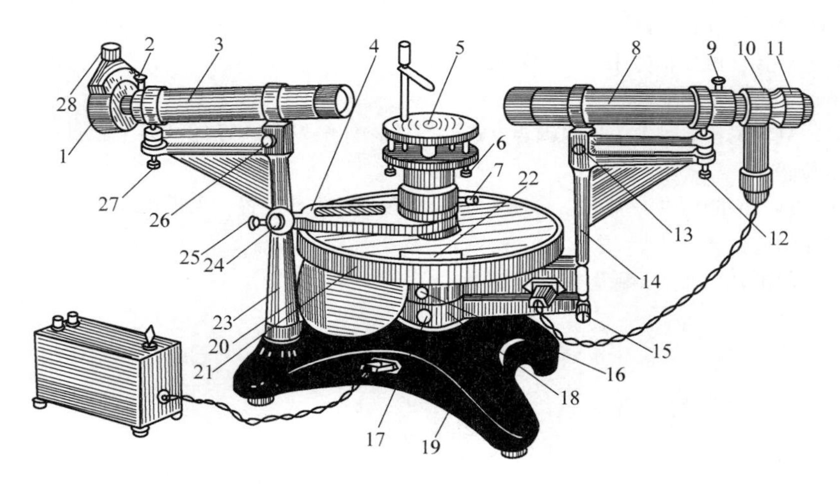

图 2-13-1　分光计的结构示意图

1—狭缝装置　2—狭缝装置锁紧螺钉　3—平行光管　4—制动架（二）　5—载物台　6—载物台调节螺钉（3 只）　7—载物台锁紧螺钉　8—望远镜　9—目镜锁紧螺钉　10—阿贝自准直目镜　11—目镜调节手轮　12—望远镜仰角调节螺钉　13—望远镜水平调节螺钉　14—支臂　15—望远镜微调螺钉　16—转座与度盘止动螺钉　17—望远镜止动螺钉　18—制动架（一）　19—底座　20—转座　21—度盘　22—游标盘　23—立柱　24—游标盘微调螺钉　25—游标盘止动螺钉　26—平行光管水平调节螺钉　27—平行光管仰角调节螺钉　28—狭缝宽度调节手轮

分光计主要由底座、望远镜、平行光管、载物台和读数圆盘五部分组成。

一、底座

底座中心有一固定转轴，望远镜、读数圆盘、载物台套在中心转轴上，可绕其旋转。

二、望远镜

望远镜由物镜 Y 和目镜 C 组成，如图 2-13-2 所示。为了调节和测量，物镜和目镜之间装有分划板 P，分划板上刻有“ǂ”形格子，它固定在 B 筒上。目镜可沿 B 筒前后移动以改变目镜与分划板的距离，使“ǂ”形格子能调到目镜的焦平面上。物镜固定在 A 筒的另一端，是一个消色复合透镜。B 筒可沿 A 筒滑动，以改变“ǂ”形格子与物镜的距离，使“ǂ”形格子既能调到目镜焦平面上又同时能调到物镜焦平面上。我们所使用的目镜是阿贝目镜，在目镜和分划板间紧贴分划板下边胶粘着一块全反射小棱镜 R（此小棱镜遮去一部分视野），在分划板与小棱镜相接触的面上，镀有不透光的薄膜，并在薄膜上刻画出一个透光小十字，小十字的交点对称于分划板上边的十字线的交点，如图 2-13-2a 所示。

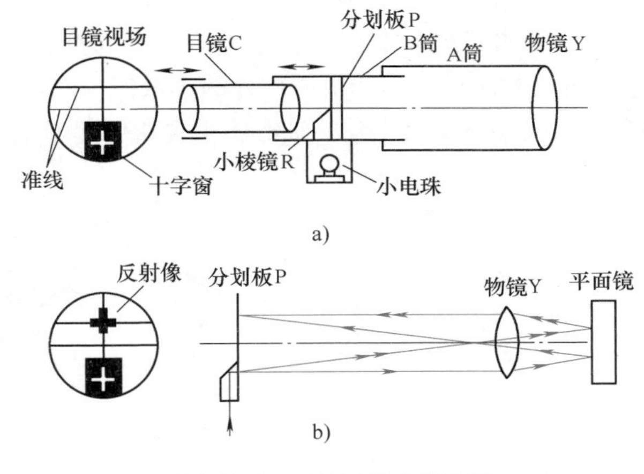

图 2-13-2　阿贝目镜式望远镜

在目镜调节管外装有一个“T”型接头，在接头中装有一个磨砂电珠（电压 6. 3V，由专用变压器供电）。电珠发出的光透过绿色滤光片和目镜调节管上的小方孔射到小棱镜上，经它全反射后，透过小十字方向转为沿望远镜轴线，从物镜 Y 射出。若被物镜外面的平面镜反射回来，将成绿色十字像落在分划板上，如图 2-13-2b 所示。

三、平行光管

它的作用是产生平行光。一端是一个消色的复合正透镜，另一端是可调狭缝。如图 2-13-3 所示，狭缝和透镜的距离可通过伸缩狭缝套筒来调节，只要将狭缝调到透镜的焦平面上，则从狭缝进入的光经透镜后就成为平行光。狭缝的宽度可通过缝宽螺钉来调节，狭缝的方向也可以通过狭缝套筒来调节。

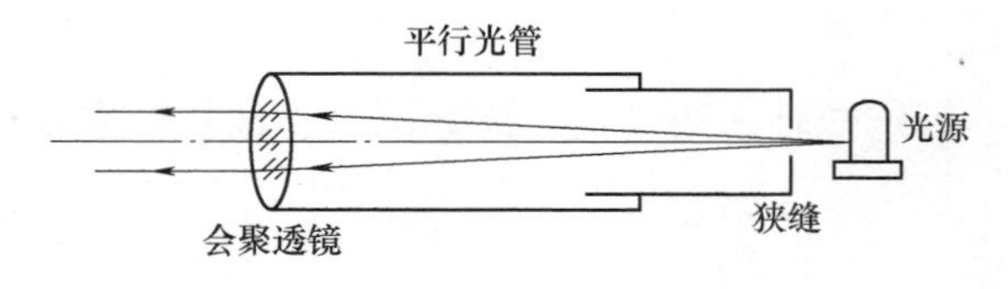

图 2-13-3 平行光管

四、载物台

载物平台是一个用以放置棱镜、光栅等光学元件的旋转平台，平台下有3个调节螺钉，用以改变平台对中心转轴的倾斜度。

五、读数圆盘

如图 2-13-4a 所示，读数圆盘用来确定望远镜旋转的角度，读数圆盘有内、外两层，外盘和望远镜可通过螺钉相连，能随望远镜一起转动，上有0°~360°的圆刻度，最小刻度为0.5°（30′）；内盘通过螺钉可与载物台相连，盘上相隔180°处有2个对称的角游标 v_1 和 v_2，其中各有30个分格，相当于度盘上29个分度，故游标盘上每一分格对应为1′（其精度为1′）。在游标盘对径方向上设有2个角游标，这是因为读数时要读出2个游标处的读数值，然后取平均值，这样可消除度盘和游标盘的圆心与仪器主轴的轴心不重合所引起的偏心误差。

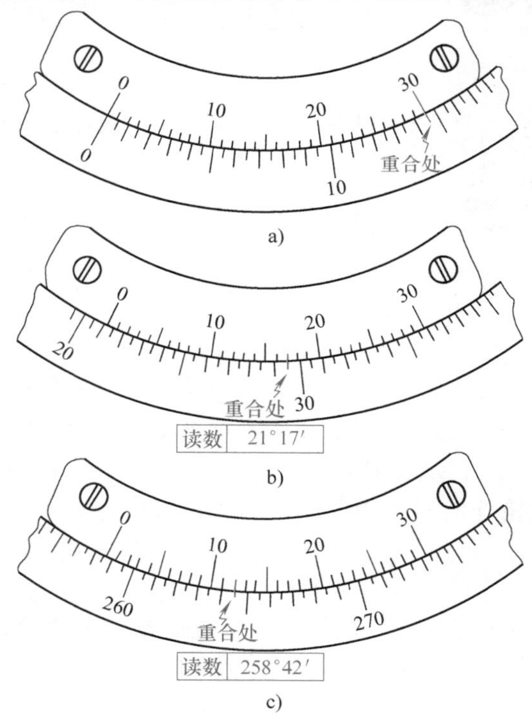

图 2-13-4 读数用的度盘和游标盘

读数方法与游标卡尺相似，这里读出的是角度。读数时，以角游标零线为准，读出度盘上的度值，再找游标盘上与度盘上刚好重合的刻线为所求之分值。如果游标零线落在半度刻线之外，则读数应加上 30′。

举例如下：图 2-13-4b 是游标盘上 17 与度盘上的刻线重合，故读数为 21°17′。图 2-13-4c 是游标盘上 12 与度盘上的刻线重合，但零线过了刻度的半度线，故读数为 258°42′。

【分光计的调整】

在用分光计进行测量前，必须将分光计各部分仔细调整，应满足以下几个要求：

（1）望远镜能接收平行光，且其轴线垂直于中心轴。

（2）载物台平面水平且垂直于中心转轴。

（3）平行光管能发出平行光，且其轴线垂直于中心转轴。

分光计调整的关键是调好望远镜，其他调整以望远镜为标准。具体调整步骤如下：

一、目视调节

首先用眼睛对分光计仔细观察并调节，调节平行光管光轴仰角调节螺钉 27，使平行光管尽量水平；调节望远镜仰角调节螺钉 12，使望远镜光轴尽量水平；调节载物台下面的三个调节螺钉 6，使载物台尽量水平，直到肉眼看不到偏差为止且使载物台台面略低于望远镜物镜下边缘。这一粗调很重要，做好了，才能比较顺利地进行下面的细调。

二、调望远镜

1. 调节望远镜适合于观察平行光

（1）根据观察者视力的情况，适当调整目镜，即把目镜调节手轮 11 轻轻旋出，然后一边旋进，一边从目镜中观看，直到观察者看到分划板刻线即“ǂ”形格子叉丝清晰为止。

（2）接通电源，在目镜中应看到分划板下方的绿色光斑及透光十字架（图 2-13-2）。

（3）用三棱镜的抛光面紧贴望远镜物镜的镜筒前，旋松螺钉 9，沿轴向移动目镜筒，调节目镜与物镜的距离，使物镜后焦点与目镜前焦点重合，直到能清晰地看见反射回来的绿色“十”字像。然后，眼睛在目镜前稍微偏移后，如分划板上的十字丝与其反射的绿色亮十字像之间无相对位移即说明无视差。如有相对位移则说明有视差，这时稍微往复移动目镜，直至无视差为止，这样望远镜就适合平行光，此时将望远镜的目镜锁紧螺钉 9 旋紧（注意：目镜调整好后，在整个实验过程中不要再调动目镜）。

2. 调整望远镜的光轴垂直于中心转轴

（1）把三棱镜放在载物台上，放置方位如图2-13-5所示。转动望远镜（或转动游标盘使载物台转动），使望远镜的物镜分别对准三棱镜的光学面，若绿“十”字像在三棱镜3个光学面中任意两个光学面的视场中找到，则目视调节达到了要求，若看不到绿“十”字像，或只能从一个面看到，则需重新进行目视调节。

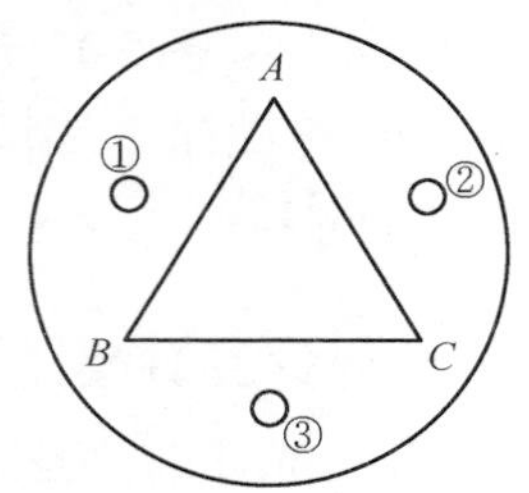

①、②、③为载物台下面的3个调平螺钉

图 2-13-5 三棱镜在载物台上的放置

（2）分半调节（细调）。由三棱镜任意两（粗调）光学面都能从望远镜目镜视场看到清晰的绿“十”字反射像，但是，“十”字像与分划板上面的十字丝一般不重合。这时，为了能使分光计进行精确测量，必须将绿“十”字反射像调到与分划板上面的十字丝重合，即与透光十字架对称的位置，以满足望远镜的轴线垂直于中心转轴。

调节过程采用分半调节法：先将望远镜对准光学面AB，若绿“十”字像位于图2-13-6a中的位置，调节载物台下的调平螺钉①，使“十”字像上移一半（“十”字像与调整用十字丝间的距离减少一半）至图2-13-6b位置，再调节望远镜仰角调节螺钉12，使“十”字像与调整用十字丝重合，如图2-13-6c位置。将望远镜转至AC面，此时绿“十”字像可能与调整用十字丝又不重合，应该再按上面的方法调节载物台的调平螺钉②与望远镜仰角调节螺钉12，使“十”字像重合于上部调整用十字丝。因为AB、AC两面相互牵连，故应反复调节，直至望远镜不论对准哪一个面，“十”字像都能与分划板上面的调整用十字丝完全重合。此时望远镜轴线和载物台平面均垂直于中心轴，且三棱镜两光学面AB、AC也垂直于望远镜光轴。

注意：在后面的调整或读数过程中，不要再动望远镜仰角调节螺钉12和载物台下的三个调平螺钉。

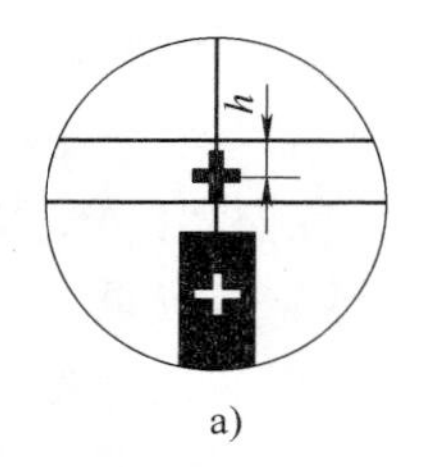

a)

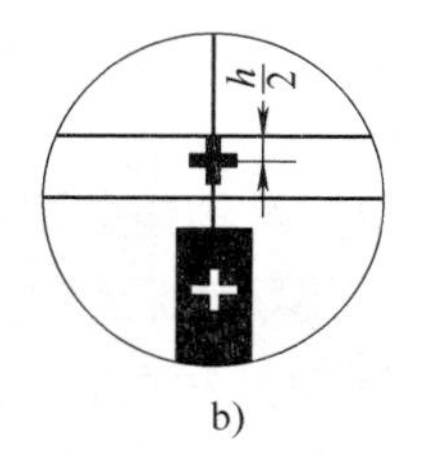

b)

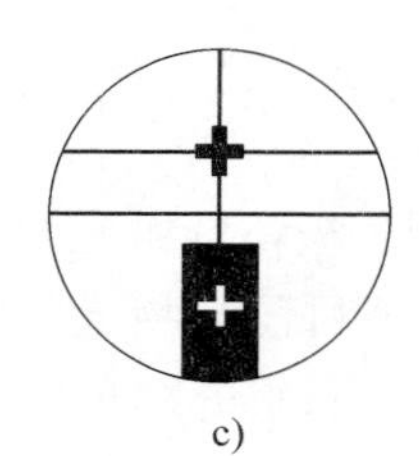

c)

图 2-13-6 分半调节法

三、调节载物台平面与中心轴垂直

这在上面在第二步调整时已同步完成。

四、调节平行光管

1. 调节平行光管使其产生平行光

将已调整好的望远镜作为标准，这时平行光射入望远镜必聚焦在十字线平面上，就是要把平行光管的狭缝调整到其透镜的焦平面上。调整方法如下：

（1）去掉目镜照明器上的光源，将望远镜管正对平行光管。

（2）从侧目和俯视两个方向用目视法调节平行光管光轴的高低位置调节螺钉 27，大致调到与望远镜光轴一致。

（3）取下三棱镜，开启汞光灯，照亮平行光管的狭缝。从望远镜中观察狭缝的像，旋松螺钉 2，前后移动平行光管狭缝装置，直到看到边缘清晰而无视差的狭缝像为止。然后使用狭缝宽度调节手轮 28 调节狭缝的宽度，使从望远镜中看到它的像宽为 1mm 左右。

2. 调节平行光管的光轴垂直于中心转轴

调整平行光管仰角调节螺钉 27，使狭缝的像被望远镜分划板上的大十字丝的水平线上下平分，如图 2-13-7a 所示；旋转狭缝转 90°，使狭缝的像与望远镜分划板的垂直线平行，注意不要破坏平行光管的调焦，然后将狭缝装置锁紧螺钉 2 旋紧；再利用望远镜左右移动微调螺钉 13，使分划板的垂直线精确对准狭缝的中心线，再调节平行光管倾斜螺钉，使狭缝竖直像被中央十字线的水平线上下平分，如图 2-13-7b 所示。此后整个实验中不再变动平行光管。

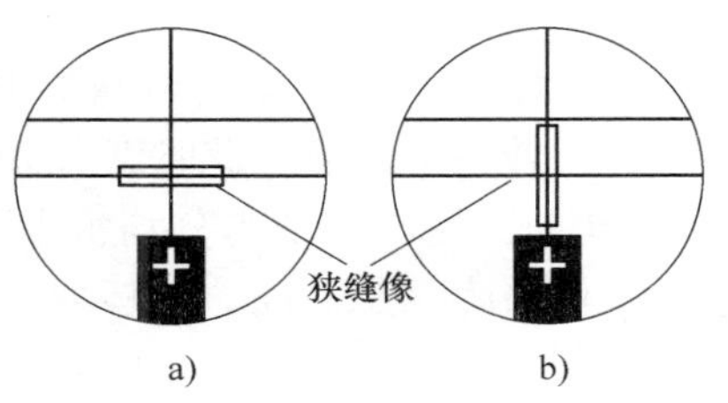

图 2-13-7 平行光管的调节

完成上述操作步骤以后，分光计就可以用来进行精密测量。

【实验内容与步骤】

一、调整分光计

（1）使望远镜对平行光聚焦。

（2）使望远镜光轴垂直于仪器公共轴。

（3）使载物台台面水平且垂直于中心轴。

（4）使平行光管射出平行光。

（5）使平行光管光轴垂直于仪器公共轴，且与望远镜等高同轴。

二、调整三棱镜光学面垂直于望远镜光轴

在分光计调整第（2）步时已完成。

三、测量棱镜顶角 A（自准法）

在分光计调整时，完成分半调节后，就可以测量三棱镜的顶角（注意：用自准法测顶角时可不用平行光，即本次实验可以不调平行光管）。

测量方法：

（1）对两游标做一适当标记，分别称为游标A和游标B，切记勿颠倒。

（2）将载物台锁紧螺钉7和游标盘止动螺钉25旋紧，固定平台；再将望远镜对准三棱镜AC面，使十字像与分划板上面的十字丝重合，如图2-13-8所示。

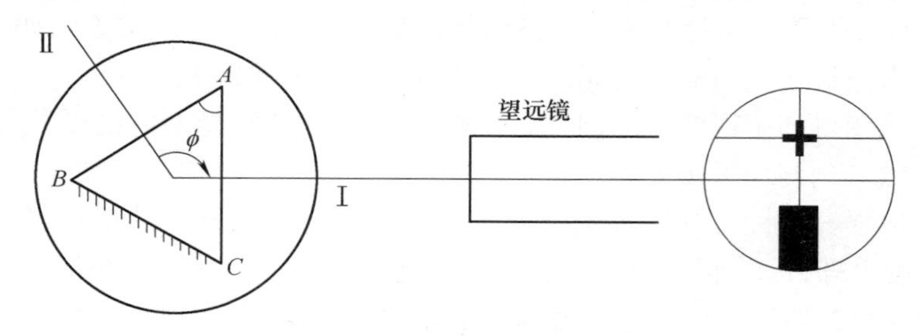

图2-13-8　测三棱镜顶角A

记下游标A的读数α_1和游标B的读数β_1。

（3）转动望远镜（此时度盘21与望远镜固定在一起同时转动），将望远镜对准AB面，使十字像与分划板上面的十字丝重合，记下此时游标A的读数α_2和游标B的读数β_2。同一游标两次读数之差$|\alpha_2-\alpha_1|$或$|\beta_2-\beta_1|$，即是望远镜转过的角度ϕ，而ϕ是A角之补角。则三棱镜顶角$A=180°00'-\phi$，其中

$$\phi=\frac{1}{2}\left(|\alpha_2-\alpha_1|+|\beta_2-\beta_1|\right)$$

（4）稍微变动载物台的位置，重复测量3次，将测得的数据填入表2-13-1中。

表2-13-1　测顶角实验数据记录

次数	游标A			游标B			ϕ
	α_1	α_2	$\|\alpha_2-\alpha_1\|$	β_1	β_2	$\|\beta_2-\beta_1\|$	
1							
2							
3							

【实验数据处理】

$\phi=\dfrac{\phi_1+\phi_2+\phi_3}{3}=$________。

$\overline{A}=180°00'-\phi=$________。

【注意事项】

1. 保护好光学仪器的光学面。

2. 光学仪器螺钉的调节动作要轻柔，锁紧螺钉锁住即可，不可过度用力，

以免损坏器件。

3. 仪器要避免振动或撞击，以防止光学器件损坏影响精度。

4. 在计算望远镜转过的角度时，要注意望远镜是否经过了刻度盘的零点。例如，当望远镜由图 2-13-8 中的位置 I 转到位置 II 时，读数如表 2-13-2 所示。

表 2-13-2 望远镜经过刻度盘零点偏转角计算

望远镜的位置	I	II
游标 A	175°45′（α_1）	295°43′（α_2）
游标 B	355°45′（β_1）	115°43′（β_2）

游标 A 未经过零点，望远镜转过的角度为

$$\phi=|\alpha_2-\alpha_1|=119°58'$$

游标 B 经过了零点，这时望远镜转过的角度应按下式计算：

$$\phi=|(360°+\beta_2)-\beta_1|=119°58'$$

即上述公式中 $|\alpha_2-\alpha_1|$、$|\beta_2-\beta_1|$ 如果其中有一组角度的读数是经过了刻度盘的零点而读出的，则 $|\alpha_2-\alpha_1|$ 或 $|\beta_2-\beta_1|$ 的读数差就会大于 180°。此时，应从 360° 减去此值，再代入 $A=180°-\frac{1}{2}[\,|\alpha_2-\alpha_1|+|\beta_2-\beta_1|\,]$ 计算。

【思考题】

1. 测角 θ 时，望远镜 α_1 经零点转到 α_2，则望远镜转过的角度 $\theta=$?。如 $\alpha_1=330°0'$，$\alpha_2=30°1'$，则 $\theta=$?

2. 分光计为什么要设置两个读数游标?

3. 借助于三棱镜的光学反射面调节望远镜光轴使之垂直于分光计中心转轴时，为什么要求两面反射回来的绿“十”字像都要和“ǂ”形叉丝的上交点重合?

4. 为什么采用分半调节法能迅速将十字像与分划板上面的十字丝重合?

实验2-14 用分光计测折射率

【实验目的】

1. 进一步熟悉分光计的调整和使用。
2. 了解利用分光计测玻璃棱镜折射率的原理和方法。

【实验器材】

分光计、玻璃三棱镜、低压汞灯。

【实验原理】

折射率是物质的重要光学特性常数。

如图2-14-1所示，一束单色光以i_1角入射到棱镜AB面上，经棱镜两次折射后，从AC面射出来，出射角为i_2'。入射光和出射光之间的夹角δ称为偏向角。当棱镜顶角A一定时，偏向角δ的大小是随入射角i_1的变化而变化的。而当$i_1=i_2'$时，即入射光线和出射光线相对于棱镜对称时δ为最小（证明略）。这时的偏向角称为最小偏向角，记为$\delta_{\min}$。

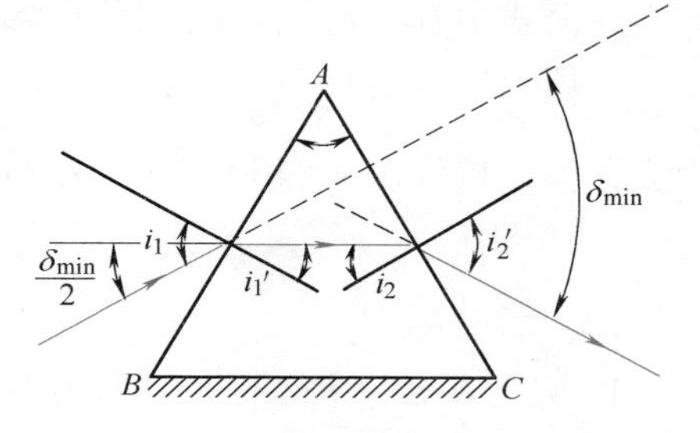

图2-14-1 三棱镜最小偏向角原理图

由图2-14-1中可以看出，这时

$$i_1'=\frac{A}{2}$$

$$\frac{\delta_{\min}}{2}=i_1-i_1'=i_1-\frac{A}{2}$$

$$i_1=\frac{1}{2}(\delta_{\min}+A)$$

设棱镜材料的折射率为n，则

$$\sin i_1=n\sin i_1'=n\sin\frac{A}{2}$$

所以

$$n=\frac{\sin i_1}{\sin\frac{A}{2}}=\frac{\sin\frac{\delta_{\min}+A}{2}}{\sin\frac{A}{2}}$$

由此可知，要求得棱镜材料的折射率 n，必须测出其顶角 A 和最小偏向角 δ_{min}。

【实验内容与步骤】

一、按分光计的调整要求调整分光计

调整方法见实验 2-13。

二、测量最小偏向角 δ_{min}

测量方法：

1. 平行光管狭缝对准前方水银灯光源，将三棱镜放在载物台上，并使棱镜折射面 AB 与平行光管光轴的夹角大约为 120°（即使入射角 i_1 为 45°~60°），如图 2-14-2 所示。

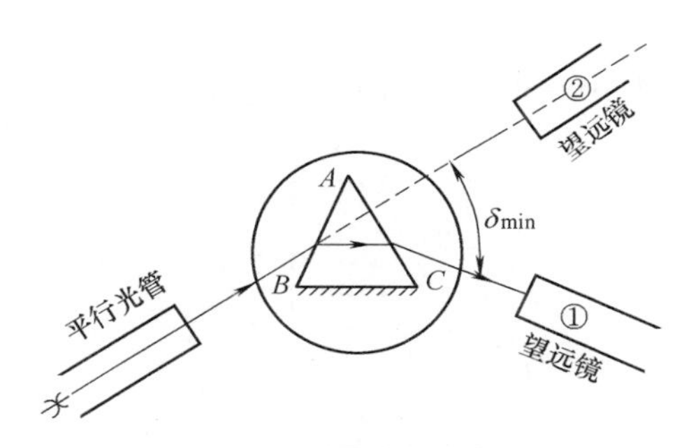

图 2-14-2　测最小偏向角方法

2. 旋松望远镜止动螺钉 17 和游标盘止动螺钉 25，移动望远镜转至图2-14-2中①所示位置，再左、右微微转动望远镜，找出棱镜出射的各种颜色水银灯光谱线（各种波长的狭缝像）。如果一时看不到光谱线，也可以先用眼睛沿棱镜 AC 面出射光的方向寻找。看到谱线后，再将望远镜转到眼睛所在方位。

3. 轻轻转动载物台（改变入射角 i_1），在望远镜中将看到谱线跟着动，注意绿色谱线移动情况。改变 i_1，使入射角 i_1 减小，即使谱线往 δ 减小的方向转动（向顶角 A 方向移动）。望远镜要跟踪光谱线转动，直到棱镜继续转动，而谱线开始要反向移动（即偏向角反而变大）为止。这个反向移动的转折位置，就是光线以最小偏向角射出的方向。固定载物台（锁紧螺钉 25），再使望远镜微动，使其分划板上的中心竖直叉丝对准其中那条绿色谱线（546. 1nm）。

4. 测量。记下此时两游标的读数 θ_1 和 θ_2。取下三棱镜（载物台保持不动），转动望远镜对准平行光管图 2-14-2 中②（以确定入射光的方向），使竖直叉丝对准狭缝中央的狭缝像，再记下两游标处的读数 θ_1' 和 θ_2'，此时绿谱线的最小偏向角为

$$\delta_{min}=\frac{1}{2}[\,|\theta_1-\theta_1'|+|\theta_2-\theta_2'|\,]$$

转动游标盘即变动载物台的位置，重复测量3次，把数据记入表2-14-1中。

表2-14-1　测最小偏向角实验数据记录

次数	最小偏向角位置		入射光线位置		$\delta_{A\min}=$	$\delta_{B\min}=$	$\delta_{\min}=$
	游标A θ_1	游标B θ_2	游标A θ_1'	游标B θ_2'	$\lvert\theta_1-\theta_1'\rvert$	$\lvert\theta_2-\theta_2'\rvert$	$\frac{1}{2}(\delta_{A\min}+\delta_{B\min})$
1							
2							
3							

【实验数据处理】

将 $\delta_{\min}$ 值和前一实验中测得的 A 角平均值代入下式：

$$n=\frac{\sin\dfrac{\delta_{\min}+A}{2}}{\sin\dfrac{A}{2}}$$

计算 n_1、n_2、n_3，求出 $\overline{n}=\dfrac{n_1+n_2+n_3}{3}=$________________。

【注意事项】

1. 转动载物台，都是指转动游标盘带动载物台一起转动。

2. 狭缝宽度1mm左右为宜，宽了测量误差大，太窄光通量小，狭缝易损坏。

3. 光学仪器螺钉的调节动作要轻柔，锁紧螺钉也是锁住即可，不可过度用力，以免损坏器件。

4. 分光计平行光管对好汞灯光源后，不要随意挪动位置。

【思考题】

1. 找最小偏向角时，载物台应向哪个方向转？

2. 玻璃对什么颜色的光折射率大？

3. 同一种材料，对红光和紫光的最小偏向角哪一个要小些？

4. 本实验中三棱镜在载物台上的位置为什么不得任意？适当放置基于哪些考虑？

5. 实验中测出汞光谱中绿光的最小偏向角后，固定载物台和三棱镜，是否可以直接确定其他波长的最小偏向角位置？

实验 2-15　用分光计、衍射光栅测定光波波长

分光计

【实验目的】

1. 学习分光计的构造和使用方法。
2. 掌握用衍射光栅测定光波波长的方法。

【实验器材】

分光计、平面光栅、钠光灯、计算器。

【实验原理】

衍射光栅是由许多相互平行、等宽、等间隔的透明狭缝组成的，其中任意相邻两条狭缝中心之间的距离称为光栅常数。如图 2-15-1 所示，当一束平行单色光垂直照射到光栅上时，按照惠更斯原理，这些狭缝将成为新的相干光源，经过每个狭缝的光都要产生衍射，而沿相同方向的衍射光又要产生干涉。

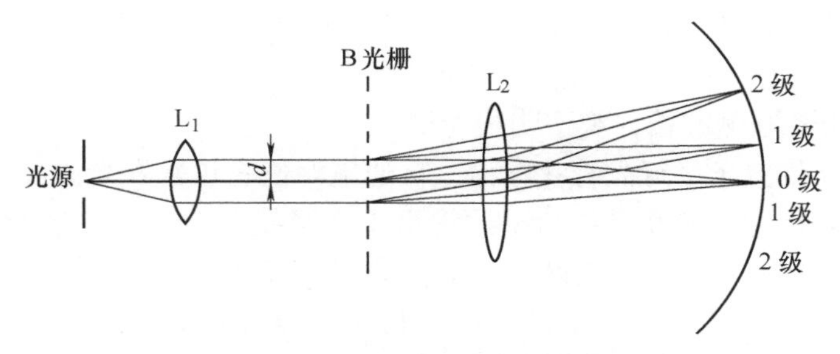

图 2-15-1　用分光计测光波波长原理图

当衍射角 θ_n 符合条件 $d\sin\theta_n = n\lambda$（$n = 0, \pm1, \pm2, \cdots$）时，我们将看到亮条纹，其中当 $n=0$ 时，得 0 级亮条纹；当 $n = \pm1, \pm2, \cdots$ 时，将分别获得以 0 级亮条纹为中心，两侧相对称的一级、二级……条纹。如果一级像的衍射角 θ_1 可以测出，那么光波波长 $\lambda = d\sin\theta_1$ 便可得出。

【实验内容与步骤】

一、调整分光计

调整望远镜使其能接收平行光，且其光轴与分光计的中心轴垂直；调整载物台平面水平且垂直于中心轴；调整平行光管发出平行光，且光轴与望远镜等高同轴（注意：分光计调整时可用光栅平面作为光学反射面）。

二、调整光栅

1. 放置光栅

如图 2-15-2 所示，将光栅放在载物台上，先用目视使光栅平面与平行光管大致垂直（拿光栅时不要用手触摸光栅表面，只能拿光栅的边缘），使入射光垂直照射光栅表面。

2. 调节光栅平面与平行光管垂直

接上目镜照明器的电源，从目镜中看光栅反射回来的亮十字像是否与分划板上方的十字线重合。如果不重合，则旋转游标度盘，先使其纵线重合（注意：此时狭缝的中心线与亮十字线的纵线、分划板的纵线三者重合），再调节载物台的调平螺钉②或③使横线重合（注意：决不允许调节望远镜系统），然后旋紧游标盘止动螺钉，定住游标盘，从而定住载物台。

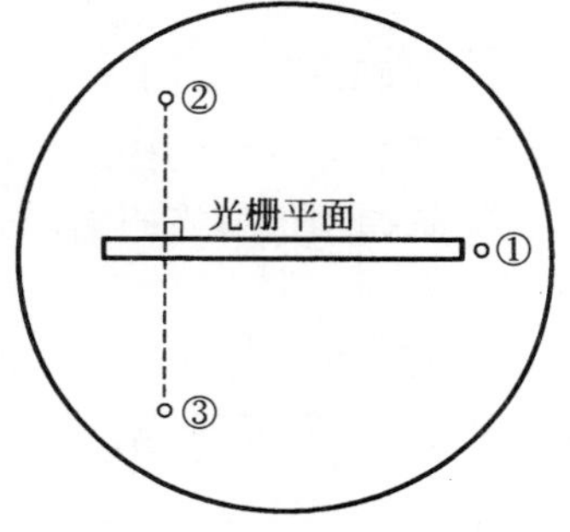

图 2-15-2　光栅放置在载物台上

3. 观察干涉条纹

去掉目镜照明器上的电源，放松望远镜止动螺钉 16，推动支臂旋转望远镜，从目镜观察各级干涉条纹是否都在目镜视场中心对称，否则调节载物台下调平螺钉①，使其中心对称，直到中央明条纹两侧的衍射光谱基本上在同一水平面为止。

三、利用光栅测波长，观察明线光谱

1. 将钠光灯置于平行光管狭缝前，接通电源使它正常发光。

2. 旋转望远镜，使 0 级像与望远镜里十字竖线重合。在刻度盘的对径方向上，读出望远镜所在的对径位置 φ_0 和 φ_0'，记入表 2-15-1 内。

3. 旋紧螺钉 25 和 16，见图 2-13-1，使望远镜与刻度盘固定在一起，手把着支架将望远镜向左旋转，寻找到左侧一级像（$n=1$），使其与望远镜里十字竖线重合，从刻度盘上读出望远镜的对径位置 $\varphi_{左}$ 和 $\varphi'_{左}$，记入表 2-15-1 内。

4. 手把着支架将望远镜向右转动，寻找到右侧一级像（$n=-1$），使其与望远镜里十字线的竖线重合，从刻度盘上读出望远镜的对径位置 $\varphi_{右}$ 和 $\varphi'_{右}$，记入表 2-15-1 内。

5. 将钠光灯换成汞灯，可观察汞灯发出的明线光谱。

【注意事项】

1. 调节分光计是非常精细的工作，实验前教师已调好，实验时不要随便调动，特别是螺钉 6、12、13、26、27，见图 2-13-1。

2. 实验室用的光栅是由明胶印制的复制光栅，所以在衍射光栅玻璃的中央部位，不能用手摸或纸擦。

3. 分光计是精密光学仪器，一定要小心使用，转动望远镜前，要先拧松固定它的螺钉 17，转动望远镜时，不能手把着望远镜转动，而应手把着它的支架转动。

【实验数据记录与处理】

表 2-15-1　测一级谱线偏转角数据记录表

光源种类		谱线波长 λ_0=	光栅常数 d=
中央亮线			
谱线位置	φ_0=	对径位置	φ_0'=
一级谱线			
左转位置	$\varphi_{左}$=	对径位置	$\varphi_{左}'$=
右转位置	$\varphi_{右}$=	对径位置	$\varphi_{右}'$=
偏转角 $\bar{\theta}_1=\frac{\lvert\varphi_{右}-\varphi_{左}\rvert+\lvert\varphi_{右}'-\varphi_{左}'\rvert}{4}$=			

已知钠光谱长 $\lambda_0=589.3\text{nm}$，则 $\lambda=d\sin\bar{\theta}_1=$__________。

与理论值比较求百分偏差 $E=\frac{\lvert\lambda-\lambda_0\rvert}{\lambda_0}\times100\%=$__________。

【思考题】

1. 在本实验中，钠光垂直照在光栅上，从理论上讲，最多能看到几级谱线？

2. 调好望远镜光轴与分光计中心轴垂直后，在实验过程中，哪些螺钉能动？哪些螺钉不能动？

3. 若刻度盘中心 O 与游标中心 O' 不重合，如图2-15-3所示（图示夸大了），则游标转过 φ 角时，从刻度圆盘读出的角度为 φ_1、φ_2，$\varphi_1\neq\varphi_2\neq\varphi$，但$\varphi=(\varphi_1+\varphi_2)/2$，试证明之。这就是采取双游标读数方法可消除偏心差的原理。

4. 分光计有哪几部分组成？各有什么作用？

5. 一束平行单色光垂直照射光栅上时，当衍射角符合什么条件时，可看到亮条纹？若一级像的衍射角为 θ_1，则光波波长 λ=？

6. 测量时，为什么要使望远镜与刻度盘固定在一起转动？

7. 从刻度盘上读数的方法是什么？

8. 测量时应注意的问题有哪些？

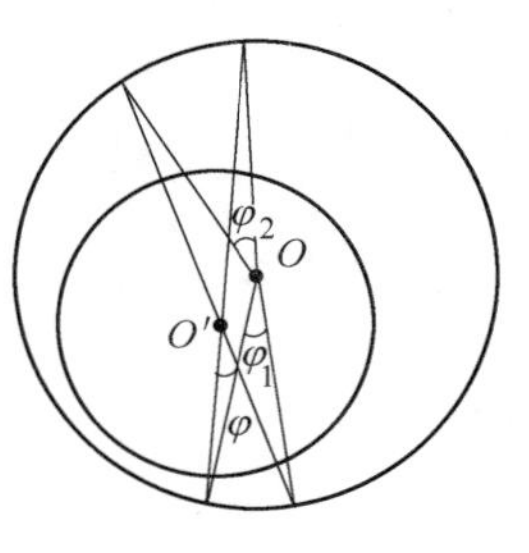

图 2-15-3　消除偏心差原理

【附录】

表 2-15-2　几种光源的光谱波长表　（单位：nm）

氢放电管	656.28 红	486.13 绿	434.05 紫$_1$	410.17 紫$_2$	397.01 紫$_3$			
钠光灯	589.59	589.00						
	黄$_1$	黄$_2$						
汞灯	612.35	579.07	576.96	546.07	491.60	435.83	404.68	365.02
	红	黄$_1$	黄$_2$	绿	蓝	紫$_1$	紫$_2$	紫$_3$

第三章

综合设计实验

实验 3-1 声速的测量

【实验目的】

了解超声波的产生、发射和接收方法，用干涉法和相位法测量声速。

【实验器材】

低频信号发生器、示波器、超声声速测定仪、频率计等。

【实验原理】

在弹性介质中，频率从 20Hz 到 20kHz 的振动所激起的机械波称为声波，高于 20kHz 称为超声波，超声波的频率范围在 $2\times10^4\sim5\times10^8$Hz 之间。超声波的传播速度，就是声波的传播速度。超声波具有波长短、易于定向发射等优点，在超声波段进行声速测量比较方便。

声速是声波在介质中传播的速度。声波在空气中的传播速度

$$v=\sqrt{\frac{\gamma RT}{M}} \tag{3-1-1}$$

式中，γ 是空气比定压热容和比定容热容之比$\left(\gamma=\frac{c_p}{c_V}\right)$；$R$ 是摩尔气体常数；M 是气体的摩尔质量；T 是热力学温度。由式（3-1-1）可见，温度是影响空气中声速的主要因素。如果忽略空气中的水蒸气和其他杂物的影响，在 0℃（$T_0=$ 273.15K）时的声速

$$v_0=\sqrt{\frac{\gamma RT_0}{M}}=331.45\text{m}\cdot\text{s}^{-1} \tag{3-1-2}$$

在 t℃时的声速

$$v_t=v_0\sqrt{1+\frac{t}{273.15}} \tag{3-1-3}$$

由波动理论知道，波的频率 f、波速 v 和波长 λ 之间有以下关系：

$$v=f\lambda \tag{3-1-4}$$

所以只要知道频率和波长即可求出波速。本实验用低频信号发生器控制换能器，信号发生器的输出频率就是声波的频率。声波的波长可用驻波法（共振干涉法）和行波法（相位比较法）测量。

一、**驻波法**（共振干涉法）**测波长**

图 3-1-1 是超声声速测定仪的示意图。

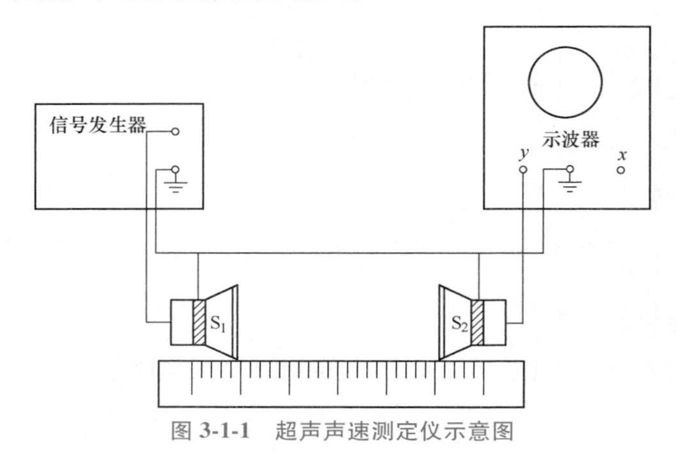

图 3-1-1　超声声速测定仪示意图

由声源发出的平面波沿 x 方向传播，经前方平面反射后，入射波和反射波叠加。这两列波有相同的振动方向、相同的振幅 A、相同的频率 f 和波长 λ，在 x 轴上以相反的方向传播。它们的波动方程分别是

$$y_1=A\cos2\pi\left(ft-\frac{x}{\lambda}\right)$$

$$y_2=A\cos2\pi\left(ft+\frac{x}{\lambda}\right)$$

叠加后合成波为

$$\begin{aligned}y=y_1+y_2&=A\cos2\pi\left(ft-\frac{x}{\lambda}\right)+A\cos2\pi\left(ft+\frac{x}{\lambda}\right)\\&=\left(2A\cos2\pi\frac{x}{\lambda}\right)\cos2\pi ft\end{aligned} \tag{3-1-5}$$

两波合成后介质中各点都在做同频率的简谐振动。各点的振幅为 $2A\cos2\pi\frac{x}{\lambda}$，与时间 t 无关，是位置 x 的余弦函数。对应于 $\left|\cos2\pi\frac{x}{\lambda}\right|=1$ 的各点振幅最大，称为波腹；对应于 $\left|\cos2\pi\frac{x}{\lambda}\right|=0$ 的各点振幅最小，称为波节。要使 $\left|\cos2\pi\frac{x}{\lambda}\right|=1$，应有

$$2\pi\frac{x}{\lambda}=\pm n\pi,\ n=0,1,2,3,\cdots$$

因此在

$$x=\pm n\frac{\lambda}{2},\ n=0,1,2,3,\cdots$$

处就是波腹的位置，相邻两波腹间的距离为$\frac{\lambda}{2}$（半波长）。

同理，可求出波节的位置是

$$x=\pm(2n+1)\frac{\lambda}{4},\ n=0,\ 1,\ 2,\ 3,\ \cdots$$

相邻两波节之间的距离也是$\frac{\lambda}{2}$。所以，只要测得相邻两波腹（或波节）的位置x_n、x_{n+1}，即可得$\lambda=2|x_{n+1}-x_n|$。

二、相位比较法测波长

参见图3-1-1，发射换能器S_1发出的超声波通过传声介质（空气）到达接收器S_2。所以，在同一时刻S_1处的波和S_2处的波有一相位差，其相位差与发射波的波长λ、S_1和S_2间的距离l有如下关系：

$$\varphi=2\pi\frac{l}{\lambda}\tag{3-1-6}$$

由式（3-1-6）可见，S_1和S_2之间的距离l每改变一个波长，相位差就改变2π。

两个相互垂直的简谐运动的叠加可以得到李萨如图形。如果这两个简谐运动的频率相同，则可得到最简单的李萨如图形（见图3-1-2）。当两个同频率的简谐运动的相位差从0→π变化时，图形会由斜率为正的直线变为椭圆继而再变到斜率为负的直线。

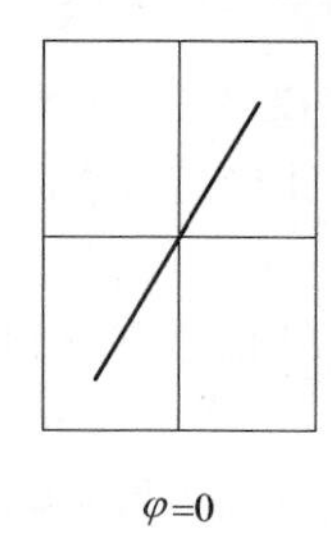
$\varphi=0$

$\varphi=\frac{\pi}{2}$

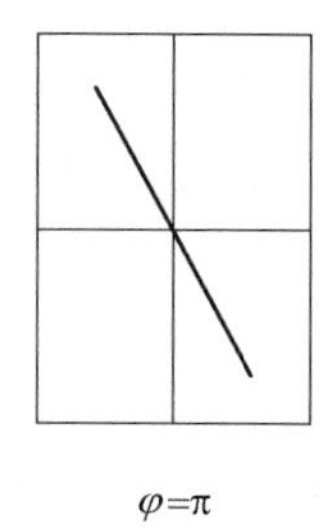
$\varphi=\pi$

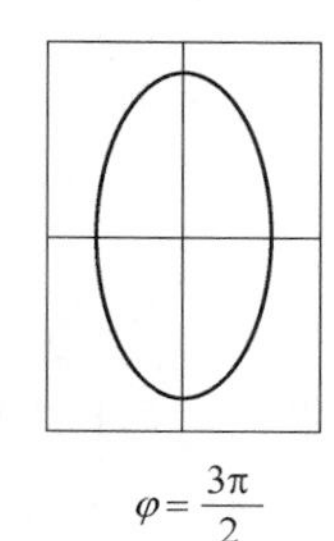
$\varphi=\frac{3\pi}{2}$

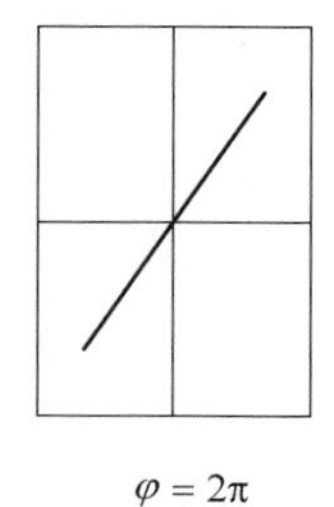
$\varphi=2\pi$

图3-1-2　李萨如图形与两垂直简谐运动的相位差

【实验内容与步骤】

一、仪器描述

超声声速测定仪的主要部件是两个压电陶瓷换能器和一个游标卡尺。压电换能器可以把电能转换为声能，作为声波发射器之用。也可以把声能转换为电能，作声波接收器之用。压电换能系统的谐振频率为f_0，当外加电信号的频率等于系统的谐振频率时，压电换能器产生机械谐振，这时产生的声波最强。信号发生器输出的正弦电压加在发射换能器S_1上产生声波，换能器S_2接收声波，并将声压转换成电信号输入到示波器，当系统处于谐振状态时，示波器上显示的信号幅度最大。发射换能器S_1与接收换能器S_2之间的距离，可以从仪器上的游标卡尺读出。

二、调整仪器使系统处于最佳工作状态

1. 旋松发射换能器S_1固定环上的固紧螺钉，使S_1的端面与卡尺游标滑动的方向垂直后再旋紧，将接收换能器S_2移近S_1，旋松S_2的固紧螺钉，调节S_2，使其端面平行于S_1的端面再旋紧，两端面严格平行才能进行驻波测量。

2. 调整低频信号发生器输出谐振频率f_0。按图3-1-1接好线路，一般换能器的输入和输出插口均为红色接信号，黑色接地。移动尺的游标（接收换能器S_2固定其上），使换能器S_2和S_1端面距离5cm左右，调整低频信号发生器输出的正弦幅度，同时调整接收端的示波器，使示波器屏幕上有适当的信号幅度。然后，移动游标尺，寻找信号幅度最强的位置。找到后，调节信号发生器的输出频率，使示波器上的信号幅度最大，再用微调旋钮微调输出频率，使示波器上有更大的信号幅度。此时，信号发生器输出的频率值即为本系统的谐振频率f_0。可以反复上述过程数次，以寻找本系统准确的谐振频率值f_0。频率值可由信号发生器上读出，也可以由频率计测量。下面的测量将在谐振频率下进行。

三、驻波法（共振干涉法）测波长和声速

参见图3-1-1，测量前移动游标，将S_2从一端缓慢移向另一端，并来回几次，观察示波器上的信号幅度的变化，了解波的干涉现象。测量时，S_1与S_2之间的距离从近到远或从远到近均可，选择一个示波器上的信号幅度最大处（驻波的波腹）为起点，记下S_2的位置，缓慢移动S_2，依次记下每次信号幅度最大时S_2的位置（波腹的位置）$x_1, x_2, \cdots, x_{12}$，共12个值。要求：

(1) 用逐差法处理数据，求出λ。由谐振频率f_0和测出的λ，利用式（3-1-4）算出声速v，并计算误差。

逐差法：当自变量等间隔变化，而两个物理量之间又呈线性关系时，采用逐差法。x代表每次测量值，取偶数个测量值，按顺序分成相等数量的两组（$x_1, x_3, \cdots, x_{11}$）和（$x_2, x_4, \cdots, x_{12}$），取两组对应项之差，再求平均，即

$$\bar{b}=\frac{1}{6}[(x_2-x_1)+(x_4-x_3)+\cdots+(x_{12}-x_{11})]$$

由于$\bar{b}=\frac{\lambda}{2}$，所以可测出波长为$\lambda=2\bar{b}$。

（2）记下实验室的室温 t（取实验开始时的室温与实验结束时的室温的平均值）。由式（3-1-3）算出 v_t，与测量值相比较，并对结果进行讨论。

四、相位比较法测波长和声速

仪器的连接如图 3-1-3 所示（也可以依照图 3-1-1，在信号发生器输出接线柱上再增加一根导线，接到示波器的 x 输入）。注意将示波器 x 扫描旋钮旋至“外接”。

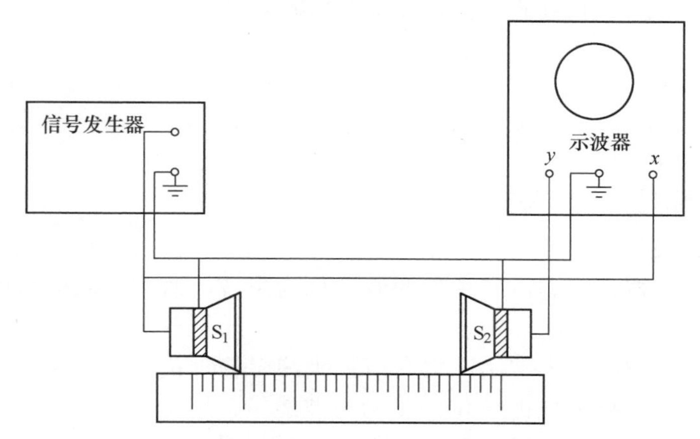

图 3-1-3　声速测量仪装置——相位法测波长

调节示波器使屏上出现李萨如图形。缓慢地增加（或减小）S_1 和 S_2 之间的距离（即改变两输入波的相位差），屏上就会反复出现图 3-1-2 的图形，每移动半个波长，就会出现直线图形。

测量时，将 S_2 从声源 S_1 附近慢慢移开，依次测出屏上出现直线时所对应的 S_2 的位置 $x_1, x_2, x_3, \cdots, x_{12}$，共 12 个值。用逐差法处理数据，求出波长、声速及其误差，将结果与式（3-1-3）的计算值做比较，并进行讨论。

【注意事项】

1. 有效测量距离小于 15cm。
2. 测距读数精度 0.01mm。
3. S_1 和 S_2 两端面严格平行。

【思考题】

1. 固定两换能器的距离改变频率，以求声速，是否可行？
2. 各种气体中的声速是否相同，为什么？

实验3-2 人耳听阈曲线的测定

【实验目的】

1. 掌握听觉实验仪的使用方法。
2. 了解听阈曲线的物理意义，测定人耳的听阈曲线。

【实验器材】

BD—Ⅱ—116型听觉实验仪、立体声耳机、方格纸、直尺等。

【实验原理】

一、声强级、响度级和等响曲线

能够在听觉器官引起声音感觉的波动称为声波。通常声波的可闻频率范围为20~20000Hz。

描述声波能量的大小常用声强和声强级两个物理量。声强是单位时间内通过的垂直于声波传播方向的单位面积的声波能量，用I来表示。声强级是声强的对数标度，它是根据人耳对声音强弱变化的分辨能力来定义的，用L来表示。L与I的关系为

$$L=\lg\frac{I}{I_0}(\mathrm{B})=10\lg\frac{I}{I_0}(\mathrm{dB})$$

式中

$$I_0=10^{-12}\mathrm{W\cdot m^{-2}}$$

人耳对声音强弱的主观感觉称为响度。它随声强的增大而增加，但两者并没有简单的线性关系，因为响度不仅取决于声强的大小，而且还与声波的频率有关，不同频率的声波在人耳中引起相等的响度时，它们的声强级并不相等。在医学和物理学中用响度级来描述人耳对声音强弱的主观感觉，响度级的单位是phon（方），它是选取频率为1000Hz的纯音为基准声音，并规定它的响度级在数值上等于其声强级（以dB计），将欲测的不同频率的声音与此基准声音比较，若该被测声音听起来与基准音的某个声强级一样响，这时基准声的声强级就是该被测声音的响度级。例如，频率为100Hz、声强级为72dB的声音，与1000Hz、声强级为60dB的基准声音等响，则频率为100Hz声强级为72dB的声音，其响度级为60phon；1000Hz、40dB的声音，其响度级为40phon。以频率的常用对数为横坐标、声强级为纵坐标，绘出不同频率的声音与1000Hz的标准声音等响时的声强级与频率的关系曲线，得到的曲线称为等响曲线。图3-2-1表示正常人的等响曲线。

引起听觉的声音，不仅在频率上有一定的范围，而且在声强上也有一定范

围。就是说，对于任一在声波范围内（20Hz~20kHz）的频率来说，声强还必须达到某一数值才能引起人耳听觉。能引起听觉的最小声强叫作听阈，对不同频率的声波听阈不同，听阈与频率的关系曲线叫作听阈曲线。随着声强的增大，人耳感到声音的响度也提高了，当声强超过某一最大值时，声音在人耳中会引起痛觉，这个最大声强称为痛阈。对于不同频率的声波，痛阈也不同，痛阈与频率的关系曲线叫作痛阈曲线。由图 3-2-1 可知，听阈曲线即为响度级为 0phon 的等响曲线，痛阈曲线即为响度级为 120phon 的等响曲线。

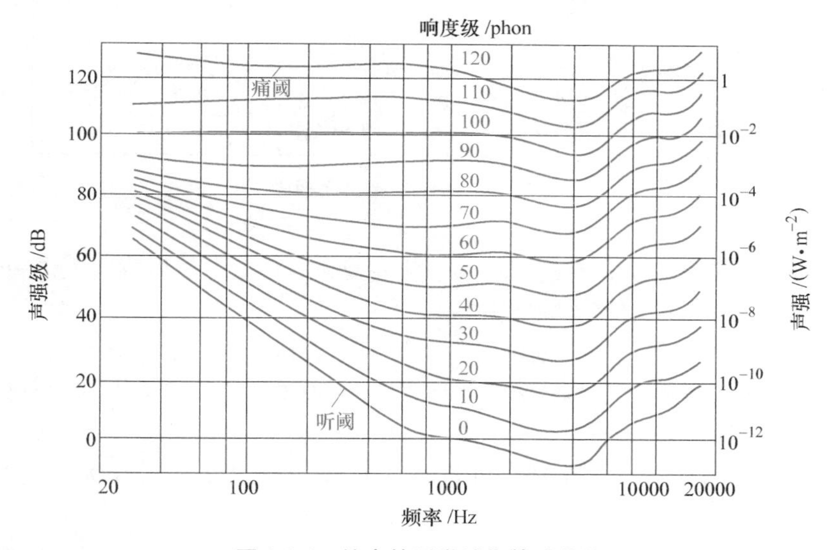

图 3-2-1　纯音的听觉域和等响曲线

在临床上常用听力计测定病人对各种频率声音的听阈值，与正常人在相应频率时的听阈值进行比较，借以诊断病人的听力是否正常。

二、听觉实验仪原理简介

听觉实验仪采用微电脑控制，产生的正弦信号，经衰减器送到功率放大器，就得到最大衰减为 0dB、断续分挡可调的电功率送到耳机，经耳机将电功率转变为同频率机械波，通过改变频率和衰减器的衰减量就可以分别测量不同人的左、右耳对不同频率纯音的听阈值。听觉实验仪原理框图如图 3-2-2 所示。

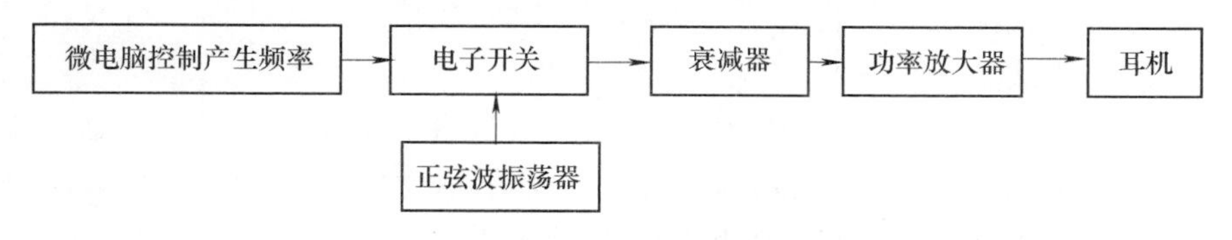

图 3-2-2　听觉实验仪原理框图

【实验内容与步骤】

1. 熟悉面板各键功能（见图 3-2-3），接通 AC220V 电源，预热 5min 以上。

2. 将耳机插入面板上对应耳机插孔。

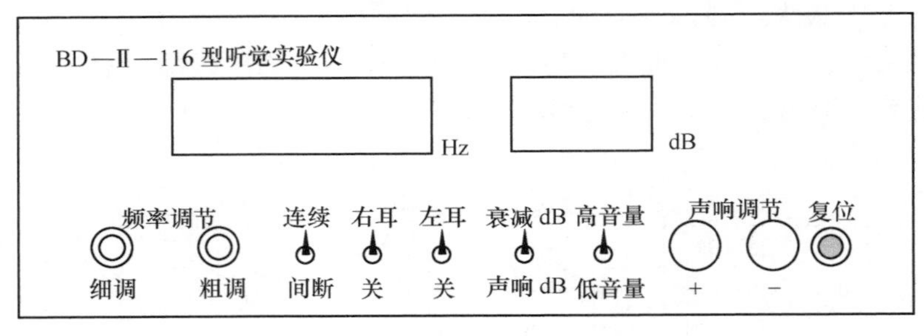

图 3-2-3 听觉实验仪面板图

3. 被试者戴上耳机，有连接线的一侧要戴在右耳上，然后背向主试和仪器。

4. 测定人耳听阈值的步骤如下。

（1）调节“粗调”与“细调”频率的两个旋钮，依显示的频率值，选择测定声响的频率。除频率为 16kHz 的允许误差为 5%外，表 3-2-1 中其他测试频率的允许误差均为 3%。

（2）选择测试的右、左耳，可打开“右耳”或“左耳”开关，或两个都打开。

（3）选择“连续”或“间断”声响，开关拨向相应一方。选择“间断”声响，可有效判别听阈值左右的声响。

（4）按“声响调节”的“+”或“−”键，增加或减少音量，每按一下，增加或减少 2dB，连续按着，将自动连续变化。

（5）“衰减 dB”和“声响 dB”。选择“声响 dB”，即开关拨向“声响 dB”上，这样测量出来的就是各待测频率下的实际听阈值。若选择了“衰减 dB”挡，则测量出来的各频率下的听阈值，还必须经过换算才能得到实际的听阈值。

（6）音量初值有二挡可选择，“高音量”为 0~66dB 衰减，“低音量”为 34~100dB 衰减。对于正常听力的被试者，测试的听阈值通常在“低音量”段。在“低音量”段测试时，若对于某一频率，其听阈值测不出来时，可改在“高音量”段上测试。

（7）用渐增法测定：将声响强度衰减到被试者听不到处开始，逐渐减小衰减量（增强声响），当被试者听到声音后，举手示意即可，主试停止减小衰减量，此时的响度为该被试人员在此频率的听阈值 L，然后反复核实 2~3 次，若三次测量结果不同，但彼此之差不超过 4dB，则取三次测量值的平均值的整数作为该频率下的听阈值并填入表 3-2-1 中。

5. 听阈曲线的绘制。

用上述方法可以方便地测量出被试者在测定的各个频率点的听阈值，并将其填入表格 3-2-1 中。以频率的常用对数 lgν 为横坐标，以听阈值 L 为纵坐标，将测得各点连成曲线，该曲线为被试者的听阈曲线。分别作出左耳与右耳两条听阈曲线。

6. 关闭电源开关，整理实验仪器。

【实验数据记录与处理】

表 3-2-1 不同频率下人耳的听阈数值

ν/Hz	125	250	500	1k	2k	4k	8k	16k
lgν	2. 1	2. 4	2. 7	3. 0	3. 3	3. 6	3. 9	4. 2
左耳听阈值 $L_{左}$/dB								
右耳听阈值 $L_{右}$/dB								

测量日期__________ 被检查人姓名__________ 检查人姓名__________ 仪器编号__________

【注意事项】

1. 本仪器的使用需要在外界干扰很小的条件下测试（最好能在隔音室内进行），而且只有在被试者精神完全放松时，才能得到准确可靠的结果。

2. 避免节律给声，节律给声也是一种暗示。

3. 使用“声响调节”按钮时，用力要轻。

4. 耳机的连接线易断，使用时应注意。

5. 本仪器使用环境应远离强无线电干扰源和强动力源（如大功率动力变压器和大功率电机，电焊机高频感应炉等）。

6. 长时间不用时，则每 2 个月连续通电 4~8h。存放处应无较强的磁场，以防耳机退磁。

7. 因为耳机有退磁、灵敏度下降的现象，所以每两年重作一次校准曲线。

8. 耳机为经过改装校正后的本仪器专用耳机，不能用作他用。

实验3-3 密立根油滴实验

【实验目的】

1. 学习利用密立根油滴仪测量元电荷的方法。
2. 验证电荷的量子性。

【实验器材】

密立根油滴仪、喷雾器、钟油。

【实验原理】

密立根油滴实验是近代物理实验中一个著名的基础实验，它是由美国物理学家密立根设计并完成的，在近代物理学史上起过十分重要的作用。该实验通过对微小油滴所带电荷的精确测量，证实了油滴所带电荷量是元电荷——电子电荷的整数倍，由此直观而准确地测量了电子电荷 e。并且该实验证实了微观世界中电荷的不连续性，为人类研究物质结构奠定了基础。

密立根油滴实验测定电子电荷的基本设计思想是：使带电油滴处于受力平衡的状态，通过对带电的微小油滴的受力分析，把对油滴所带的微观电荷量 q 的测量转化为对油滴宏观运动速度的测量。

一、基本原理

用喷雾器将油滴喷入两块相距为 d 的平行极板之间，油在喷射过程中由于摩擦作用而带电。设油滴的质量为 m，所带的电荷量为 q，两极板间的电压为 U，则油滴在平行极板间将同时受到重力 mg 和静电力 qE 的作用，如图 3-3-1 所示。

如果调节两极板间的电压 U，可使这两个力达到平衡，即

$$mg=qE=q\frac{U}{d} \tag{3-3-1}$$

由此可得油滴的电荷量 q 与平衡电压 U 的关系

$$q=mg\frac{d}{U} \tag{3-3-2}$$

可见，测出了 U、d、m，即可知道油滴所带电荷量 q。由于油滴的质量很小（约为 10^{-15}kg），必须采用特殊的方法才能测定。

二、油滴质量 m 的测定

设油的密度为 ρ，当我们把小油滴视为一个小圆球时，则半径为 r 的油滴质量为

$$m=\frac{4}{3}\pi r^3\rho \tag{3-3-3}$$

如图 3-3-2 所示，当平行极板不加电压时，油滴受重力作用而加速下降；下降过程中还将受到空气阻力 F_r的作用，F_r的大小有斯托克斯定律确定，即

$$F_r = 6\pi\eta' rv = 6\pi \frac{\eta}{1+\dfrac{b}{pr}} rv \tag{3-3-4}$$

式中，η 为空气的黏度；$\eta' = \dfrac{\eta}{1+\dfrac{b}{pr}}$，为 η 的实验修正关系，其中 $b = 8.23\times 10^{-3}\,\text{m}\cdot\text{Pa}$为修正常数，$p = 1.01\times10^5\,\text{Pa}$ 为空气压强；v 为油滴的运动速度。在下落过程中油滴的运动速度 v 不断增大，相应空气的阻力也不断变大，下落一段距离后，阻力 F_r将与重力 mg 达到平衡，即

$$F_r = mg \tag{3-3-5}$$

此后，油滴则以 v_0 的速度下降。将式（3-3-3）和式（3-3-4）代入式(3-3-5)，可求得匀速下降过程中的油滴半径

$$r = \sqrt{\frac{9\eta v_0}{2\rho g}\frac{1}{1+\dfrac{b}{pr}}} \tag{3-3-6}$$

和油滴质量

$$m = \frac{4\pi\rho}{3}\left[\frac{9\eta v_0}{2\rho g}\frac{1}{1+\dfrac{b}{pr}}\right]^{\frac{3}{2}} \tag{3-3-7}$$

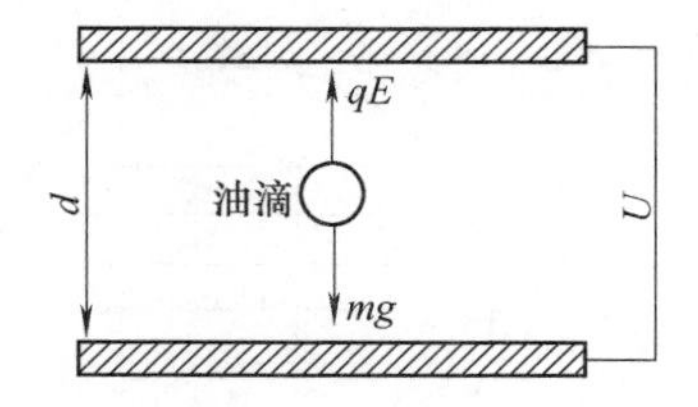

图 3-3-1　油滴在重力场和静电场中受力分析

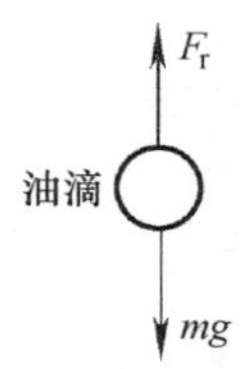

图 3-3-2　油滴下落过程中的受力分析

三、平衡法测油滴的电荷

设油滴匀速下降的距离为 l，实验测出下降的时间为 t_0，则油滴匀速运动的速度为 $v_0 = \dfrac{l}{t_0}$，代入式（3-3-7）及式（3-3-2）得

$$q = \frac{18\pi}{\sqrt{2\rho g}}\left[\frac{\eta l}{t_0\left(1+\dfrac{b}{pr}\right)}\right]^{\frac{3}{2}}\frac{d}{U} \tag{3-3-8}$$

四、元电荷的测量方法

根据电荷的不连续性 $q=ne$，由 q 除以电子电荷的公认值 e_0（$e_0=1.603\times10^{-19}$ C）来确定元电荷数 n。再用 n 去除实验测得的电荷量 q，即可得到电子电荷值 e。

【实验内容与步骤】

1. 打开油滴箱仪器和显示器电源，预热 10min。

2. 调节油滴箱仪器底部的调平螺钉，使水准泡指示水平，这时油滴盒（见图 3-3-3）处于水平。

3. 将功能键拨到“平衡”挡，调节平衡电压 250V，从喷雾口喷入油雾，打开油雾孔开关，油雾从上极板中间直径为 0.4mm 孔落入电场中；微调显微镜的调焦手轮，这时显示器屏幕上会出现大量清晰的油滴。

4. 驱走不需要的油滴，直到剩下几颗缓慢运动的油滴。选择一颗，微调显微镜，使该油滴最清晰，并仔细调节平衡电压，使油滴静止不动，处于平衡状态。记下此时的平衡电压。

5. 利用功能键上的“升降”挡（使油滴上移）和“测量”挡（使油滴下移），使油滴静止在显示屏最上面的刻度线上。

6. 按清零键，使计时秒表清零。

7. 功能键拨到“测量”挡，油滴匀速下降，同时开始计时。油滴下落 2mm 即屏上 4 格时（见图 3-3-4），将功能键拨到“平衡”挡，同时秒表自动停止计时，记下秒表时间。这时完成一颗油滴的测量。

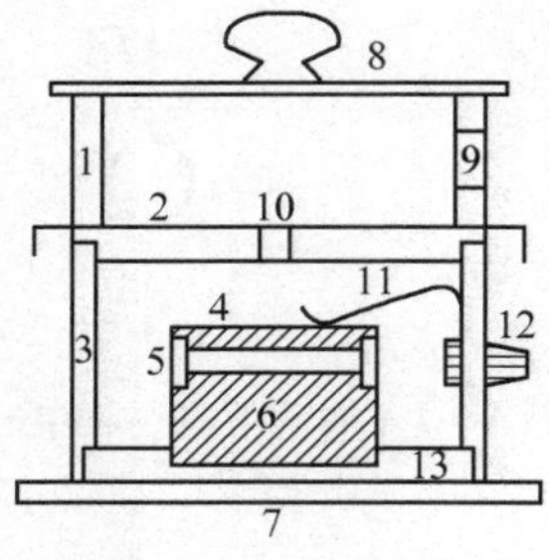

图 3-3-3　油滴盒结构图

1—油雾室　2—油雾孔开关　3—防风罩　4—上电极板
5—胶木圆环　6—下电极板　7—底板　8—上盖板
9—喷雾口　10—油雾孔　11—上电极板压簧
12—上电极板电源插孔　13—油滴盒基座

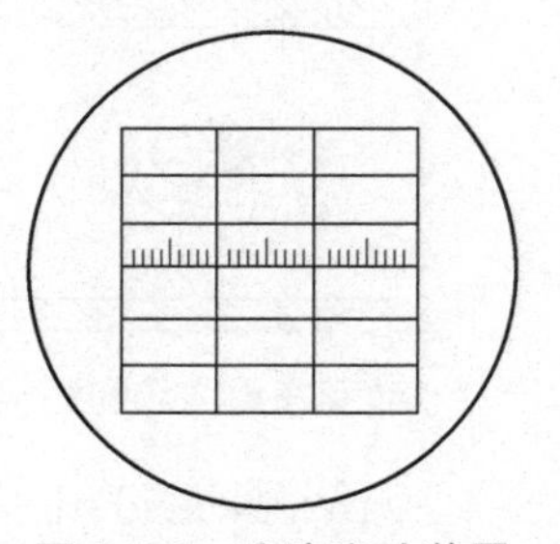

图 3-3-4　油滴实验装置视场中的分划板

8. 重复步骤 6、7、8，对此油滴进行 6 次测量，而且每次都要重新调整平衡电压。

9. 如此反复测量5个不同的油滴，得到此实验所需数据。

【实验数据处理】

公式 $q=\dfrac{18\pi}{\sqrt{2\rho g}}\left[\dfrac{\eta l}{t_0\left(1+\dfrac{b}{pr}\right)}\right]^{\frac{3}{2}}\dfrac{d}{U}$及 $r=\sqrt{\dfrac{9\eta l}{2\rho g t_0}}$中各常量为：

油的密度 $\rho=981\text{kg}\cdot\text{m}^{-3}$；

重力加速度 $g=9.80\text{m}\cdot\text{s}^{-2}$；

空气的黏度 $\eta=1.83\times10^{-5}\text{kg}\cdot\text{m}^{-1}\cdot\text{s}^{-1}$；

油滴匀速下降距离 $l=2.00\times10^{3}\text{m}$；

修正常数 $b=8.23\times10^{-3}\text{m}\cdot\text{Pa}$；

大气压强 $p=1.013\times10^{5}\text{Pa}$；

平行极板距离 $d=5.00\times10^{-3}\text{m}$；

代入公式得

$$q=\frac{1.43\times10^{-14}}{\left[t_0\left(1+0.02\sqrt{t_0}\right)\right]^{\frac{3}{2}}}\frac{1}{U} \tag{3-3-9}$$

代入实验数据，求出电子电荷平均值，并根据理论值 $e_0=1.603\times10^{-19}\text{C}$ 求出百分偏差。

【注意事项】

1. 应该选择大小适中、带电荷量不多的油滴。

2. 调整仪器时，如果打开油雾室，必须先将平衡电压开关放在“下落”位置，以免触电。

3. 喷油时应竖拿喷雾器向喷雾孔轻轻喷一两下即可。勿将喷雾器插入油雾室甚至将油倒出来，更不应该将油雾室拿掉后对准上极板的落油小孔喷油。

【思考题】

1. 如何判断油滴盒内两平行极板是否水平？不水平对实验有何影响？

2. 若油滴在视场中不是垂直下降，找出原因。

3. 应选什么样的油滴进行测量？选太小的油滴好不好？选带电太多的油滴好不好？

4. 为什么对选定油滴进行跟踪时，油滴有时会变得模糊？

实验 3-4 用霍尔元件测磁场

【实验目的】

1. 理解霍尔效应现象及其应用。
2. 掌握用霍尔效应测磁场的方法。

【实验器材】

螺线管磁场测试仪、长直螺线管磁场装置、双刀换向开关。

【实验原理】

在磁场中的载流导体上出现横向电势差的现象是24岁的研究生霍尔（Edwin H. Hall）在1879年发现的，现在称之为霍尔效应。霍尔效应发现之后，由于这种效应对一般材料来讲很不明显，因而长期未得到实际应用。20世纪60年代以来，随着半导体物理学的迅猛发展，霍尔系数和电导率的测量已经成为研究半导体材料的主要方法之一。通过实验测量半导体材料的霍尔系数和电导率可以判断材料的导电类型、载流子浓度、载流子迁移率等主要参数。若能测得霍尔系数和电导率随温度变化的关系，还可以求出半导体材料的杂质电离能和材料的禁带宽度。用霍尔元件制成的磁场测量装置，测量范围广，测量精度高，既可测直流磁场，也可测脉冲磁场或其他交变磁场。由于上述特点，霍尔效应在测量磁场的仪器和装置中得到了广泛的应用。

霍尔效应装置如图3-4-1所示：在一块长方形的半导体薄片两边的电极1和2之间接一个检流计。当在沿 x 轴方向的电极3、4上施加电流 I 时，如在 z 方向不加磁场，检流计不显示任何偏转，这说明1、2两点是等电位的。若在 z 方向加上磁场 B，检流计立即偏转，这说明1、2两点间产生了电势差。霍尔从实验中总结发现这个电势差与电流 I 及磁感应强度 B 均成正比，与板的厚度 d 成反比，即

$$U_H = R\frac{IB}{d} \tag{3-4-1}$$

式中，U_H叫作霍尔电压；R 叫作霍尔系数。该式也可由洛伦兹力知识推导得到。

考虑一块宽度为 b、厚度为 d、长度为 l 的较长的空穴型半导体霍尔元件，如图3-4-2所示。设控制电流 I 沿从电极3到电极4的方向流过该元件，如果元件内的载流子电荷为 e，平均迁移速度为 u，则载流子在磁场中受到的洛伦兹力的大小为

$$F_B = euB \tag{3-4-2}$$

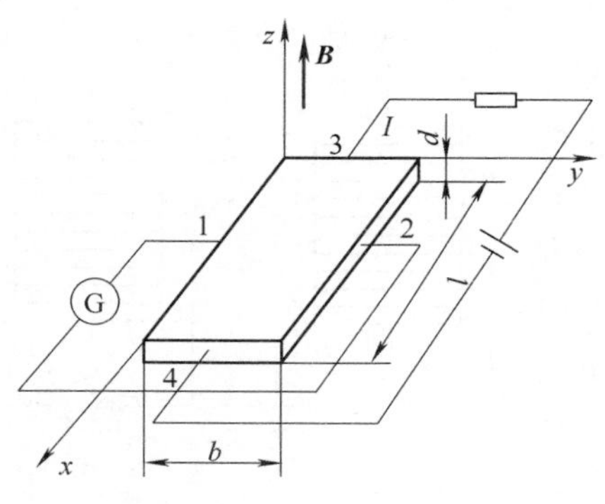

图 3-4-1　霍尔效应装置示意图

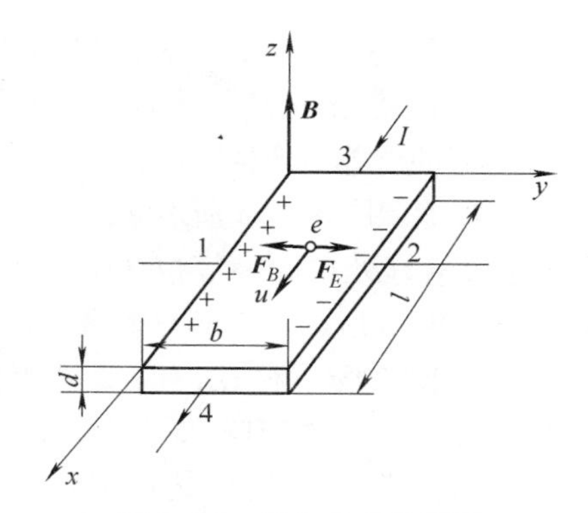

图 3-4-2　霍尔效应的解释

在此洛伦兹力的作用下，载流子发生偏移，产生电荷积累，从而形成一横向电场 E，电场对载流子产生一个方向和 $\boldsymbol{F}_B$ 相反的静电力 $\boldsymbol{F}_E$，其大小为

$$F_E = eE \tag{3-4-3}$$

F_E 阻碍着电荷的进一步堆积，最后达到平衡状态时有 $F_B = F_E$，即 $euB = eE = eU_H/b$。于是 1、2 两电极间的电势差为

$$U_H = ubB \tag{3-4-4}$$

电流 I 与载流子浓度 n、载流子电荷 e、迁移速度 u 及霍尔片的截面积 bd 之间的关系为 $I = neubd$，故

$$U_H = \frac{IB}{ned} \tag{3-4-5}$$

和式（3-4-1）相比较，可知霍尔系数

$$R = \frac{1}{ne}$$

为了方便，式（3-4-1）通常写成

$$B = \frac{U_H}{K_H I} \tag{3-4-6}$$

式中，比例系数 K_H 称为霍尔元件灵敏度，它表示该元件在单位磁感应强度和单位控制电流时霍尔电压的大小。从式（3-4-6）可知：如果霍尔元件的灵敏度 K_H 已知，用仪器测出 U_H 和 I，就可以算出磁感应强度 B，从而完成磁场的测量。

在推导公式（3-4-6）时，是完全从理想情况出发的，但实际情况要复杂得多。在实际应用中，伴随霍尔效应还经常存在其他效应。例如由于实际上载流子迁移速度 u 服从统计分布规律，速度小的载流子受到的洛伦兹力小于霍尔电场的作用力，将向霍尔电场作用力方向偏转，速度大的载流子受到的洛伦兹力大于霍尔电场的作用力，将向洛伦兹力方向偏转。这样使得一侧高速载流子较多，相当于温度较高，另一侧低速载流子较多，相当于温度较低，这种横向的温差就产生温差电动势，这种现象称为埃廷豪森效应。

此外，在使用霍尔元件时还存在不等位电动势引起的误差。产生原因是由于工艺上的困难，不可能像图3-4-3a所表示的那样，使1、2两个电极恰好处在同一等位线上，实际情况可能如图3-4-3b所示。因而只要霍尔片中有电流流过，即使磁场不存在，1、2两点间也会出现电势差。这种效应叫不等位效应。

这些效应都将产生系统性的误差，实验时应该设法消除。

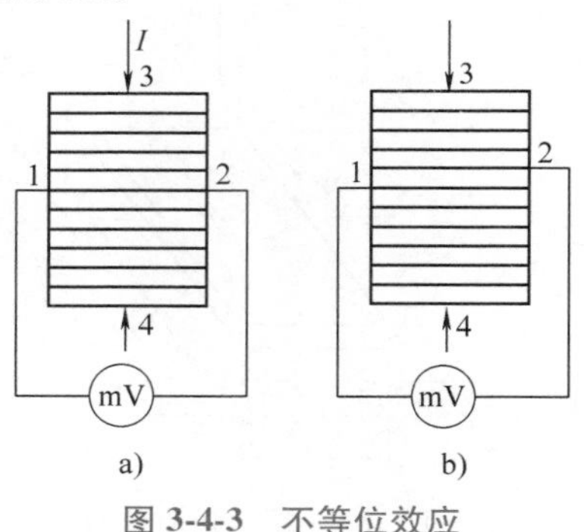

图3-4-3 不等位效应

【实验内容与步骤】

1. 仪器连接：将螺线管磁场装置与螺线管磁场测试仪电路连接好。

2. 测量霍尔电压 U_H。验证在 B 不变和室温情况下 U_H 与 I 是否成正比。作 U_H-I 曲线。

3. 测量螺线管中心处的磁场。要求测出励磁电流 I_M 分别为 0.000A，0.100A，0.200A，0.300A，0.400A，0.500A，0.600A 时螺线管中心处的磁场，并作出 B-I_M 曲线。

【注意事项】

1. 绝不允许将测试仪上的励磁电流“I_M 输出”错接到“工作电流”处，也不可错接到“霍尔电压”处，否则，一旦通电，霍尔元件会立即被烧毁。

2. 霍尔元件质脆，引线的接头细小，容易损坏，旋进旋出时，操作动作要轻缓。

3. 注意不等位效应的观察，设法消除它对测量结果的影响。

4. 仪器开机前应将两个电流调节旋钮逆时针旋到底，使其输出电流趋于最小状态，然后开机。

5. 关机前，应将两个电流调节旋钮逆时针旋到底，使其输出电流趋于最小状态，然后关机。

【思考题】

1. 试述产生霍尔效应的机理。

2. 在磁场测量过程中为什么要保持 I 的大小不变？

3. 如何观察不等位效应？如何消除它对测量带来的影响？

4. 能否用霍尔元件测量交变磁场？

实验 3-5　心电图机技术指标的测定

【实验目的】

1. 学会心电图机的使用方法，为临床应用打下基础。
2. 学会测量心电图机的技术指标，鉴定心电图机的性能。

【实验器材】

XD—7100 单道心电图机、秒表、直尺、记录纸、导联线。

【实验原理与仪器描述】

心电图机是一种记录心电势随时间变化的精密医用电子仪器。它能把微弱的心电信号（电流约为 1μA 左右，电压约为 1～2mV）加以放大和记录，是心脏病诊断中不可缺少的重要仪器，也是对微循环系统的生理和病理现象进行研究的重要仪器之一。

各种心电图机尽管功能不同，结构和组成部分也有区别，但它们描记心电图的原理都是相同的，它主要由导联选择器、1mV 标准信号源、电压放大器（包括前级放大和后级放大）、功率放大器、记录装置、走纸装置和电源组成，如图 3-5-1 所示。

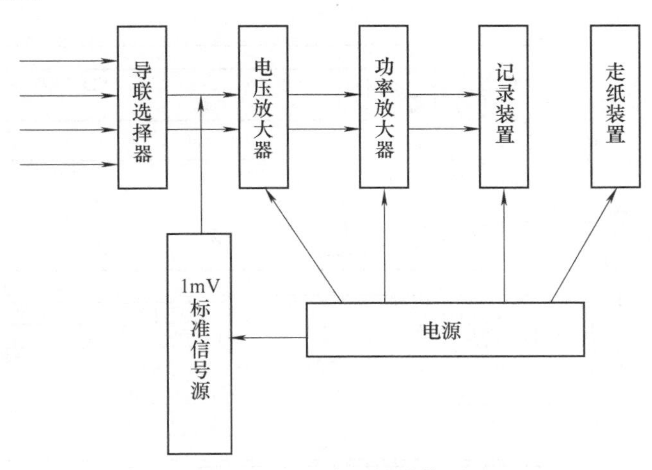

图 3-5-1　心电图机结构图

在记录心电图时，必须将从左手、右手等部分取得的微弱心电信号通过各种导联，将其输入电压放大器进行电压放大，然后再输入功率放大器进行功率放大，使其具有足够的功率，这样在输入记录器后就可推动记录器中的描笔，使描笔按心电信号的规律进行摆动，描笔下记录纸在匀速移动时，就可留下随时间变化的波形——心电图。

另外，用心电图进行诊断时，所描绘出来的心电图要有一个统一的标准，作出的波形才能比较，才有诊断价值。为了统一标准，心电图机设有1mV的标准信号源。在描记心电图之前，首先应改变描笔的位置，使其停留在记录纸的中央，同时给电压放大器数入1mV的标准信号。调节增益电位器，使描笔正好在心电图纸上打出10个小格（每小格为1mm），则在纵坐标上每毫米代表0.1mV，它就是纵坐标的分度值。这一过程称为定标。

XD—7100单道心电图机（图3-5-2~图3-5-4）有一根导联线，10只导联电极，分别为红、黄、绿、黑、白共5种颜色。当记录心电图时，红线接右手，黄线接左手，绿线接左脚，黑线接右脚，6根白线接在胸前相应部位。通过导联选择器的选择，心电信号经导联线输入放大器，经放大和记录后就可得到这一导联的一段心电图。心电图机的面板布局随机型而异，现以XD—7100单道心电图机为例，说明如下。

K_1：导联选择键（LEAD SELECTOR）。按动[←]键或[→]键，选择所需导联，可左移或右移。一般有标准导联 $\overline{\text{I}}$、$\overline{\text{II}}$、$\overline{\text{III}}$，单级加压肢体导联 $\alpha\overline{V}_R$、$\alpha\overline{V}_L$、$\alpha\overline{V}_F$ 和胸导联 $\overline{V}_1$、$\overline{V}_2$、$\overline{V}_3$、$\overline{V}_4$、$\overline{V}_5$、$\overline{V}_6$ 等。人体的心电信号经导联选择键输入到电压放大器。

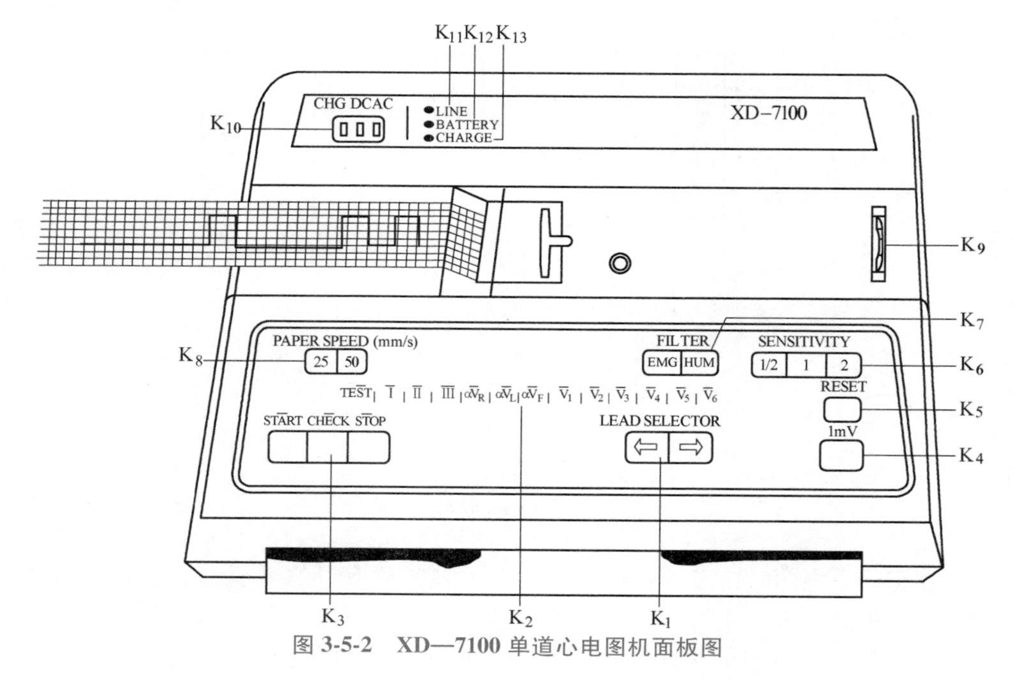

图 3-5-2 XD—7100 单道心电图机面板图

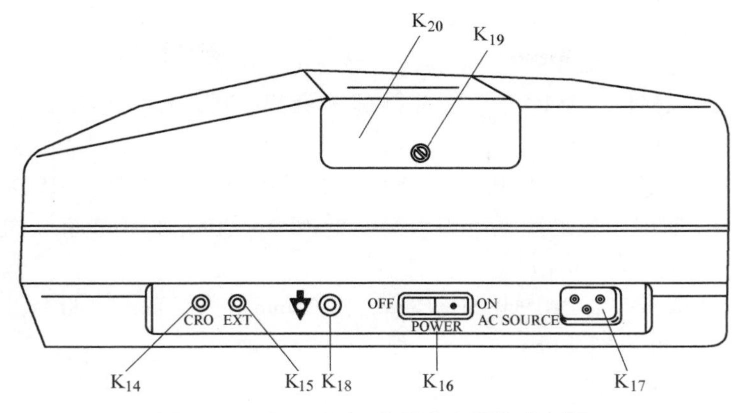

图 3-5-3　XD—7100 单道心电图机右侧图

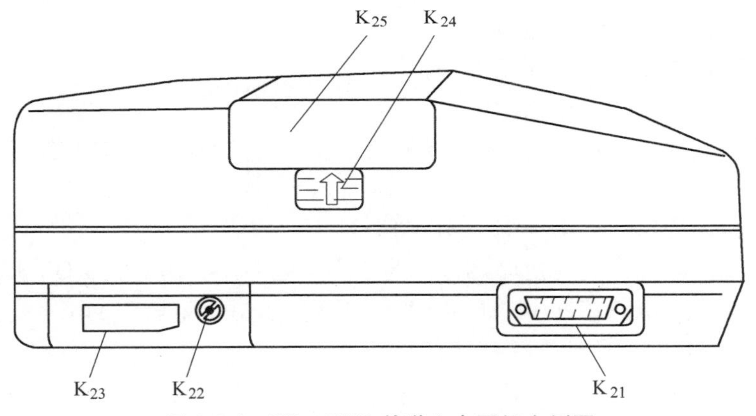

图 3-5-4　XD—7100 单道心电图机左侧图

K_2：导联指示灯。当按动导联选择键时，所选的导联指示灯发光，显示当时所处的导联位置（由 13 只 LED 组成）。

K_3：记录键也称为三用键（由 START、CHECK、STOP 三个键组成）。控制传动走纸及记录装置，记录键的工作状态如表 3-5-1 所示。

表 3-5-1　记录键的工作状态

按动键名称	记　录　纸	记 录 描 笔	描笔（冷、热）
准备键（STOP）	停	停	预热
观察键（CHECK）	停	工作	预热
起动键（START）	走	工作	加热

K_4：定标键。控制 1mV 电压信号通断以供作标准电压用，可以用来校准心

电图机的增益。

K_5：复位健（RESET）。封闭输入信号使记录装置停止摆动。

K_6：增益选择键，又称灵敏度选择键（SENSITIVITY）。由1/2、1、2三键组成，其中1为标准增益。

K_7：滤波控制键（FILTER）。由HUM和EMG两个键组成，HUM交流干扰抑制键，EMG肌电干扰抑制键。当有交流干扰时，可按动HUM键，而人体肌电干扰强烈时，可按动EMG键。

K_8：纸速选择键（PAPER SPEED）。由25mm/s及50mm/s两个键组成，其中25mm/s为标准走纸速度。

K_9：基线控制旋钮。改变记录描笔位置。

K_{10}：电源选择开关。AC为交流电源接通；DC为电池电源接通；CHG为电池充电。

K_{11}：交流电指示灯（LINE）。

K_{12}：电池指示灯（BATTERY）。

K_{13}：充电指示灯（CHARGE）。

K_{14}：输出插口（CRO），输出经放大后的心电信号，可接外部设备的心电输入端。

K_{15}：输入插口（EXI），输入外来信号。

K_{16}：交流电源开关（POWER），通断交流电源用，OFF关，ON开。

K_{17}：交流电源插座（AC SOURCE），通过三芯电源线与市电相接，电源应安全可靠，应有保护接地，并接地良好。

K_{18}：接地端子（等电位端子），连接地线，将本机接地。

K_{19}：记录盖板螺钉。

K_{20}：记录盖板。

K_{21}：导联输入插座。

K_{22}：电池盒盖板螺钉。

K_{23}：电池盒盖板。

K_{24}：记录纸盒盖按钮。

K_{25}：记录纸盒盖。

心电图机的性能好坏，直接影响临床诊断效果，为防误诊，应对心电图机的技术指标进行测量。心电图机的技术指标如下。

一、**增益**（灵敏度）

心电图机要描记微弱的心电信号，在记录前就必须将心电信号放大，增益就是心电图机的放大倍数。心电图机的增益一般在5000~7500倍。当心电图机输入1mV标准信号时，经放大后记录波形振幅为10mm，对应的增益为5000倍。若记录的波形的振幅为15mm，对应的增益为7500倍。

二、阻尼

心电图机记录器的构造和普通电表相似。心电图机的描笔相当于电表的指针，当电流流过电表时，电表指针并不是马上就指向相应的电流值位置上，而是以一定的频率在该位置的左右振荡。同时当电流流过心电图机记录器时，描笔也会产生这种振荡，但心电图机不允许描笔按本身的振荡频率振荡，因为这样会造成描记出来的心电波形失真。为此，我们把抵消描笔按自身振荡频率而振动的作用叫作阻尼。当心电图机的阻尼过大时，则心电图上微小波形的幅值降低，甚至描绘不出来；而当阻尼过小时，心电图上的尖峰波（如 R 或 S 波）幅值会增加。因此，心电图机的阻尼必须正常，才能保证波形不失真。图 3-5-5 为不同阻尼下的标准信号波形。

阻尼大小与描笔压在纸带上的压力大小、描笔温度，以及阻尼调节电路元件等因素有关。

图 3-5-5　不同阻尼下的标准信号波形

三、噪声和漂移

心电图机在放大心电信号的同时，也会把内部元件及外界干扰产生的无规则信号放大，使描笔描出的基线上下摆动并有微小的抖动。基线缓慢地上下摆动称为漂移，微小的抖动称为噪声，如图 3-5-6 所示。心电图机在没有信号输入时，所产生的噪声和漂移在记录纸上不会反映出来。

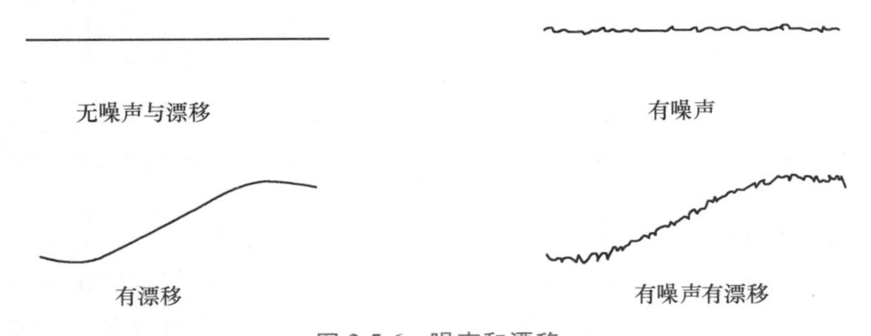

图 3-5-6　噪声和漂移

四、记录速度

利用心电图机进行诊断时所得的心电图，是记录在坐标纸上的。纵坐标为心电势变化的大小；横坐标表示时间，其每小格所代表的时间由走纸速度决定。一般心电图机有两种走纸速度：25mm/s、50mm/s，此时横坐标每小格代表的时间分别为0.04s、0.02s。如果走纸速度不准，则会因为产生时间误差而失去诊断价值。走纸速度误差应在2%~5%。

五、放大器的对称性

心电图机对于等幅正、负信号的放大倍数应该是相等的。我们把心电图机对等幅正、负信号放大倍数的比值，叫作放大器的对称性。放大器对称性的好坏，会影响心电图的诊断价值。一台好的心电图机其放大器的对称性应为1∶1，基线在记录纸中心线附近时对称，基线偏上或偏下工作时也应对称。质量较差的心电图机，一般在基线偏上时，往往是向上的振幅小于向下的振幅，而基线偏下时则相反。但是，振幅相差都不应大于1.5mm，如图3-5-7所示。

六、时间常数

心电图机的放大器在输入直流信号时，其输出端信号的幅值是随时间而逐渐下降的，幅值下降的速度与电路的时间常数有关，时间常数越大，幅值下降越慢；反之，则越快。电路的时间常数$\tau=RC$，其中R和C都是阻容耦合放大器耦合元件的参数。心电图机中的时间常数的数值，就是在输入直流信号时，输出波形的幅值自100%下降到37%左右所需要的时间，如图3-5-8所示。这个时间常数一般应大于1.5s。若时间常数过小，幅值下降就过快，甚至会使输入信号为方波时，输出信号变为尖峰波，这就会使心电波有失真现象。时间常数越大，表示低频特性越好。但时间常数太大，基线稳定性会变差，一般值为1.5~3.5s。

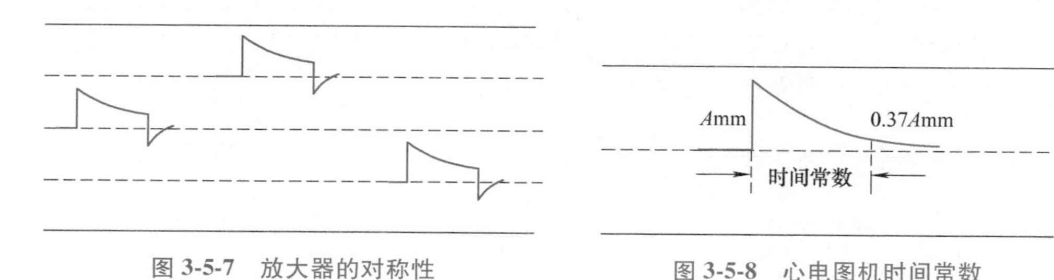

图3-5-7 放大器的对称性

图3-5-8 心电图机时间常数

七、频率特性

心电波形不是简单的正弦波形，而是由很多不同频率、不同振幅的正弦信号合成的。要使心电图的诊断有意义，心电图机的放大器对各种不同频率的正弦波都必须具有相同的放大能力。但实际上由于电路中电子元件的非线性结构本身的限制，放大器对不同频率的信号其放大能力是不同的。我们把放大器对不同频率信号具有不同放大能力的特点，经常用输出波形的振幅随信号频率变化的关系曲线来表示，称它为频率响应特性。在输入相同幅值信号时，输出波形的振幅随信号的频率变化的曲线称为频率特性曲线，如图 3-5-9 所示。在测试频率范围内，频率特性曲线越平坦越好。

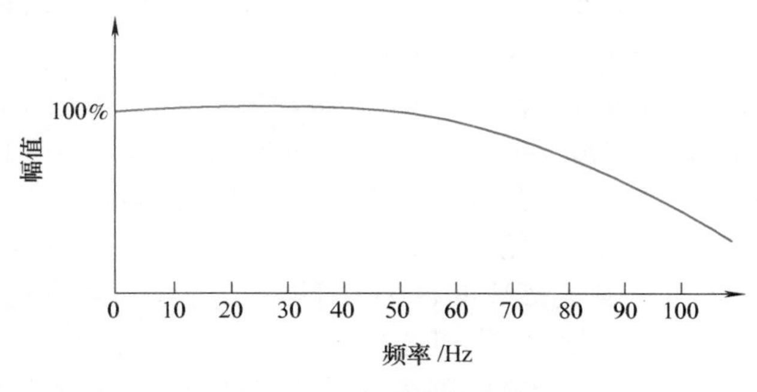

图 3-5-9　频率特性曲线

【实验内容与步骤】

一、测量前准备

1. 插入电源线，接好地线，打开电源开关。

2. 电源选择开关置“AC 交流”，此时面板上应有下列指示灯亮：K_2 中“TEST”、K_3 中“STOP”、K_6 中“1”、K_8 中“25”、K_{11} 交流电指示灯（LINE）。

3. 仪器预热 5min 后开始调整：

（1）调节基线控制旋钮 K_9，改变描笔位置，使之停留在记录纸中央位置附近。

（2）按记录键 K_3 中的“CHECK”键，此时“CHECK”灯亮。

（3）重复按定标键 K_4，描笔应上下摆动。

（4）打开记录纸盒盖 K_{25}，装入记录纸，拉出 5cm 左右，再把盒盖沿导槽放入（注意记录纸不要装斜），按下记录纸盒盖到锁定为止。

（5）按动记录键 K_3 中的“START”键，此时“START”灯亮，记录纸按 25mm/s 的速度走动，描笔在记录纸上描绘出线条。观察笔温是否正常，若描迹淡或过浓时，可用旋具调节记录盖板 K_{20} 下的“TEMP”（笔温）电位器，使之正常。然后按动记录键 K_3 中的“STOP”键，此时“STOP”灯亮。

二、测量心电图机的技术指标

1. 观察阻尼

按动 K_3 中的“START”键，开始走纸。按 K_4 键做打标试验，连续打出 3~5 个波，然后按 K_3 中的“CHECK”键，停止走纸。从打出的方波上观察阻尼是否正常。如不正常，调节描笔的压紧螺钉和笔温或电路中元件的参数使之正常。

2. 测量走纸速度、放大倍数，观察噪声和漂移

按动 K_3 中的“START”键，开始走纸，重新按下 K_4 键做打标试验，注意在打第一个方波时起动秒表记录时间，约 5s 左右停表，停表同时再打一个方波，然后按动 K_3 中的“CHECK”键，停止走纸。

从打出的方波振幅可知增益，1mV 标准信号输入时，若记录的方波振幅为 10mm，则放大倍数有 5000 倍；若记录的方波振幅为 A(mm)，则放大倍数为 $(A/10)\times5000$ 倍，且要求实测的放大倍数应大于或等于 5000 倍。

从记录纸上还可看到：从第一个方波开始点到第二个方波开始点之间，若经过 L 所用的时间为 t，则走纸速度 $v=L/t$ 可测出。本实验若测出的走纸速度在 23. 8～26. 2mm · s^{-1}之间，则表示纸速正常。

在走纸过程中，从第一个方波到第二个方波之间，没有加其他信号，此段可观察是否有噪声和漂移。将测量结果和观察情况填入表 3-5-2。

3. 测量放大器的对称性及时间常数

调节基线控制旋钮 K_9，使描笔位于记录纸中线上。(然后用旋具调节记录盖板下的增益电位器“GAIN”，同时打标，直至描笔振幅为 10mm 为止，本实验该步不做)。按动 K_3 中的“START”键走纸，按住 K_4 键不松手，描笔向上打出波形，当描笔回到原基线位置（附近）时，立即松手，这时描笔向下跳动。待描笔再回画出一小段斜线后，将 K_3 中的“CHECK”键按下，停止走纸。分别调节 K_9，将描笔调至中心线以上 8～10mm 和中线以下 8～10mm 处，用同样的方法可绘出基线偏上和基线偏下时的对称曲线，如图 3-5-7 所示。从对称曲线上可测出向上振幅和向下振幅的幅值，填入表 3-5-3 中。若向上振幅与向下振幅之差的绝对值≤1. 5mm，则表示放大器对称性符合要求。

从基线在中心线上的对称曲线可测出时间常数。若测出振幅从 A（mm）下降到 0. 37A（mm），所经过的毫米数为 N，则时间常数 $\tau=0.04N$(s)。将测量结果和计算结果填入表 3-5-3 中 。

4. 测量频率特性（本实验暂时不做）

将音频信号发生器的输出线，接心电图机的导联线的红、黄两线，使输出 1. 5mV（用真空管毫伏表来校正）正弦波信号。按动导联选择开关到“I”，则音频信号发生器的输出信号接入心电图机，改变输出信号频率，使其为 10Hz，20Hz,…,70Hz，将各信号频率及在记录纸上的波幅记录下来，填入表 3-5-4 中，并画出频率特性曲线。

【注意事项】

1. 按 K_4(1mV) 键时不要用力按，否则容易损坏按钮。
2. 按秒表时，不要用力过度，否则容易损坏秒表。

【实验数据记录与处理】

表 3-5-2　增益、噪声和漂移、阻尼、走纸速度记录表

<table>
<tr><th colspan="2">增　　益</th><th colspan="2">噪声和漂移</th><th rowspan="3">阻　　尼</th><th colspan="3">走 纸 速 度</th></tr>
<tr><td>方波振幅 /mm</td><td rowspan="2">放大倍数</td><td rowspan="2">噪声</td><td rowspan="2">漂移</td><td>时间 /s</td><td>走纸长度 /mm</td><td>走纸速度 /(mm · s^{-1})</td></tr>
<tr><td></td><td>t=</td><td>L=</td><td>v=</td></tr>
<tr><td colspan="8">心电图笔迹剪纸</td></tr>
</table>

表 3-5-3　放大器的对称性及时间常数记录表

<table>
<tr><td rowspan="6">放大器的对称性</td><td rowspan="2">基线在中心</td><td>向上振幅 A_1 /mm</td><td></td><td rowspan="2">$|A_1-A_2|$ =</td><td rowspan="6">时间常数</td><td rowspan="3">经过的毫米数
N=____ mm</td></tr>
<tr><td>向下振幅 A_2 /mm</td><td></td></tr>
<tr><td rowspan="2">基线偏上</td><td>向上振幅 A_1 /mm</td><td></td><td rowspan="2">$|A_1-A_2|$ =</td></tr>
<tr><td>向下振幅 A_2 /mm</td><td></td><td rowspan="3">时间常数
$\tau=0.04N$
=____ s</td></tr>
<tr><td rowspan="2">基线偏下</td><td>向上振幅 A_1 /mm</td><td></td><td rowspan="2">$|A_1-A_2|$ =</td></tr>
<tr><td>向下振幅 A_2 /mm</td><td></td></tr>
<tr><td colspan="7">心电图笔迹剪纸</td></tr>
</table>

表 3-5-4　测量频率特性记录表

频率/Hz	5	10	20	30	40	50	60	70
波幅/mm								
心电图笔迹剪纸								

结果处理：心电图机的技术指标测量完毕后，分别将描记的七项指标的心电图笔迹纸取出，并贴在实验报告上，根据测量结果，对心电图机的性能给出结论。

【思考题】

1. 临床上使用心电图机前，为何要事先进行鉴定（即进行技术指标鉴定）？
2. 心电图机由哪几部分组成？
3. 心电图机的技术指标有哪些？怎样判断这些指标是否正常？

4. 心电图为一平面曲线。在直角坐标系中，其纵坐标表示什么物理量？横坐标表示什么物理量？纵坐标、横坐标的分度值（即坐标轴上每小格代表的物理量的大小）是由什么来确定的？

【附录】 热笔偏转式记录装置的基本结构和工作原理

如图3-5-10所示，在笔电机中有一永久磁铁，在磁铁的两个弧形磁极N、S之间固定着一个圆柱形铁心A，矩形线圈安装在A的轴上，可绕轴偏转，描笔与线圈连在一起。当有电流通过时，线圈受到电磁力矩作用，带动描笔偏转一定角度，描笔的笔尖部分就在支承架上面的纸上，沿刃口描绘出长为L的直线。L的长度与线圈中的电流成正比。

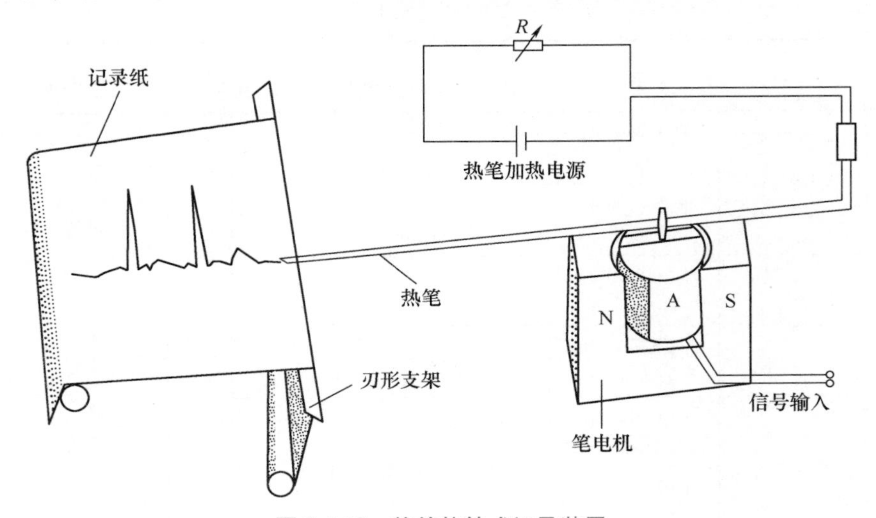

图3-5-10　热笔偏转式记录装置

描笔是由一根空心的细金属管制成的，管内前端装有电阻丝，通电后描笔变热，该笔就叫作热笔。当温度较高的热笔在涂有一层蜡膜的记录纸上描记时，笔尖接触处的蜡膜被熔化，从而露出黑色的底色。这种记录纸叫作热敏纸。

描记时，描笔下面的记录纸带是以适当的速度移动的，移动的方向表示x轴，即时间轴，移动的距离表示时间。笔尖横向（即沿y轴）移动，在纸带上留下的就是信号强弱随时间变化的波形。

热笔式记录装置主要用在心电图机上。记录纸移动的速度为25mm/s或50mm/s。可同时进行1~4支笔的描记。心电图机按照可以同时记录的导联数目，分为单道心电图机和多道心电图机。

顺便指出，热笔的温度要适当，温度过低会使描迹的边缘不清楚，难以辨认。温度过高会使记录纸局部炭化或燃烧，长时间过热会因散热不良而将热笔烧坏。热笔的温度调节器通常是一个可变电阻器，调节可变电阻器就可以改变热笔的电源电压，达到调节笔温的目的。

实验 3-6　干涉法测微小量

【实验目的】

1. 掌握读数显微镜的调节和使用方法。
2. 观察了解牛顿环的干涉图样，学会利用牛顿环仪测平凸透镜的曲率半径。
3. 掌握利用光的干涉原理检验光学元件表面几何特征的方法。

【实验原理】

光的干涉现象表明了光的波动性质，若将同一点光源发出的光分成两束，让它们各经不同路径后再相会在一起，当光程差小于光源的相干长度时，一般都会产生干涉现象。干涉现象在科学研究和工业技术上有着广泛的应用，如测量光波的波长，精确地测量长度、厚度和角度，检验试件表面的光洁度，研究机械零件内应力的分布以及在半导体技术中测量硅片上氧化层的厚度等。

一、用牛顿环测平凸透镜的曲率半径

牛顿环装置是由一块曲率半径较大的平凸玻璃透镜，以其凸面放在一块光学玻璃平板（平晶）上构成的，如图 3-6-1 所示。平凸透镜的凸面与玻璃平板之间的空气层厚度从中心到边缘逐渐增加，若以平行单色光垂直照射到牛顿环上，则经空气层上、下表面反射的两光束存在光程差，它们在平凸透镜的凸面相遇后，将发生干涉。从透镜上看到的干涉花样是以玻璃接触点为中心的一系列明暗相间的圆环，称为牛顿环。由于同一干涉环上各处的空气层厚度是相同的，因此它属于等厚干涉。

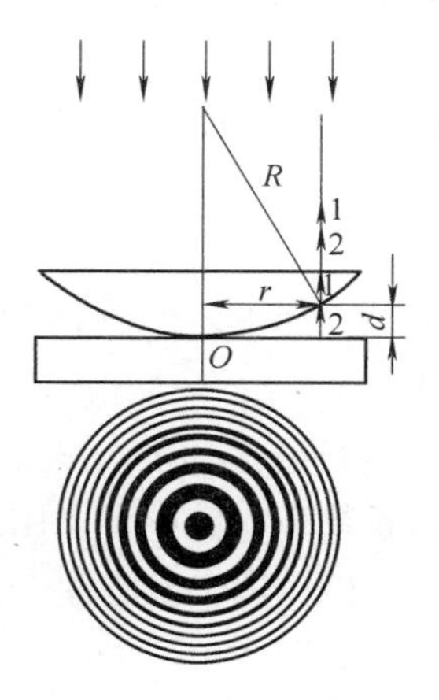

图 3-6-1　牛顿环干涉条纹的形成

由图 3-6-1 可见，如设透镜的曲率半径为 R，与接触点 O 相距为 r 处空气层的厚度为 d，其几何关系式为

$$R^2=(R-d)^2+r^2$$
$$=R^2-2Rd+d^2+r^2$$

由于 $R \gg d$，可以略去 d^2，得

$$d=\frac{r^2}{2R} \tag{3-6-1}$$

光线应是垂直入射的，计算光程差时还要考虑光波在平玻璃板上反射会有半波损失，从而带来 $\lambda/2$ 的附加程差，所以总程差为

$$\Delta=2d+\frac{\lambda}{2} \tag{3-6-2}$$

产生暗环的条件是

$$\Delta=(2k+1)\frac{\lambda}{2} \tag{3-6-3}$$

式中，$k=0,1,2,3,\cdots$为干涉暗条纹的级数。综合式（3-6-1）、式（3-6-2）和式（3-6-3）可得第k暗环的半径为

$$r_k^2=kR\lambda \tag{3-6-4}$$

由式（3-6-4）可知，如果单色光源的波长λ已知，测出第m级的暗环半径r_m，即可得出平凸透镜的曲率半径R；反之，如果R已知，测出r_m后，就可计算出入射单色光波的波长λ。但是用此测量关系式往往误差很大，原因在于凸面和平面不可能是理想的点接触，接触压力会引起局部形变，使接触处成为一个圆形平面，干涉环中心为一暗斑。或者空气间隙层中有了尘埃，附加了光程差，干涉环中心为一亮（或暗）斑，均无法确定环的几何中心。实际测量时，我们可以通过测量距中心较远的两个暗环的直径的平方差来计算曲率半径R。

为此，我们将式（3-6-4）作一变换，将式中的k换成m、半径r_m换成直径D_m，则有

$$D_m^2=4mR\lambda \tag{3-6-5}$$

对第$m+n$个暗环，有

$$D_{m+n}^2=4(m+n)R\lambda \tag{3-6-6}$$

将式（3-6-5）和式（3-6-6）相减，再展开整理后有

$$R=\frac{D_{m+n}^2-D_m^2}{4n\lambda} \tag{3-6-7}$$

可见，如果我们测得第m个暗环及第$m+n$个暗环的直径D_m、D_{m+n}，就可由式（3-6-7）计算透镜的曲率半径R了。

经过上述的公式变换，避开了难测的量r_m和m，从而提高了测量的精度，这是物理实验中常采用的方法之一。

二、劈尖的等厚干涉测细丝直径

如图3-6-2所示，两片叠在一起的玻璃片，在它们的一端夹一直径待测的细丝，于是两玻璃片之间形成了一空气劈尖。当用单色光垂直照射时，如前所述，会产生干涉现象。因为光程差相等的地方是平行于两玻璃片交线的直线，所以等厚干涉条纹是一组明暗相间、平行于交线的直线。

设入射光波长为λ，则由式（3-6-2）及式（3-6-3），得第m级暗纹处空气劈尖的厚度

$$d=m\frac{\lambda}{2} \tag{3-6-8}$$

由式（3-6-8）可知，$m=0$时，$d=0$，即在两玻璃片交线处，为零级暗条纹。

如果在细丝处呈现 $m=N$ 级条纹，则待测细丝直径 $d=N\dfrac{\lambda}{2}$。

具体测量时，常用劈尖盒，盒内装有两片叠在一起的玻璃片，在它们的一端夹一细丝，于是两玻璃片之间形成一空气劈尖，如图 3-6-2 所示，使用时木盒切勿倒置或将玻璃片倒出，以免细丝位置变动，给测量带来误差。

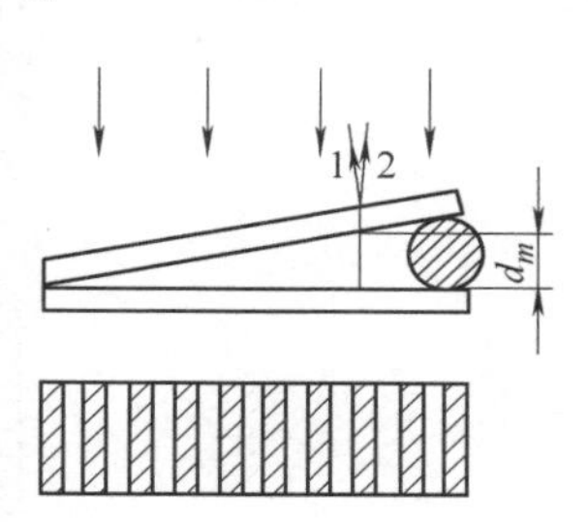

图 3-6-2　劈尖干涉条纹的形成

三、利用干涉条纹检验光学表面面形

检查光学平面的方法通常是将光学样板（平面平晶）放在被测平面上，在样板的标准平面与待测平面之间形成一个空气薄膜。当单色光垂直照射时，通过观测空气膜上的等厚干涉条纹即可判断被测光学表面的面形。

1. 待测表面是平面

两表面一端夹一极薄垫片，形成一楔形空气膜，如果干涉条纹是等距离的平行直条纹，则被测平面是精确的平面，如图 3-6-3a 所示；如果干涉条纹如图 3-6-3b 所示，则表明待测表面中心沿 *AB* 方向有一柱面形凹痕。因为凹痕处的空气膜的厚度较其两侧平面部分厚，所以干涉条纹在凹痕处弯向膜层较薄的 *A* 端。

2. 待测表面呈微凸球面或微凹球面

将平面平晶放在待测表面上，可看到同心圆环状的干涉条纹，如图 3-6-4 所示。用手指在平晶上表面中心部位轻轻一按，如果干涉圆环向中心收缩，表明面形是凹面；如果干涉圆环从中心向边缘扩散，则面形是凸面。这种现象可解释为：当手指向下按时，空气膜变薄，各级干涉条纹要发生移动，以满足式（3-6-2）。

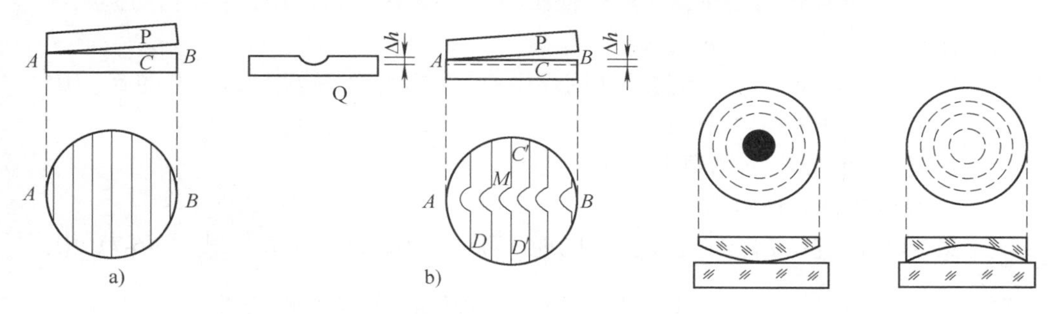

图 3-6-3　球面面形的干涉条纹　　图 3-6-4　球面面形的干涉条纹

【实验内容与步骤】

一、测平凸透镜的曲率半径

1. 观察牛顿环

（1）将牛顿环仪按图 3-6-5 所示位置放置在读数显微镜镜筒和入射光调节木

架的玻璃片的下方，木架上的透镜要正对着钠光灯窗口，调节玻璃片角度，使通过显微镜目镜观察时的视场最亮。

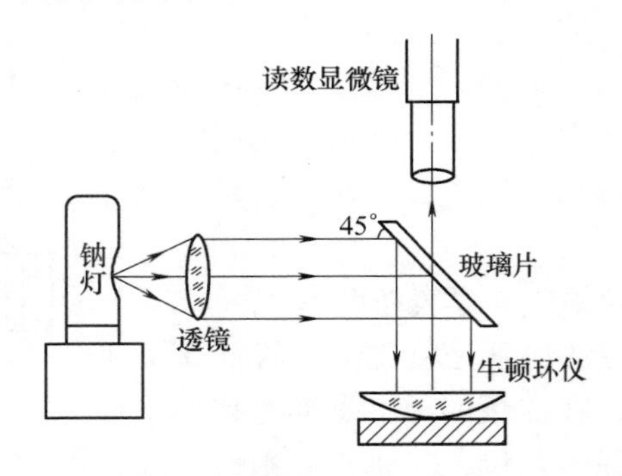

图 3-6-5　观测牛顿环实验装置

（2）调节目镜，看清目镜视场的十字叉丝后，使显微镜筒下降到接近玻璃片，然后缓慢上升，直到观察到干涉条纹，再微调玻璃片角度及显微镜，使条纹更清楚。

2. 测牛顿环直径

（1）使显微镜的十字叉丝交点与牛顿环中心重合，并使水平方向的叉丝与标尺平行（与显微镜筒移动方向平行）。

（2）移动显微镜测微鼓轮，使显微镜筒沿一个方向移动，同时数出十字叉丝竖丝移过的暗环数，直到竖丝与第 35 环相切为止。

（3）反向转动鼓轮，当竖丝与第 30 环相切时，记录读数显微镜上的位置读数 d_{30}，然后继续转动鼓轮，使竖丝依次与第 25、20、15、10、5 环相切，顺次记下读数 d_{25}、d_{20}、d_{15}、d_{10}、d_5。

（4）继续转动鼓轮，越过干涉圆环中心，记下竖丝依次与另一边的 5、10、15、20、25、30 环相切时的读数 d'_5、d'_{10}、d'_{15}、d'_{20}、d'_{25}、d'_{30}。

重复测量两次，共测两组数据。

3. 用逐差法处理数据

第 30 环的直径 $D_{30}=|d_{30}-d'_{30}|$，同理，可求出 $D_{25},D_{20},\cdots,D_5$，式（3-6-7）中，取 $n=15$，求出$\overline{D^2_{m+15}-D^2_m}$，代入式（3-6-7）计算 R，求 R 的标准差。

二、测细丝直径

1. 观察干涉条纹

将劈尖盒放在曾放置牛顿环的位置，同前法调节，观察到干涉条纹，使条纹最清晰。

2. 测量

（1）调整显微镜及劈尖盒的位置，当转动测微鼓轮使镜筒移过时，十字叉丝的竖丝要保持与条纹平行。

（2）在劈尖玻璃面的三个不同部分，测出 20 条暗纹的总长度 Δl，测三次求其平均值及单位长度的干涉条纹数 $n=\dfrac{20}{\Delta l}$。

（3）测劈尖两玻璃片交线处到夹细线处的总长度 L，测三次，求平均值。

（4）由式（3-6-8），求细丝直径

$$d=N\frac{\lambda}{2}=Ln\frac{\lambda}{2}=L\frac{20}{\Delta l}\frac{\lambda}{2}$$

三、检查玻璃表面面形并做定性分析

在标准表面和受检表面正式接触之前，必须先用酒精清洗，再用抗静电的刷子把清洗之后残余的灰尘小粒刷去。待测玻璃放在黑绒上，受检表面要朝上，再轻轻放上平面平晶。在单色光或水银灯垂直照射下观察干涉条纹的形状，判断被检表面的面形。如果看不到干涉条纹，主要原因是两接触表面不清洁，还附有灰尘颗粒所致，应再进行清洁处理。

平面平晶属高精度光学元件，注意使用规则。

【注意事项】

1. 牛顿环仪、透镜和显微镜的光学表面不清洁时，要用专门的擦镜纸轻轻揩拭。

2. 测量显微镜的测微鼓轮在每一次测量过程中只能向一个方向旋转，中途不能反转。

3. 当用镜筒对待测物聚焦时，为防止损坏显微镜物镜，正确的调节方法是使镜筒移离待测物（即提升镜筒）。

【思考题】

1. 参见图 3-6-6，从空气膜上下表面反射的光线相遇在 D 处发生相干，其光程差为

$$\Delta=AB+BC+CD-DA+\frac{\lambda}{2}$$

为什么可仿照式（3-6-2）写成

$$\Delta=2\delta+\frac{\lambda}{2}$$

2. 牛顿环的中心级次是多少？是亮斑还是暗斑？你实验用的牛顿环中心是亮还是暗，为什么？

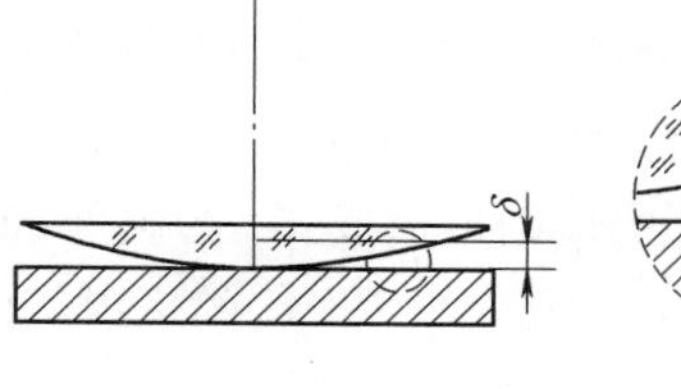

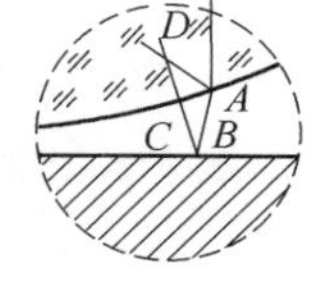

图 3-6-6　相干光的程差

实验 3-7 迈克尔逊干涉仪

【实验目的】

1. 了解迈克尔逊干涉仪的原理、结构和调节方法。
2. 观察非定域干涉条纹，测量 He-Ne 激光的波长。

【实验原理】

迈克尔逊干涉仪是美国物理学家迈克尔逊（A. A. Michelson）为测量光速，依据分振幅产生双光束实现干涉的原理精心设计的干涉测量装置。迈克尔逊干涉仪设计精巧、应用广泛，许多现代干涉仪都是由它衍生发展出来的。

一、迈克尔逊干涉仪的结构和原理

迈克尔逊干涉仪的原理如图 3-7-1 所示，图中 M_1 和 M_2 是在相互垂直的两臂上放置的两个平面反射镜，其中 M_1 是固定的，M_2 由精密丝杆控制，可沿臂轴前、后移动，移动的距离由刻度转盘（由粗读和细读 2 组刻度盘组合而成）读出。在两臂轴线相交处，有一块与两轴成 45° 角的平行平面玻璃板 G_1，它的第二个平面上镀有半透（半反射）的银膜，以便将入射光分成振幅接近相等的反射光（1）和透射光（2），故 G_1 又称为分光板。G_2 也是平行平面玻璃板，与 G_1 平行放置，厚度和折射率均与 G_1 相同。由于它补偿了光线（1）和（2）因穿越 G_1 次数不同而产生的光程差，故称为补偿板。

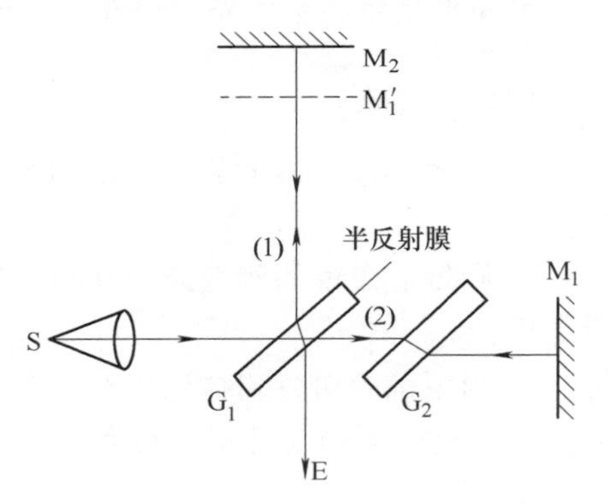

图 3-7-1 迈克尔逊干涉仪的原理图

从扩展光源 S 射来的光在 G_1 处分成两部分，反射光（1）经 G_1 反射后向着 M_2 前进，透射光（2）透过 G_1 向着 M_1 前进，这两束光分别在 M_2、M_1 上反射后逆着各自的入射方向返回，最后都到达 E 处。因为这两束光是相干光，因而在 E 处的观察者就能够看到干涉条纹。

由 M_1 反射回来的光波在分光板 G_1 的第二面上反射时，如同平面镜反射一样，使 M_1 在 M_2 附近形成 M_1 的虚像 M_1'，因而光在迈克尔逊干涉仪中自 M_2 和 M_1 的反射相当于自 M_2 和 M_1' 的反射。由此可见，在迈克尔逊干涉仪中所产生的干涉与空气薄膜所产生的干涉是等效的。

当 M_2 和 M_1' 平行时（此时 M_1 和 M_2 严格互相垂直），将观察到环形的等倾干涉条纹。一般情况下，M_1 和 M_2 形成一空气劈尖，因此将观察到近似平行的干涉条纹（等厚干涉条纹）。

二、点光源产生的非定域干涉

一个点光源 S 发出的光束经干涉仪的等效薄膜表面 M_1 和 M_2'反射后，相当于由两个虚光源 S_1、S_2 发出的相干光束（见图 3-7-2）。若原来空气膜厚度（即 M_1 和 M_2'之间的距离）为 h，则两个虚光源 S_1 和 S_2 之间的距离为 $2h$，显然只要 M_1 和 M_2'（即 M_2）足够大，在点光源同侧的任一点 P 上，总能有 S_1 和 S_2 的相干光线相交，从而在 P 点处可观察到干涉现象，因而这种干涉是非定域的。

若 P 点在某一条纹上，则由 S_1 和 S_2 到达该条纹任意点（包括 P 点）的光程差 Δ 是一个常量，故 P 点所在的曲面是旋转双曲面，旋转轴是 S_1、S_2 的连线，显然，干涉图样的形状和观察屏的位置有关。当观察屏垂直于 S_1、S_2 的连线时，干涉图是一组同心圆。下面我们利用图 3-7-3 推导 Δ 的具体形式。

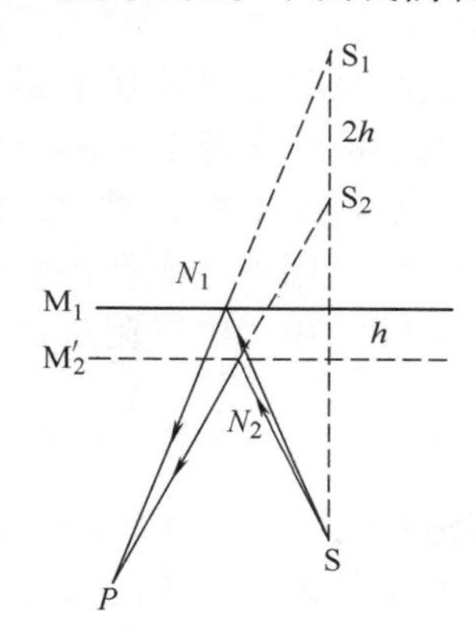

图 3-7-2 点光源的薄膜干涉

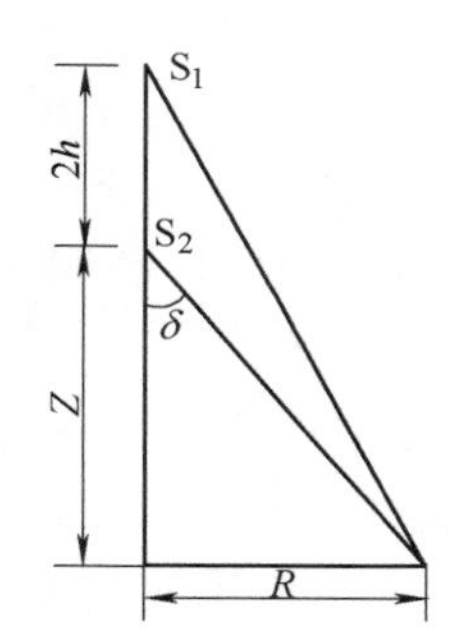

图 3-7-3 薄膜干涉计算示意图

光程差

$$\Delta=\sqrt{(Z+2h)^2+R^2}-\sqrt{Z^2+R^2}$$

$$=\sqrt{Z^2+R^2}\left[\left(1+\frac{4Zh+4h^2}{Z^2+R^2}\right)^{\frac{1}{2}}-1\right]$$

把小括号内展开，则

$$\Delta=\sqrt{Z^2+R^2}\left[\frac{1}{2}\left(\frac{4Zh+4h^2}{Z^2+R^2}\right)-\frac{1}{8}\left(\frac{4Zh+4h^2}{Z^2+R^2}\right)^2+\cdots\right]$$

$$\approx\frac{2hZ}{\sqrt{Z^2+R^2}}\left[\frac{Z^3+ZR^2+R^2h-2h^2Z-h^3}{Z(Z^2+R^2)}\right]$$

$$=2h\cos\delta\left[1+\frac{h}{Z}\sin^2\delta-\frac{2h^2}{Z^2}\cos^2\delta-\frac{h^3}{Z^3}\cos^2\delta\right]$$

由于 $h \ll Z$，所以

$$\Delta = 2h\cos\delta\left(1+\frac{h}{Z}\sin^2\delta\right) \tag{3-7-1}$$

从式（3-7-1）可以看出，在 $\delta=0$ 处，光程差有极大值，即中心处干涉级次最高。如果中心处是亮的，则 $\Delta_1=2h_1=m\lambda$。若改变光程差，使中心处仍是亮的，则 $\Delta_2=2h_2=(m+n)\lambda$，我们得到

$$\Delta h = h_2-h_1=\frac{1}{2}(\Delta_2-\Delta_1)=\frac{1}{2}n\lambda \tag{3-7-2}$$

即 M_1 和 M_2 之间的距离每改变半个波长，其中心就“生出”或“消失”一个圆环。两平面反射镜之间的距离增大时，中心就“吐出”一个个圆环。反之，距离减小时中心就“吞进”一个个圆环，同时条纹之间的间隔（即条纹的稀疏）也发生变化。由式（3-7-2）可知，只要读出干涉仪中 M_1 移动的距离 Δh 和数出相应吞进（或吐出）的环数就可求得波长。

把点光源换成扩展光源，扩展光源中各点光源是独立的、互不相干的，每个点光源都有自己的一套干涉条纹。在无穷远处，扩展光源上任两个独立光源发出的光线，只要入射角相同，都会会聚在同一干涉条纹上。因此，在无穷远处就会见到清晰的等倾条纹。当 M_1 和 M'_2 不平行时，用点光源在小孔径接收的范围内，或光源离 M_1 和 M'_2 较远，或光是正入射时，在“膜”附近都会产生等厚条纹。

三、条纹的可见度

使用绝对的单色光源，当干涉光的光程差连续改变时，条纹的可见度一直是不变的。如果使用的光源包含两种波长 λ_1 及 λ_2，且 λ_1 和 λ_2 相差很小，当光程差为 $L=m\lambda_1=\left(m+\frac{1}{2}\right)\lambda_2$（其中 m 为正整数）时，两种光产生的条纹为重叠的亮纹和暗纹，使得视野中条纹的可见度降低，若 λ_1 与 λ_2 的光的亮度相同，则条纹的可见度为零，即看不清条纹了。

再逐渐移动 M_1 以增加（或减小）光程差，可见度又逐渐提高，直到 λ_1 的亮条纹与 λ_2 的亮条纹重合，暗条纹与暗条纹重合，此时可看到清晰的干涉条纹，再继续移动 M_1，可见度又下降，在光程差 $L+\Delta L=(m+\Delta m)\lambda_1=\left(m+\Delta m+\frac{3}{2}\right)\lambda_2$ 时，可见度最小（或为零）。因此，从某一可见度为零的位置到下一个可见度为零的位置，其间光程差变化为 $\Delta L=\Delta m\cdot\lambda_1=(\Delta m+1)\lambda_2$。化简后得

$$\Delta\lambda=\frac{\lambda_1\lambda_2}{\Delta L}=\frac{\lambda^2}{\Delta L} \tag{3-7-3}$$

式中，$\Delta\lambda=|\lambda_1-\lambda_2|$；$\lambda=\frac{\lambda_1+\lambda_2}{2}$。利用式（3-7-3）可测出钠黄光双线的波长差。

四、时间相干性问题

时间相干性是光源相干程度的一个描述。为简单起见，以入射角 $i=0$ 作为例子，讨论相距为 d 的薄膜上、下两表面反射光的干涉情况。这时两束光的光程差 $L=2d$，干涉条纹清晰。当 d 增加某一数值 d'后，原有的干涉条纹变成模糊一片，$2d'$就叫作相干长度，用 L_m表示。相干长度除以光速 c，是光走过这段长度所需的时间，称为相干时间，用 t_m表示。不同的光源有不同的相干长度，因而也有不同的相干时间。对于相干长度和相干时间的问题有两种解释。一种解释是认为实际发射的光波不可能是无穷长的波列，而是有限长度的波列，当波列的长度比两路光的光程差小时，一路光已通过了半反射镜，另一路还没有到达，这时它们之间就不可能发生干涉，只有当波列长度大于两路光的光程差时，两路光才能在半反射镜处相遇发生干涉，所以波列的长度就表征了相干长度。另一种解释认为：实际光源发射的光不可能是绝对单色的，而是有一个波长范围，用谱线宽度来表示。现假设"单色光"的中心波长为 λ_0，谱线宽度为 $\Delta\lambda$，也就是说"单色光"是由波长为 $\lambda_0-\dfrac{\Delta\lambda}{2}$到 $\lambda_0+\dfrac{\Delta\lambda}{2}$之间所有的波长组成的，各个波长对应一套干涉花纹。随着距离 d 的增加，$\lambda_0+\dfrac{\Delta\lambda}{2}$和 $\lambda_0-\dfrac{\Delta\lambda}{2}$之间所形成的各套干涉条纹就逐渐错开了，当 d 增加到使两者错开一条条纹时，就看不到干涉条纹了，这时对应的 $2d'=L_m$，就叫作相干长度。由此我们可以得到 L_m与 λ_0及 $\Delta\lambda$ 之间的关系为

$$L_m=\frac{\lambda_0^2}{\Delta\lambda} \tag{3-7-4}$$

波长差 $\Delta\lambda$ 越小，光源的单色性越好，相干长度就越长，所以上面两种解释是完全一致的。相干时间 t_m则用下式表示：

$$t_m=\frac{L_m}{c}=\frac{\lambda_0^2}{c\Delta\lambda} \tag{3-7-5}$$

钠光灯所发射的谱线为589.0nm 与589.6nm，相干长度有2cm。He-Ne 激光器所发出的激光单色性很好，其632.8nm 的谱线，$\Delta\lambda$ 只有 $10^{-7}\sim10^{-4}$nm，相干长度长达几米到几千米。对白光而言，其 $\Delta\lambda$ 和 λ 是同一数量级，相干长度为波长数量级，仅能看到级数很小的几条彩色条纹。

五、透明薄片折射率（或厚度）的测量

1. 白光干涉条纹

干涉条纹的明暗决定于光程差与波长的关系，用白光光源，只有在 $d=0$ 的附近才能在 M_1、M_2'交线处看到干涉条纹，这是对各种光的波长来说，其光程差均为 $\lambda/2$（反射时附加 $\lambda/2$），故产生直线黑纹，即所谓的中央条纹，两旁有对称分布的彩色条纹。d 稍大时，因对各种不同波长的光，满足明暗条纹的条件不同，所产生的干涉条纹明暗互相重叠，结果就显不处条纹来。只有用白光才能

判断出中央条纹，利用这一点可定出 $d=0$ 的位置。

2. 固体透明薄片折射率或厚度的测定

当视场中出现中央条纹之后，在 M_1 与 A 之间放入折射率为 n、厚度为 l 的透明物体，则此时光程差要比原来增大

$$\Delta L=2l(n-1)$$

因而中央条纹移出视场范围，如果将 M_1 向 A 前移 d，使 $d=\frac{\Delta L}{2}$，则中央条纹就会重新出现，测出 d 及 l，可由式

$$d=l(n-1) \tag{3-7-6}$$

求出折射率 n。

【实验内容与步骤】

1. 观察非定域干涉条纹。

（1）打开 He-Ne 激光器，使激光束基本垂直 M_2 面，在光源前放一小孔光阑，调节 M_2 上的三个螺钉（有时还需调节 M_1 后面的三个螺钉），使从小孔出射的激光束，经 M_1 与 M_2 反射后在毛玻璃上看到两排光点一一重合。

（2）去掉小孔光阑，换上短焦距透镜而使光源成为发散光束，当两束光的光程差不太大时，在毛玻璃屏上可观察到干涉条纹，轻轻调节 M_2 后的螺钉，应出现圆心基本在毛玻璃屏中心的圆条纹。

（3）转动鼓轮，观察干涉条纹的形状、疏密及中心“吞”“吐”条纹随光程差的改变而变化的情况。

2. 测量 He-Ne 激光的波长。

采用非定域的干涉条纹测波长。缓慢移动微动手轮，移动 M_1 以改变 h，利用式（3-7-2）可算出波长，中心每“生出”或“吞进”50 个条纹，记下对应的 h 值。n 的总数要不小于 500 条，用适当的数据处理方法求出 λ 值。

（对以下实验内容，具体的测量方法和步骤均不给出，要求同学们在预习过程中书面写出。）

3. 测钠黄光波长及钠黄光双线的波长差，观察条纹可见度的变化。

4. 测量钠光的相干长度，观察氦氖激光的相干情况（不必测出相干长度）。

5. 调节观察白光干涉条纹，测透明薄片的折射率。

【思考题】

1. 测 He-Ne 激光波长时，要求 n 尽可能大，这是为什么？对测得的数据应采用什么方法进行处理？

2. 从图 3-7-1 中看，如果把干涉仪中的补偿板 G_2 去掉，会影响哪些测量？哪些测量不受影响？

实验 3-8 偏振光的研究

【实验目的】

1. 观察光的偏振现象，加深对偏振光的了解。
2. 掌握产生和检验偏振光的原理和方法。

【实验器材】

He-Ne 激光器、偏振片、波片、玻璃片和支架。

【实验原理】

光是横波，它的振动方向与光的传播方向垂直。自然光的振动在垂直于其传播方向的平面内取所有可能的方向，某一方向振动占优势的光叫部分偏振光，只在某一个固定方向振动的光线叫线偏振光或平面偏振光。

将非偏振光（如自然光）变成线偏振光的方法称为起偏，用以起偏的装置或元件叫起偏器。

一、平面偏振光的产生

1. 非金属表面的反射和折射

光线斜射向非金属的光滑平面（如水、木头、玻璃等）时，反射光和折射光都会产生偏振现象，偏振的程度取决于光的入射角及反射物质的性质。当入射角是某一数值而反射光为线偏振光时，该入射角叫起偏角。起偏角的数值 α 与反射物质的折射率 n 的关系是

$$\tan\alpha = n \tag{3-8-1}$$

式（3-8-1）称为布儒斯特定律，如图 3-8-1 所示。根据此式，可以简单地利用玻璃起偏，也可以用于测定物质的折射率。从空气入射到介质，一般起偏角在 53°到 58°之间。

图 3-8-1 布儒斯特定律示意图

非金属表面反射的线偏振光的振动方向总是垂直于入射面的，透射光是部分偏振光。使用多层玻璃组合成的玻璃堆，能得到很好的透射线偏振光，其振动方向平行于入射面。

2. 偏振片

分子型号的偏振片是利用聚乙烯醇塑胶膜制成的，它具有梳状长链形结构的分子，这些分子平行地排列在同一方向上。这种胶膜只允许垂直于分子

排列方向的光振动通过，因而产生线偏振光，如图3-8-2所示。分子型偏振片的有效起偏范围几乎可达到180°，用它可得到较宽的偏振光束，是常用的起偏元件。

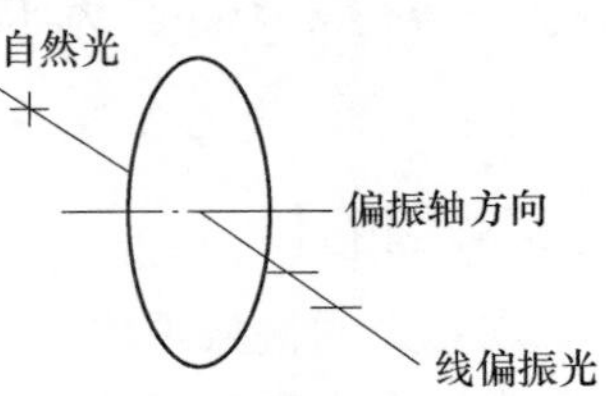

图3-8-2 偏振光的产生

鉴别光的偏振状态叫检偏，用作检偏的仪器或元件叫检偏器。偏振片也可作检偏器使用。自然光、部分偏振光和线偏振光通过偏振片时，在垂直光线传播方向的平面内旋转偏振片时，可观察到不同的现象：旋转检偏器，光强不变，为自然光；旋转检偏器，无全暗位置，但光强变化，为部分偏振光；旋转检偏器，可找到全暗位置，为线偏振光。

二、圆偏振光和椭圆偏振光的产生

平面偏振光垂直入射晶片，如果光轴平行于晶片的表面，会产生比较特殊的双折射现象。这时，非常光e和寻常光o的传播方向是一致的，但速度不同，因而从晶片出射时会产生相位差

$$\delta=\frac{2\pi}{\lambda_0}(n_o-n_e)d \tag{3-8-2}$$

式中，λ_0表示单色光在真空中的波长；n_o和n_e分别为晶体中o光和e光的折射率；d为晶片厚度。

（1）如果由晶片的厚度产生的相位差为$\delta=\frac{1}{2}(2k+1)\pi, k=0,1,2,\cdots$，这样的晶片称为1/4波片。平面偏振光通过1/4波片后，透射光一般是椭圆偏振光：设入射平面偏振光的振动面与1/4波片光轴的交角为α，当$\alpha=\pi/4$时，则为圆偏振光；当$\alpha=0$或$\pi/2$时，椭圆偏振光退化为平面偏振光。由此可知，1/4波片可将平面偏振光变成椭圆偏振光或圆偏振光；反之，它也可将椭圆偏振光或圆偏振光变成平面偏振光。

（2）如果由晶片的厚度产生的相差为$\delta=(2k+1)\pi, k=0,1,2,\cdots$，这样的晶片称为半波片（或1/2波片）。如果入射平面偏振光的振动面与半波片光轴的交角为α，则通过半波片后的光仍为平面偏振光，但其振动面相对于入射光的振动面转过2α角。

三、平面偏振光通过检偏器后光强的变化

强度为I_0的平面偏振光通过检偏器后的光强I_θ为

$$I_\theta=I_0\cos^2\theta \tag{3-8-3}$$

式中，θ为平面偏振光偏振面和检偏器主截面的夹角。式（3-8-3）为马吕斯（Malus）定律，它表示改变角可以改变透过检偏器的光强。

当起偏器和检偏器的取向使得通过的光量极大时，称它们为平行（此时$\theta=0°$）。当二者的取向使系统射出的光量极小时，称它们为正交（此时$\theta=90°$）。

【实验内容与步骤】

一、起偏

将激光束投射到屏上，在激光束中插入一偏振片，使偏振片在垂直于光束的平面内转动，观察透射光光强的变化。

二、消光

在第一块偏振片和屏之间加入第二块偏振片，将第一块偏振片固定，在垂直于光束的平面内旋转第二块偏振片，观察现象。

三、三块偏振片的实验

使两块偏振片处于消光位置，再在它们之间插入第三块偏振片，这时观察第三块偏振片在什么位置时光强最强，在什么位置时光强最弱。

四、布儒斯特定律

（1）如图 3-8-3 所示，在旋转平台上垂直固定一平板玻璃，先使激光束平行于玻璃板，然后使平台转过 θ 角，形成反射和透射光束。

（2）使用检偏器检验反射光的偏振态，并确定检偏器上偏振片的偏振轴方向。

（3）测出起偏角 α，按式（3-8-1），计算出玻璃的折射率。

五、圆偏振光和椭圆偏振光的产生

（1）如图 3-8-4 所示，调整偏振片 A 和 B 的位置使通过的光消失，然后插入一片 1/4 波片 C_1。（注意：使光线尽量穿过元件中心）

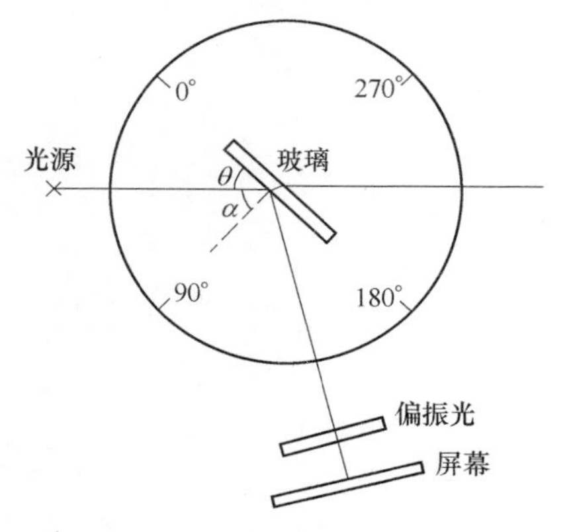

图 3-8-3 布儒斯特定律实验示意图

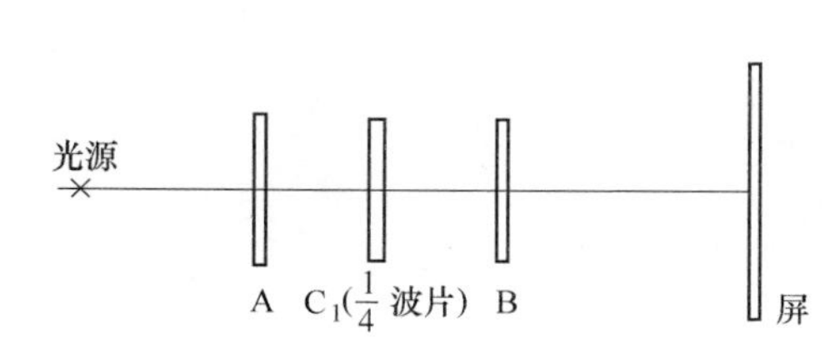

图 3-8-4 产生圆偏振光和椭圆偏振光示意图

（2）以光线为轴先转动 C_1 消光，然后使 B 转 360°观察现象。

（3）再将 C_1 从消光位置转过 30°、45°、60°、75°、90°，以光线为轴每次都将 B 转 360°观察，将上面几次实验的情况记录在表 3-8-1 中。

表 3-8-1 实验数据、现象记录

C_1 转角	转动B时观察现象	经 C_1 后光的偏振态	简 要 理 由
0°			
30°			
45°			
60°			
75°			
90°			

六、圆偏振光、自然偏振光与椭圆偏振光和部分偏振光的区别

由偏振理论可知，一般能够区别开线偏振光和其他状态的光，但用一片偏振片是无法将圆偏振光与自然光、椭圆偏振光与部分偏振光区别开的，如果再提供一片1/4波片 C_2 加在检偏的偏振片前，就可以鉴别出它们。

按上述步骤，再在实验装置上增加一片1/4波片 C_2，观察并记录现象。

【思考题】

1. 两片1/4波片组合，能否做成半波片？
2. 在确定起偏角时，找不到全消光的位置，请根据实验条件分析原因。

实验 3-9 弗兰克-赫兹实验

【实验目的】

测量氩原子的第一激发电位，从而证明原子分立态的存在。

【实验器材】

FD—FH—Ⅰ型弗兰克-赫兹实验仪、CS—4125A 型示波器。

【实验原理】

1914 年，弗兰克（J. Frank）和赫兹（G. Herz）用电子碰撞原子的方法，观察测量到了汞的激发电位和电离电位，从而证明了原子能级的存在，为前一年玻尔发表的原子结构理论的假说提供了有力的实验证据。由于这一著名的实验，他们获得了 1925 年的诺贝尔物理学奖。他们的实验至今仍是探索原子结构的重要手段之一。

本实验用来测量氩原子的第一激发电位。通过这一实验，可以了解弗兰克和赫兹研究气体放电现象中低能电子与原子间相互作用的实验思想和方法，电子与原子碰撞的微观过程是怎样与实验中的宏观量相联系的，并可以用于研究原子内部的能量状态与能量交换的微观过程。

根据玻尔理论，原子只能较长久地停留在一些稳定状态（即定态），其中每一状态对应于一定的能量值，各定态的能量是分立的，原子只能吸收或辐射相当于两定态间能量差的能量。如果处于基态的原子要发生状态改变，所具备的能量不能少于原子从基态跃迁到第一激发态时所需要的能量。弗兰克-赫兹实验是通过具有一定能量的电子与原子碰撞，进行能量交换而实现原子从基态到高能态的跃迁。

设 E_2 和 E_1 分别为原子的第一激发态和基态能量。初动能为零的电子在电位差 U_0 的电场作用下获得能量 eU_0，如果

$$eU_0=\frac{1}{2}m_e v^2=E_2-E_1$$

那么当电子与原子发生碰撞时，原子将从电子获取能量而从基态跃迁到第一激发态。相应的电位差就称为原子的第一激发电位。

弗兰克-赫兹实验原理如图 3-9-1 所示。充氩气的弗兰克-赫兹管中，电子由热阴极发出，阴极 K 和栅极 G_1 之间的加速电压 U_{G_1} 使电子加速，在板极 P 和栅极 G_2 之间有减速电压 U_p。当电子通过栅极 G_2 进入 G_2P 空间时，如果能量大于 eU_p，就能到达板极形成电流 I_p。电子在 G_1G_2 空间与氩原子发生非弹性碰撞，电

子本身剩余的能量小于 eU_p，则电子不能到达板极，板极电流将会随着栅极电压的增加而减少。实验时使 U_{G_2}逐渐增加，观察板极电流的变化将得到如图 3-9-2 所示的 I_p-U_{G_2}曲线。

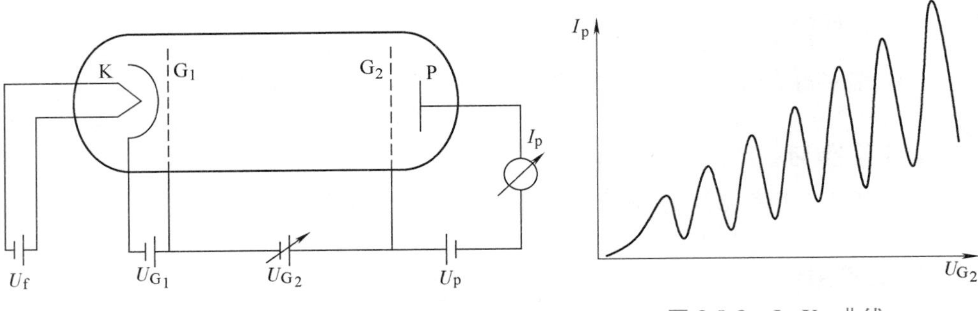

图 3-9-1 弗兰克-赫兹实验原理图

图 3-9-2 I_p-U_{G_2}曲线

随着 U_{G_2}的增加，电子的能量增加，当电子与氩原子碰撞后仍留下足够的能量，可以克服 G_2P 空间的减速电场而到达板极时，板极电流又开始上升。如果电子在加速电场得到的能量等于 $2\Delta E$，则电子在 G_1G_2 空间会因二次非弹性碰撞而失去能量，结果板极电流第二次下降。

在加速电压较高的情况下，电子在运动过程中，将与氩原子发生多次非弹性碰撞，在 I_p-U_{G_2}关系曲线上就表现为多次下降。对氩原子来说，曲线上相邻两峰（或谷）之间的 U_{G_2}之差，即为氩原子的第一激发电位。这就证明了氩原子能量状态的不连续性。

【FD—FH—Ⅰ型弗兰克-赫兹实验仪】

1. 弗兰克-赫兹实验管（F-H 管）。

F-H 管为实验仪的核心部件。F-H 管采用间热式阴极、双栅极和板极的四极形式，各极均为圆筒状。这种 F-H 管内充氩气，玻璃封装。电性能及各电极与其他部件的连接如图 3-9-1 所示。

2. F-H 管电源组。

提供 F-H 管各电极所需的工作电压。性能如下：

（1）灯丝电压 U_f，直流 1.3~5V，连续可调；

（2）栅极 G_1-阴极间电压 U_{G_1}，直流 0~6V，连续可调；

（3）栅极 G_2-阴极间电压 U_{G_2}，直流 0~90V，连续可调。

3. 扫描电源和微电流放大器。

扫描电源提供可调直流电压或输出锯齿波电压作为 F-H 管电子加速电压。直流电压供手动测量，锯齿波电压供示波器显示、X-Y 函数记录仪和微机用。微电流放大器用来检测 F-H 管的板流 I_p。性能如下：

（1）具有“手动”和“自动”两种扫描方式：“手动”输出直流电压，0~90V，连续可调；“自动”输出 0~90V 锯齿波电压，扫描上限可以设定。

（2）扫描速率分“快速”和“慢速”两挡；“快速”是周期约为 20 次/s 的锯齿波，供示波器和微机用；“慢速”是周期约为 0.5 次/s 的锯齿波，供 X-Y 函数记录仪用。

（3）微电流放大测量范围为 10^{-9}A、10^{-8}A、10^{-7}A、10^{-6}A 四挡。

4. 弗兰克-赫兹实验值 I_p和 U_{G_2}分别用三位半数字表头显示。另设端口供示波器、X-Y 函数记录仪及微机显示或者直接记录 I_p-U_{G_2}曲线的各种信息。

5. 面板及功能（见图 3-9-3）如下。

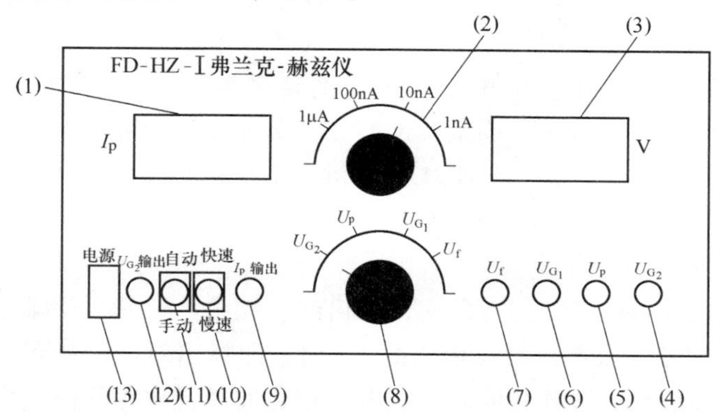

图 3-9-3 弗兰克-赫兹实验仪仪器面板图

（1）I_p显示表头：I_p实际值=表头示值×指示挡。

（2）I_p微电流放大器量程选择开关：分 1μA、100nA、10nA、1nA 四挡。

（3）数字电压表头：与 8 相关，可以分别显示 U_f、U_{G_1}、U_p、U_{G_2}的值，其中 U_{G_2}值为表头示值×10V。

（4）U_{G_2}电压调节旋钮。

（5）U_p电压调节旋钮。

（6）U_{G_1}电压调节旋钮。

（7）U_f电压调节旋钮。

（8）电压示值选择开关：可以分别选择 U_f、U_{G_1}、U_p、U_{G_2}。

（9）I_p输出端口：接示波器 Y 端、X-Y 函数记录仪 Y 端或者计算机接口的电流输入端。

（10）U_{G_2}扫描速率选择开关：“快速”挡供接示波器观察 I_p-U_{G_2}曲线或计算机用，“慢速”挡供 X-Y 记录仪用。

（11）U_{G_2}扫描方式选择开关：“自动”挡供示波器、X-Y 函数记录仪或计算机用，“手动”挡供手测记录数据用。

（12）U_{G_2}输出端口：接示波器X轴、X-Y记录仪X轴或计算机接口电压输入用。

（13）电源开关。

【实验内容与步骤】

1. 用示波器观察I_p-U_{G_2}曲线。

（1）将F-H实验仪主机正面板上的"I_p输出"和"U_{G_2}输出"分别与示波器上的"CH1"（Y）和"CH2"（X）相连，打开电源开关。

（2）把扫描开关调至"自动"挡，扫描速度开关调至"快速"，把I_p电流增益波段开关拨至"10nA"。

（3）打开示波器的电源开关，并分别将"X""Y"电压调节旋钮调至"1V"和"2V"，"POSION"调至"X-Y"，"交直流"全部打到"DC"。

（4）分别调节U_{G_1}、U_f、U_p电压至主机上部厂商标定的数值，将U_{G_2}调节至最大；此时，可以在示波器上观察到稳定的氩的I_p-U_{G_2}曲线。

2. 手动测量I_p-U_{G_2}曲线。

（1）将扫描开关拨至"手动"挡，调节U_{G_2}至最小，然后逐渐增大其值，寻找I_p值的极大和极小值点，以及相应的U_{G_2}值，即找出对应的极值点（U_{G_2}, I_p），也即I_p-U_{G_2}关系曲线中波峰和波谷的位置，相邻波峰或波谷的横坐标之差就是氩的第一激发电位。

（2）每隔1V记录一组数据，列出表格，然后绘出氩的I_p-U_{G_2}关系曲线图。

3. 计算氩原子的第一激发电位。已知氩原子的第一激发电位的理论值为13.1V。

【注意事项】

1. 仪器应该检查无误后才能接通电源。开关电源前应先将各电位器逆时针旋转至最小值位置。

2. 灯丝电压不宜过大，一般在2V左右，如电流偏小再适当增加。

3. 要防止F-H管击穿（电流急剧增大）。如发生击穿应立即调低U_{G_2}，以免F-H管受损。

4. F-H管为玻璃制品，不耐冲击，应重点保护。

5. 实验完毕，应将各电位器逆时针旋转至最小值位置。

【思考题】

1. 什么是原子的第一激发电位？它与临界能量有什么关系？

2. 灯丝电压的改变对F-H实验有何影响？对第一激发电位有何影响？

3. 由于有接触电势差存在，因此第一个峰值不在11.55V，那么，它会影响第一激发电位的值吗？

4. 如何测定较高能级的激发电位或电离电位？

5. 如何计算本实验中氩原子辐射的波长？

【附录】

表 3-9-1 几种元素的第一激发电位

元素名称	钠（Na）	钾（K）	氩（Ar）	镁（Mg）	氖（Ne）	汞（Hg）
第一激发电位/V	2.12	1.63	11.55	3.20	18.6	4.90

实验 3-10　光电效应及普朗克常量测定

【实验目的】

1. 加深对光电效应和光的量子性的理解。
2. 学习验证爱因斯坦光电效应方程的实验方法，并测定普朗克常量。

【实验器材】

普朗克常量测定仪（套）。

【实验原理】

一、光电效应与爱因斯坦方程

以适当频率的光照射在金属表面上，有电子从表面逸出的现象称为光电效应。观察光电效应的实验如图 3-10-1 所示。GD 为光电管，K 为光电管阴极，A 为光电管阳极，G 为微电流计，V 为数字电压表，R 为滑线变阻器。调节 R 可使 A、K 之间获得从 $-U$ 到 $+U$ 连续变化的电压。当光照射光电管阴极时，阴极释放出的光电子在电场的作用下向阳极迁移，并且在回路中形成光电流。光电效应有如图 3-10-2 所示的实验规律。

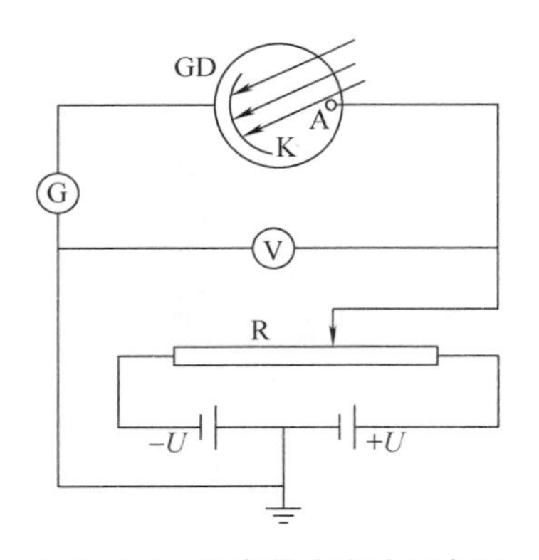

图 3-10-1　光电效应实验示意图

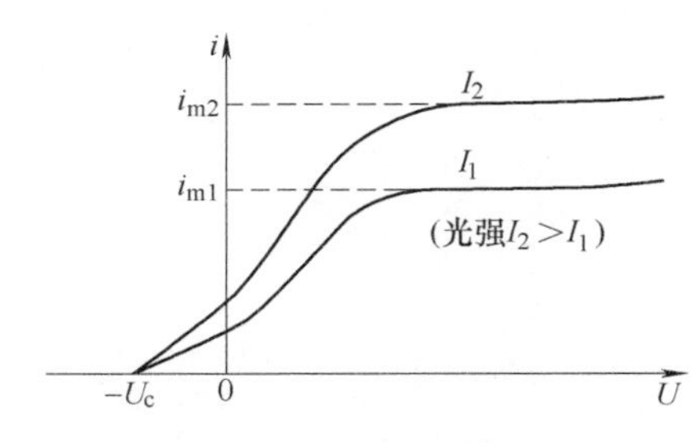

图 3-10-2　光电管伏安特性

（1）光强一定时，随着光电管两端电压增大，光电流趋于一个饱和值 i_m；对不同的光强，饱和电流 i_m 与光强 I 成正比。

（2）当光电管两端加反向电压时，光电流迅速减小，但不立即降到零，直至反向电压达到 U_c 时，光电流为零，U_c 称为截止电压。这表明此时具有最大动能的光电子被反向电场所阻挡，则有

$$\frac{1}{2}mv_{\max}^2=eU_c \tag{3-10-1}$$

实验表明光电子的最大动能与入射光强度无关，只与入射光频率有关。

（3）改变入射光频率 ν 时，截止电压 U_c 随之改变，U_c 与 ν 呈线性关系，如图 3-10-3 所示。实验表明，无论光多么强，只有当入射光频率 ν 大于 ν_c 时才能发生光电效应，ν_c 称截止频率。对于不同金属的阴极，ν_c 的值也不同，但这些直线的斜率都相同。

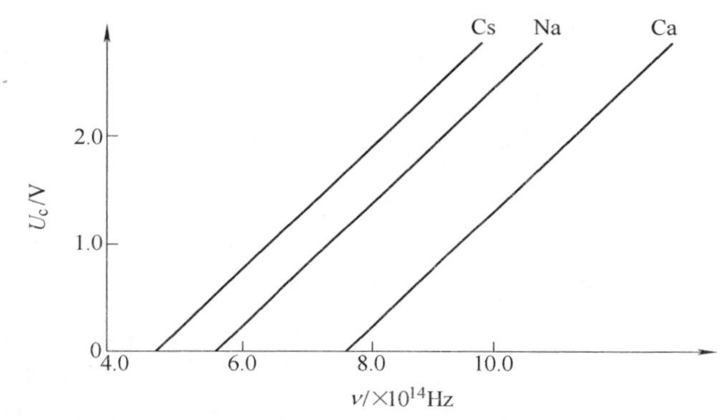

图 3-10-3　截止电压 U_c 与入射光频率 ν 的关系曲线

（4）照射到光电阴极上的光无论怎么弱，几乎在开始照射的同时就有光电子产生，延迟时间最多不超过 10^{-9}s。

述光电效应的实验规律是光的波动理论所不能解释的。爱因斯坦光量子假说成功地解释了这些实验规律。它假设光束是由能量为 $h\nu$ 的粒子（称之为光子）组成的，其中 h 为普朗克常量，当光束照射金属时，以光粒子的形式射在表面上，金属中的电子要么不吸收能量，要么就吸收一个光子的全部能量 $h\nu$。只有当这能量大于电子摆脱金属表面约束所需要的逸出功 W 时，电子才可能吸收光子的全部能量并会以一定的初动能逸出金属表面。根据能量守恒定律有

$$h\nu=\frac{1}{2}mv_{\max}^2+W \tag{3-10-2}$$

式（3-10-2）称为爱因斯坦光电效应方程。将式（3-10-1）代入式（3-10-2），并且知 $\nu\geqslant W/h=\nu_c$，则爱因斯坦光电效应方程可写为

$$h\nu=eU_c+h\nu_c$$

$$U_c=\frac{h}{e}(\nu-\nu_c) \tag{3-10-3}$$

式（3-10-3）表明了 U_c 与 ν 呈线性关系，此式从理论上说明了，为什么在以光电效应为主的 X 射线摄影中，X 射线能量越低，图像的对比度就越大。由直线斜率 k 可求 h，$h=ek$，由截距可求 ν_c。这正是密立根验证爱因斯坦方程的实验思想。

二、实际测量中截止电压的确定

实际测量的光电管伏安特性如图3-10-4所示，它要比图3-10-2复杂。这是由于：

（1）存在暗电流和本底电流。在完全没有光照射光电管的情况下，由于阴极本身的热电子发射等原因所产生的电流称暗电流。本底电流则是由于外界各种漫反射光入射到光电管上所致。这两种电流属于实验中的系统误差，实验时须将它们测出，并在作图时消去其影响。

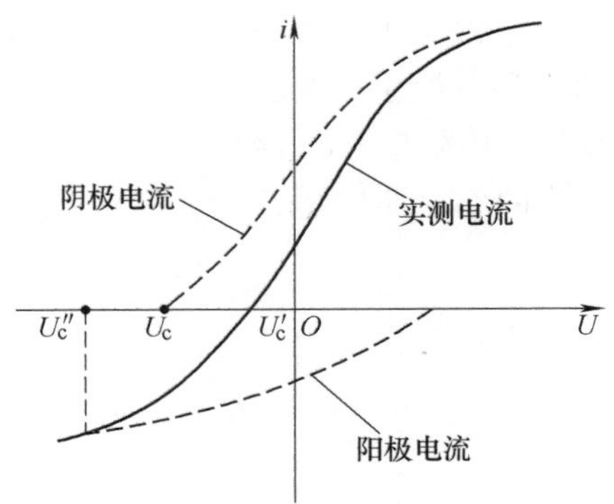

图3-10-4 实际测量的光电管伏安特性曲线

（2）存在反向电流。在制造光电管的过程中，阳极不可避免地被阴极材料所沾染，而且这种沾染在光电管使用过程中会日趋严重。在光的照射下，被沾染的阳极也会发射电子，形成阳极电流即反向电流。因此，实测电流是阴极电流与阳极电流的叠加结果。这就给确定截止电压 U_c 带来一定麻烦。若用交点 U_c' 来替代 U_c，有误差；若用图中反向电流刚开始饱和时拐点 U_c'' 替代 U_c，也有误差。究竟用哪种方法，应根据不同的光电管而定。本实验中所用的光电管正向电流上升很快，反向电流很小，U_c' 比 U_c'' 更接近 U_c，故本实验中可用交点 U_c' 来确定截止电压 U_c。

【仪器描述】

仪器主要有光源（低压汞灯、光阑、限流器）、接收暗箱（干涉滤光片、成像物镜、光电管等）以及微电流放大器（机内装有供光电管用精密直流稳压电源）组成。光源与接收暗箱安装在带有刻度尺的导轨上，可以根据实验需要调节二者之间的距离，其结构原理如图3-10-5所示。

一、光源

采用GP-20Hg低压汞灯，光谱范围320.3～872.0nm，可用谱线365.0nm、404.7nm、435.8nm、491.6nm、546.1nm、577.0nm、579.0nm。汞灯安装在灯座上并用灯罩遮住。

二、干涉滤光片

干涉滤光片的主要指标是半宽度和透射率，透过某种谱线的干涉滤光片不应允许其附近的谱线透过。本仪器选用GP-20Hg低压汞灯发出的可见光中强度较大的四种谱线，所以仪器配以四种干涉滤光片，透过谱线分别为404.7nm、435.8nm、546.1nm、577.0nm。干涉滤光片全口径 ϕ40mm，装在圆形镜框中，有效通光口径为 ϕ37mm。使用时将它插入接收暗箱的进光口径内以得到所需要的单色光。

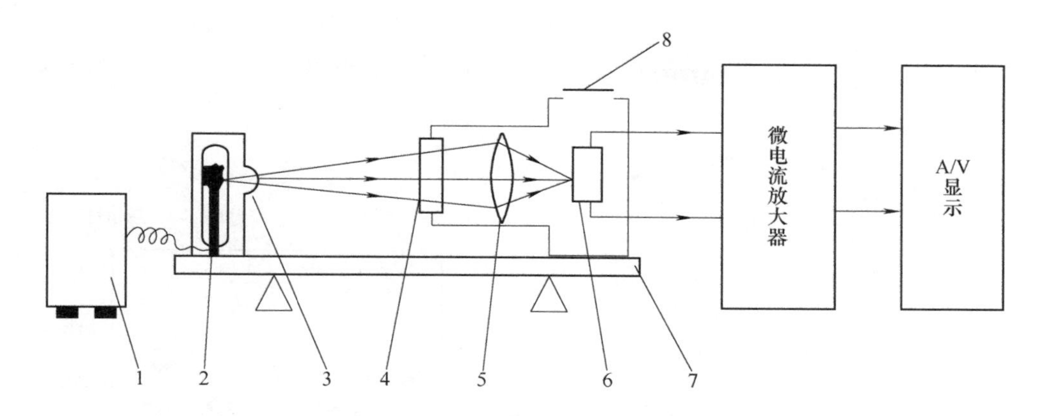

图 3-10-5 PC-Ⅱ普朗克常量测定仪结构原理图

1—汞灯限流器 2—汞灯及灯罩 3—光阑 4—干涉滤光片 5—成像物镜 6—光电管 7—带刻度导轨 8—观察口

三、物镜

采用专门为此测试仪设计的镜头，旋转接收暗箱前的进光筒，可调节物镜与光电管之间的距离，使汞灯成像在光电管阴极面上。

四、光电管

采用 1997 型测 h 专用光电管，光谱响应范围 320. 0～670. 0nm；最佳灵敏波长（350. 0±20. 0）nm；577. 0nm 单色光照射时截止电压与 404. 7nm 单色光照射时截止电压之差为 0. 875～0. 960V，暗电流约 10^{-12}A；反向饱和电流与正向饱和电流之比小于 0. 5%。

光电管安装在接收暗箱内。打开暗箱后侧板，松开光电管座螺钉，可调节光电管的左右位置；松开光电管上下紧固螺钉，可调节光电管的上下位置，使灯丝正好落在光电管阴极面中央。

实验时，打开接收暗箱顶部观察窗盖板，可观察汞灯在光电管阴极面上的成像情况。安装光电管时，同时打开暗箱侧盖板与顶部观察窗盖，光电管阳极与管座内伸出的两根线（端头已焊在一起）同时焊接后将光电管插入管座，将带有鳄鱼夹的接线夹住光电管顶部的阴极出线。光电管安装好后应按上面介绍的方法调节其高低位置，左右位置一般在出厂时已调好，如图 3-10-6 所示。

五、数字式微电流放大器（包括−2～+2V 光电管工作电源）

这是一种数字显示式微电流测试仪器，如图 3-10-7 所示。电流测量范围 10^{-13}A～10^{-8}，分六挡十进变位。开机 60min 后 8h 内测量挡零点漂移不大于±2%。电压量程为−2～+2V 及−200～+200V 两挡；数显 3 $\frac{1}{2}$位 LED 数字电表，利用功能选择键分别显示电压值和电流值；光电管工作电源−2～+2V，机内供给，精密可调，稳定度小于0.1%。如将外接电缆插入面板“外接电压”插孔，这时机内-2～+2V电源自动断开，外接电压直接加在电压调节器上，机外输入电压范围0～+200V。

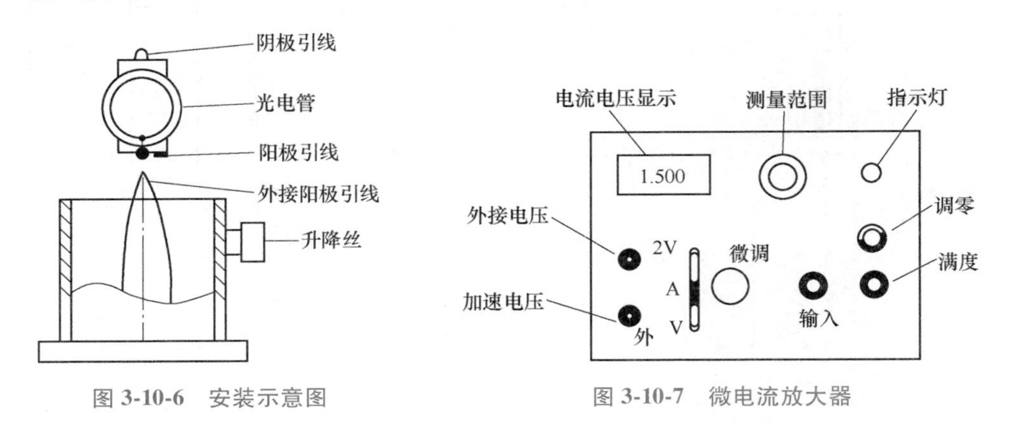

图3-10-6 安装示意图　　图3-10-7 微电流放大器

机箱后设有 *X-Y* 函数记录仪接线柱，可以与记录仪配合使用，画出光电管 *i-U* 特性曲线。

【实验内容与步骤】

一、准备

1. 用专用电缆将微电流仪输入端与接收暗箱输出端接口连接起来，将接收暗箱加速电压输入端插座与放大器电压输出端插座连接起来，将汞灯座下侧电线与限流器连接好，将微电流仪与汞灯限流器接上电源，打开微电流仪的电源开关及汞灯限流器开关，充分预热（一般为20min左右）。

2. 将测量范围旋钮调到“短路”，除去遮光罩，打开观察窗盖，调整光源及物镜位置，使汞灯清晰地成像在光电管阳极圈中央部位。调整好后将遮光罩盖好。

3. 将功能键拨至“A”；旋转“调零”旋钮使放大器短路电流为“00.0”。将“测量范围”旋钮转至“满度”，旋转“满度”旋钮使电流值为“100.0”。然后将“测量范围”旋钮再转至“短路”，用调零电位器调整为“00.0”。

二、测量光电管的 *i-U* 特性曲线、测定截止电压

1. 除去遮光罩，装上波长为404.7nm的滤光片，将电表功能键拨至“2V”，转动电压调节旋钮，使电表显示-2V。将电表功能键拨至“A”，转动“测量范围”旋钮至10^{-12}挡，这时数字表显示的数值即为该电压下的电流值。

2. 按上述方法从-2V至0V至2V之间选出若干个点，测得相对应的电流值，将数值分别填入表3-10-1。纵坐标以每厘米表示10^{-12}A，横坐标以每厘米表示0.1V，在方格纸上作出 *i-U* 特性曲线。

表 3-10-1 四种波长下光电管的 i-U 值

404.7nm	U/V						
	$I/\times10^{-12}$A						
435.8nm	U/V						
	$I/\times10^{-12}$A						
546.1nm	U/V						
	$I/\times10^{-12}$A						
577.0nm	U/V						
	$I/\times10^{-12}$A						

3. 由于本仪器所用光电管的暗电流、反向电流很小，一般使用时可近似地将 i-U 特性曲线负值段忽略，因此在测试 U_c 时只要将电表功能键拨至“A”，测量范围旋钮拨至“10^{-12}”挡，缓慢调节加速电压，使光电流显示为“00.0”。然后将功能键拨至“2V”，这时显示的电压值即为此单色波长的截止电压 U_c。将数据填入表 3-10-2 中。

4. 按上述方法依次换上 435.8nm、546.1nm 和 577.0nm 滤色片，分别测得各单色光的 i-U 特性曲线和 U_c 值。将数据填入表 3-10-1、表 3-10-2 中。

表 3-10-2 四种波长下光电管的 U_c 值

λ/nm	404.7	435.8	546.1	577.0	$k=$
$\nu/(\times10^{14}\text{Hz})$					$h=$
U_c/V					$E=$

三、求普朗克常量和实验误差

1. 作 U_c-ν 的实验曲线：在方格纸上以纵坐标表示 U_c，每厘米代表 0.1V。以横坐标代表频率，每厘米代表 10^{14}Hz，作出 U_c-ν 的实验曲线，它是一条直线。

2. 求普朗克常量和实验误差：在上述直线上取 ΔU_c 和相应的 $\Delta\nu$ 值，求出直线的斜率 $k=\dfrac{\Delta U_c}{\Delta\nu}$，由 $h=ek$ 即可求出 h 值。算出实验值与公认值（6.626×10^{-34}J·s）之间的百分偏差，将各数值填入表 3-10-2 中。

【注意事项】

1. 实验不必在暗室进行。但为了提高测试精度，应尽量减少光照，不能使光线直射光电管。如果测试环境湿度较大而影响测试精度，可预先将光电管进行干燥处理。实验过程中应保持光源和光电管间的距离不变。

2. 为延长光电管使用寿命，光孔应随时用遮光罩盖住，并注意防潮。

3. 滤色片是较贵重的精密器件，切勿用手或非镜头纸触摸、揩擦玻片和污染玻片。注意：玻片不能松动，务必平整放在窗口上。

4. 本仪器应注意防震、防尘、防潮。汞灯及光电管外壳和聚光镜如沾染尘埃应及时用药棉蘸酒精、乙醚混合液轻擦干净。仪器应置于通风干燥处，平时应加防尘罩。

【思考题】

1. 实验时能否将干涉滤光片插到光源的光阑口上？为什么？

2. 从截止电压 U_c 与入射光频率 ν 的关系曲线，你能确定阴极材料的逸出功吗？

3. 测定普朗克常量的实验中有哪些误差来源？实验中如何减少误差？

4. 在以光电效应为主的 X 射线摄影中，X 射线能量的高低与图像的对比度的关系是什么？

第四章

医学影像物理学实验

实验4-1 用超声波探测物体的厚度

【实验目的】

1. 学习A型超声波诊断仪的使用方法。
2. 学习用超声波探测物体的深度及厚度。

【实验器材】

CTS—5型超声诊断仪、液体容器、有机玻璃圆柱、耦合剂。

【实验原理与仪器描述】

超声波就是频率高于20kHz并且不能引起声感的机械波。其主要特性为：频率高、波长短、方向性强。与其他波一样，当它从一种介质进入另一种介质时，在介质的交界面上要发生折射与反射现象。反射波强度I_r与入射波强度I_i之比称为反射系数R。理论证明，在垂直入射的条件下

$$R=\frac{I_r}{I_i}=\left(\frac{Z_2-Z_1}{Z_2+Z_1}\right)^2=\left(\frac{\rho_2c_2-\rho_1c_1}{\rho_2c_2+\rho_1c_1}\right)^2$$

R取决于两种介质的声阻抗差。上式中，$Z_1=\rho_1c_1$，$Z_2=\rho_2c_2$分别表示第一介质与第二介质的声阻抗。由上式可知，两种介质的声阻抗差越大，超声波在其分界面上的反射就越强烈。在两介质声阻抗相差不大的情况下，即使反射强度只有原来强度的万分之一，但由于超声波强度很高，反射波仍可被探测出来。

超声诊断就是根据人体内部不同组织有不同的声阻抗，病变组织与正常组织的声阻抗也不同。超声波在声阻抗不同的界面会产生反射波，不同的界面反射系数不同，反射波的强度也不同。因此对反射波进行分析，就可诊断出组织的病变情况。超声诊断仪种类较多，有A型、B型、M型、D型（彩色多普勒型）。由于超声波易于产生和控制，不像X射线那样对人体有损伤作用，又由于它对软组织可明显鉴别，所以它在无损伤探测方面具有重要地位。下面仅对A

型超声诊断仪做一介绍。

A 型单迹超声诊断仪工作原理方框图如 4-1-1 所示。

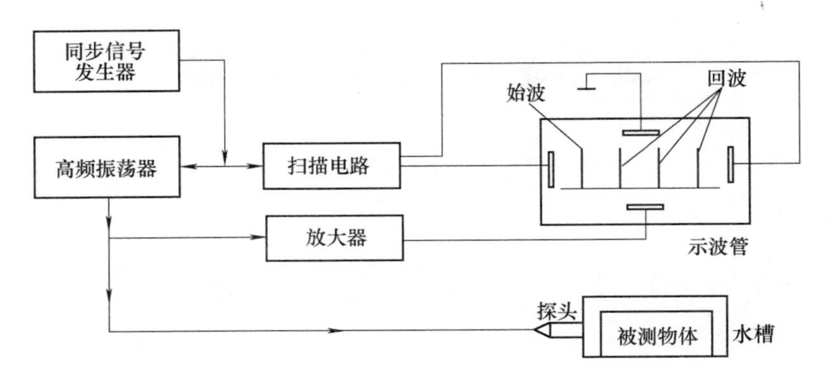

图 4-1-1 A 型单迹超声诊断仪工作原理方框图

A 型单迹超声诊断仪是根据超声测距原理制作而成的。探头内有一块压电晶体片，当外加高频电压时，它能将电场振荡转化成机械振动，从而发射超声波。当接收到超声波时，它又能将其转化成电信号。

同步电路（同步信号发生器）是该机的指令中心，能使示波管扫描和探头发射超声波协调地工作。同步电路触发扫描电路，使其输出扫描电压，加于示波管的水平偏转板上，使示波管扫描，当扫描频率较高时，在荧光屏上将出现一条水平亮线，该亮线称为扫描基线。另外，同步电路触发高频振荡器，使之产生高频脉冲并送到探头，探头将高频脉冲转化为机械振动而发射超声波，与此同时，高频脉冲经过接收放大电路后加在示波管的垂直偏转板上，使荧光屏上出现第一个脉冲，称为始波。始波的出现与发射超声波是同时的，故始波与扫描线的交点可作为时间轴的参考点。超声波在传播过程中，当遇到声阻抗不同的界面时，均产生反射波，反射波被探头接收，转化成电信号，即回波信号，回波信号经过接收放大电路，加在示波管的垂直偏转板上，在荧光屏上显示一个脉冲，称为回波。回波信号越强，脉冲越高。因此，A 型超声诊断仪为脉冲显示。

设反射面与探头相距为 s，超声波在介质中的传播速度为 c，则超声波往返所需的时间为 $t=2s/c$。可见反射面离探头越远，超声往返传播所需的时间就越长，荧光屏上回波与始波的间隔越大。因此，根据回波与始波之间的时间可确定介质中各界面之间的距离。

应当指出，由于空气的声阻抗与液体或固体的声阻抗相差很大，所以在空气中传播的超声波到达空气与液体或固体的分界面处时，几乎全部被反射，即超声波很难从空气中进入液体或固体。因此，在做超声探测时，必须在探头与物体表面之间涂上凡士林或石蜡油（水），以防止存在空气间隙。

CTS—5 型超声波诊断仪附有标距电路，产生标距脉冲。其振荡频率为

75kHz，周期为 1.33×10^{-5}s。所以，在荧光屏上显示出两个相邻标距脉冲之间的时间间隔相当于 1.33×10^{-5}s（约相当于超声波在水中传播距离为 1cm 时往返所需的时间）。标距脉冲如图 4-1-2 所示。

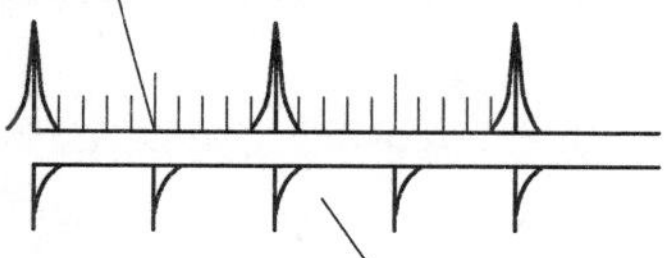

图 4-1-2　（探测回波）标距脉冲示意图

当超声波在物体中传播时，超声波在被测物体的射入面与射出面均产生回波，且被同一探头接收，按先后顺序显示于荧光屏上不同位置。两回波相隔时间 t 可由它们之间的标距脉冲个数来表示，若其间有 n 个标距脉冲，则

$$t=n\times1.33\times10^{-5}\text{s}$$

t 就是超声波在被测物体中传播时往返一次所用的时间。设超声波在某物体中的传播速度为 c，则物体的厚度为

$$s=\frac{1}{2}cn\times1.33\times10^{-5}$$

若探测水的深度，设温度为 20℃，$c_{水}=1.48\times10^{5}\text{cm}\cdot\text{s}^{-1}$，则

$$s_{水}=\frac{1}{2}c_{水}n\times1.33\times10^{-5}\text{s}=0.984n\text{ cm}\approx n\text{ cm}$$

水的温度不同，水中声速也不同，但变化不大，所以探测水的深度时，在始波与回波之间有多少个标距脉冲，则水的深度就约多少厘米。

若探测有机玻璃的厚度，因 $c_{玻}=2.73\times10^{5}\text{cm}\cdot\text{s}^{-1}$，则

$$s_{玻}=\frac{1}{2}c_{玻}\times n\times1.33\times10^{-5}\text{s}$$
$$=1.82n\text{ cm}$$

由于超声波在人体软组织中的声速平均值为 $1.50\times10^{5}\text{cm}\cdot\text{s}^{-1}$，与在水中的速度很接近，因此对于人体的软组织，上述结论也成立，即两相邻标距脉冲可直接表示厚度约为 1cm，由此可知，若超声波在被测组织两界面上的反射回波相对于始波位置分别为 n_1、n_2 个标距脉冲数，则被测组织的厚度为

$$s\approx(n_2-n_1)\text{cm}$$

实验时，用水代替人体的体液，用有机玻璃柱代替人体组织，在用超声波探测时，两界面上反射回波相对于始波的位置仍为 n_1、n_2，则：有机玻璃柱的厚度

$$s=\frac{1}{2}(n_2-n_1)c_{玻}\times1.33\times10^{-5}\text{s}$$
$$=\frac{1}{2}(n_2-n_1)\times2.73\times10^{5}\times1.33\times10^{-5}\text{cm}$$
$$=1.82(n_2-n_1)\text{cm}$$

在实际测量中，为了使标距脉冲数 n 的读数更准确，还可以利用面板上的

刻度尺进行读数。

图 4-1-3 为 CTS—5 型超声诊断仪的面板图。面板上各旋钮的作用如下：

垂直移位、水平移位：调节波形在荧光屏上的位置。

辉度：调节波形的亮度。

聚焦、辅助聚焦：调节波形的清晰度。

单向、双向：用单探头工作时（插入“探头Ⅰ”插座），开关拨向“单向”。此时上基线显示探测波形，下基线为标距脉冲。用双探头工作时，（两探头分别插入“探头Ⅰ”和“探头Ⅱ”插座），开关拨向“双向”。此时，上基线显示探头Ⅰ的波形，下基线显示探头Ⅱ的波形。双迹显示主要用于测量脑中线波的位移。

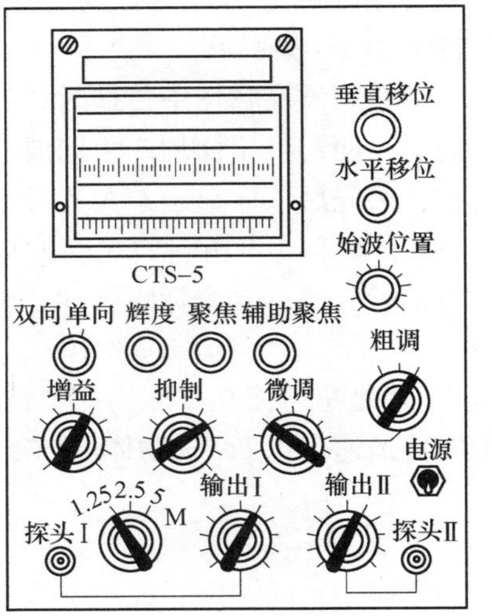

图 4-1-3 CTS—5 型超声诊断仪面板图

频率：选择超声波频率，分别为 1.25MHz、2.5MHz、5MHz 三种。工作频率变化时，应配合相应频率的探头使用。通常使用的频率为 2.5MHz，作颅脑探测时用 1.25MHz，作浅表部位探测时（如眼球）用 5MHz。

粗调、微调：调整深度测量范围。

增益：调节波幅的高低。

抑制：用以抑制杂波，但对波幅也有影响。应配合“增益”调节，使干扰杂波基本消失而波幅足够大。

输出Ⅰ、输出Ⅱ：分别控制探头Ⅰ和探头Ⅱ的发射强度。

始波位置：调节始波的位置。

【实验内容与步骤】

一、仪器调节

1. 将面板旋钮置于表 4-1-1 中规定的位置。

表 4-1-1 面板旋钮位置

面板旋钮	位置	面板旋钮	位置	面板旋钮	位置
垂直移位	居中	聚焦	居中	粗调	30
水平移位	居中	辅助聚焦	居中	频率	2.5
始波位置	0	增益	5	输出Ⅰ	顺时针旋足
双向，单向	单向	抑制	5	输出Ⅱ	任意
辉度	居中	微调	居中		

2. 接通电源，荧光屏刻度板上有红色亮光显示，约 2min 后仪器正常工作。

3. 调节“辉度”旋钮，使屏上出现扫描基线，调节“聚焦”“辅助聚焦”使波形清晰，调节“垂直移位”“水平移位”使波形移到便于观察的位置。

二、测水槽的长度、宽度

1. 调节“微调”和“水平移位”，使标距脉冲间隔与面板最小刻度的格数之比为 1∶2，调节“始波位置”和“水平移位”，使始波、标距脉冲和刻度尺长线三者对齐。

2. 在容器（水槽）中放入 3/4 的水，将探头通过连线与“输出Ⅰ”接好。

3. 在探头上涂上少许耦合剂（水或石蜡油），然后与容器的一个纵向端面耦合（此时入射面回波与始波重叠）。借助于面板刻度读出始波与第一反射回波（水容器另一个纵向端面回波）间的标距脉冲数 n，记入表 4-1-2 内。

三、测有机玻璃圆柱的厚度

1. 将调节深度的“粗调”旋钮置于 10cm 挡级，调节“微调”和“水平移位”，使标距脉冲间隔与面板最小刻度的格数之比为 1∶10，并调节“始波位置”“水平移位”，使始波、标距脉冲和面板刻度尺长线三者对齐。

2. 把两个高低不同的有机玻璃圆柱分别竖直放在桌面上，在探头的端面上涂上少量耦合剂，轻轻接触柱体上端面，观察波形，记下相应的始波与第一回波间的标距脉冲数，记入表 4-1-2 内。

3. 用同样的方法测另一柱体的厚度。将数据记入表 4-1-2 内。

四、测量水中有机玻璃柱的厚度

1. 将调节深度的“粗调”旋钮置于 30cm 挡级，调节“微调”和“水平移位”，使标距脉冲间隔与面板最小刻度的格数之比为 1∶2，并调节“始波位置”和“水平移位”，使始波、标距脉冲和刻度尺长线三者对齐。

2. 将有机玻璃柱置于水槽中，一面与水槽侧面平行，其间距约为 4cm。把涂有耦合剂的探头对准有机玻璃柱，并与水槽侧面密接，如图 4-1-4 所示：记下两面的反射回波到始波间的标距脉冲 n_1、n_2。改变有机玻璃柱在水槽中的位置，重复上述步骤，再测两次，将每次的测量结果，填入表 4-1-3，计算有机玻璃柱的厚度，并求其平均值。

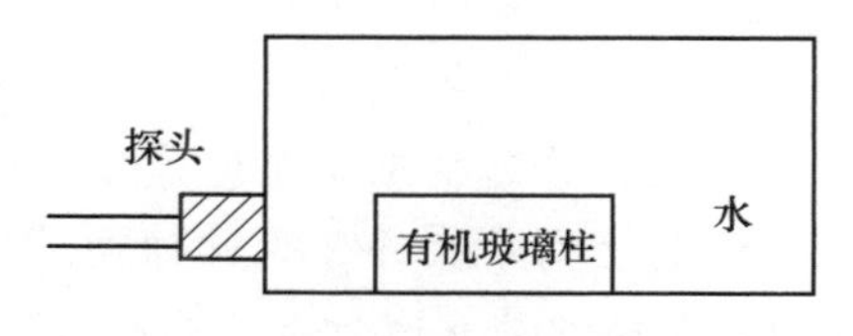

图 4-1-4 测水中有机玻璃柱的厚度

【注意事项】

1. 读数时，始波、回波在刻度尺上的位置均应以前沿或以其顶端为准，以提高测量精度。

2. 探头要轻拿轻放，用后擦净放入盒内，切勿受震。

3. 本仪器配有稳压电源，仪器切勿靠近稳压器，以免稳压器漏磁对仪器显示系统造成干扰，使波形倾斜或基线弯曲。

【实验数据记录与处理】

表 4-1-2 测量水槽的长度、宽度及空气中有机玻璃柱的厚度

被测物体		始波回波间标距脉冲数 n	被测物厚度/cm
水	纵向		
	横向		
有机玻璃柱	高		
	低		

表 4-1-3 测量水中有机玻璃柱的厚度

次数		1	2	3
回波位置	n_1			
	n_2			
s/cm				

$\bar{s}$=____ cm

【思考题】

1. 超声波能探测下列哪些部位，为什么？心脏、肝脏、肺部、胃、肠、肾、膀胱、眼球。

2. 超声测厚是以超声波的哪些物理特性为依据的？

3. 如何区分和判断（同一界面的）一次反射回波与二次反射回波？

4. 超声诊断的基本原理是什么？

5. 屏上两个相邻标距脉冲间的时间间隔是多少秒？两回波间时间 t 与其之间的标距脉冲数 n 有什么关系？

6. 面板上“增益”和“抑制”旋钮的作用分别是什么？

7. 物质的厚度 s 与声波在该物体内的传播速度 c 的关系是什么？

8. 始波、标距脉冲、刻度尺长线三者若不对齐，对测量结果有无影响？

9. 测量时，探头上为什么要涂“耦合剂”？

实验 4-2　亥姆霍兹线圈磁场及梯度磁场的调节与测量

【实验目的】

1. 了解载流线圈与亥姆霍兹线圈磁场分布特点。
2. 掌握弱磁场的测量方法。
3. 证明磁场的叠加原理，设计梯度磁场。

【实验器材】

亥姆霍兹线圈（Helmholtz coil）磁场测定仪。

【实验原理】

一、载流圆线圈轴线上的磁场分布

设圆线圈的半径为 R，匝数为 N，在通以电流 I 时，根据毕奥-萨伐尔定律（Biot-Savart law），线圈轴线上一点 P 的磁感应强度

$$B=\frac{\mu_0 IR^2N}{2(R^2+x^2)^{3/2}} \tag{4-2-1}$$

式中，μ_0 为真空磁导率；x 为 P 点坐标。原点在线圈的中心，线圈轴线上磁感应强度 B 与 x 的关系如图 4-2-1 所示。

二、亥姆霍兹线圈轴线上的磁场分布

亥姆霍兹线圈大量应用于 NMR 波谱仪中，由于可在其中央空间内产生非常均匀的磁场，它在 MRI 系统中也得到了广泛的应有。

亥姆霍兹线圈是由一对半径为 R，匝数 N 均相同的圆线圈组成，两线圈彼此平行而且共轴，图 4-2-2 所示。当线圈间距大于 R 时，线圈轴线上的磁感应强度如图 4-2-3a 中的曲线所示；当线圈间距等于 R 时，线圈轴线上的磁感应强度如图 4-2-3b 中的曲线所示；当线圈间距小于 R 时，线圈轴线上的磁感应强度如图 4-2-3c 中的曲线所示。坐标原点取在两线圈中心连线的中点 O。

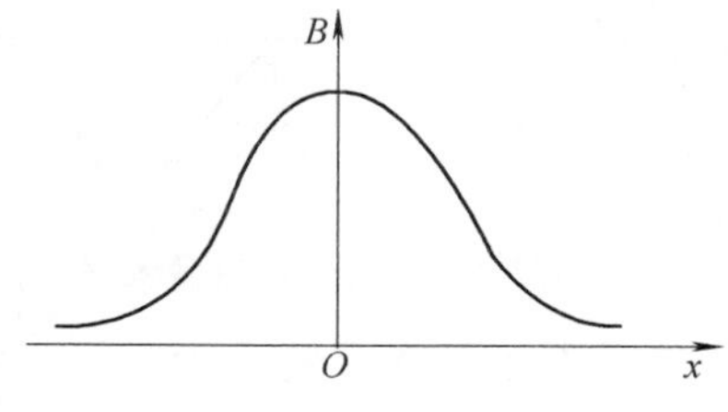

图 4-2-1　载流圆线圈 B-x 曲线图

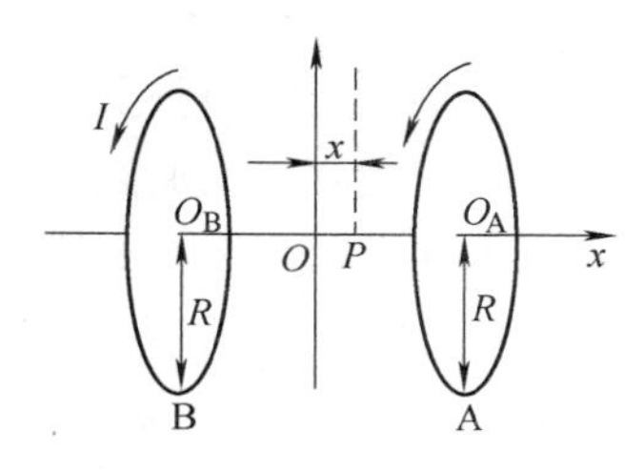

图 4-2-2　亥姆霍兹线圈

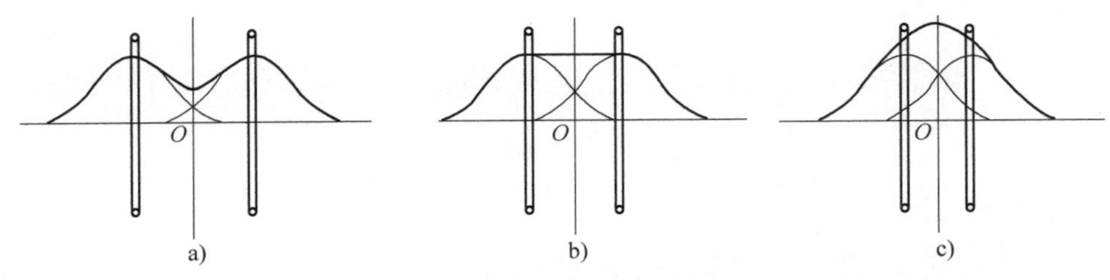

图 4-2-3　亥姆霍兹线圈轴线上的磁场分布

当两线圈间距为 R 时，给两线圈通以同方向、同大小的电流 I，它们在轴线上任一点 P 产生的磁场方向将一致，A 线圈对 P 点的磁感应强度为

$$B_A=\frac{\mu_0 IR^2N}{2\left[R^2+\left(\frac{R}{2}-x\right)^2\right]^{3/2}} \tag{4-2-2}$$

B 线圈对 P 点的磁感应强度为

$$B_B=\frac{\mu_0 IR^2N}{2\left[R^2+\left(\frac{R}{2}+x\right)^2\right]^{3/2}} \tag{4-2-3}$$

在 P 点处产生的合磁感应强度为

$$B=\frac{\mu_0 IR^2N}{2\left[R^2+\left(\frac{R}{2}+x\right)^2\right]^{3/2}}+\frac{\mu_0 IR^2N}{2\left[R^2+\left(\frac{R}{2}-x\right)^2\right]^{3/2}} \tag{4-2-4}$$

由式（4-2-4）可以看出，B 是 x 的函数，公共轴线中点 $x=0$ 处 B 值为

$$B(0)=\frac{\mu_0 NI}{R}\left(\frac{8}{5^{3/2}}\right)$$

很容易算出在 $x=0$ 处和 $x=R/10$ 处两点的 B 值相对差异约为 0.012%，在理论上可以证明，当两线圈的距离等于半径时，在原点 O 附近的磁场非常均匀，故在生产和科研中有较大的应用价值，也常用于弱磁场的计量标准。

三、梯度磁场

在 MRI 中，梯度磁场用于空间定位。梯度磁场是由通电的梯度线圈建立的，通常的梯度线圈是由一对通电方向相反的线圈构成的。当两线圈通过电流方向相反时，在 O_A 与 O_B 段建立与 x 线性相关的磁场称为梯度磁场，其磁感应强度曲线如图 4-2-4 所示。在实际应用中可通过通电电流的大小及线圈的大小、间距及几何形状的调节获得梯度磁场。

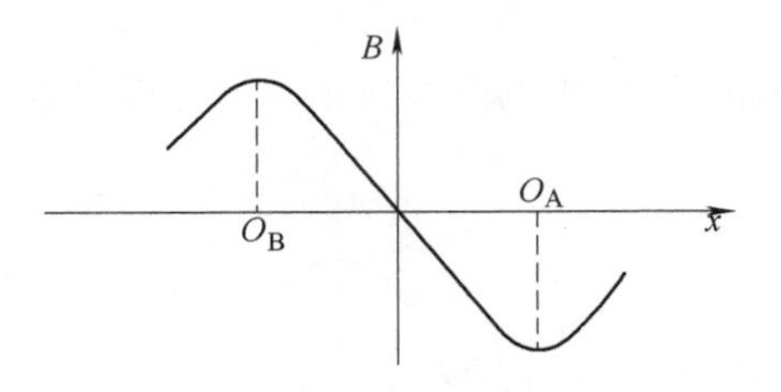

图 4-2-4　梯度磁场磁感应强度曲线

【仪器描述】

实验装置如图 4-2-5 所示，它由圆线圈和亥姆霍兹线圈实验平台（包括两个圆线圈、固定夹、不锈钢直尺等）、高灵敏度毫特计和数字式直流稳流电源等组成。

1. 实验平台。两个圆线圈各 500 匝，圆线圈的平均半径 $R=10.00\text{cm}$。实验平台的台面应在两个对称圆线圈轴线上，台面上有间隔 1.00cm 的均匀刻线。

2. 高灵敏度毫特计。它用两个参数相同的 95A 型集成霍耳传感器，配对组成探测器，经信号放大后，用三位半数字电压表测量探测器输出信号。该仪器量程 0~2.000mT，分辨率为 $1\times10^{-6}\text{T}$。

3. 数字式直流稳流电源。由直流稳流电源、三位半数字式电流表造成。当两线圈串接时，电源输出电流为 50~200mA，连续可调；当两线圈并接时，电源输出电流为 50~400mA，连续可调。数字式电流表显示输出电流的数值。

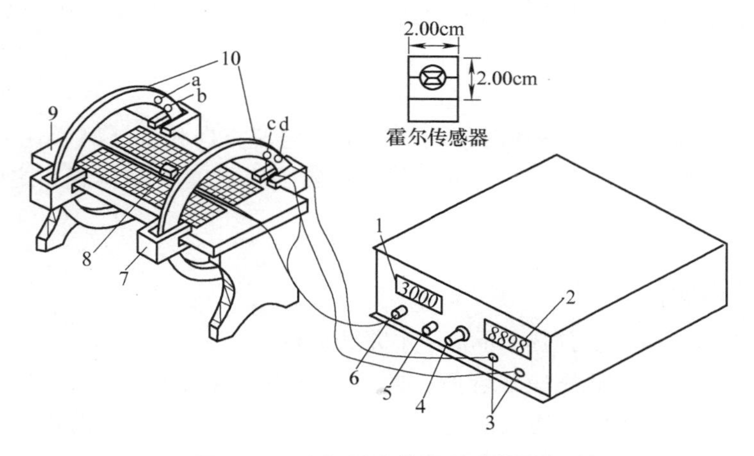

图 4-2-5 亥姆霍兹线圈实验装置图

1—毫特计读数 2—电流表读数 3—直流电流源输出端 4—电流调节旋钮 5—调零旋钮 6—传感器插头 7—固定架 8—霍耳传感器 9—大理石台面 10—线圈 a、b、c、d—接线柱

【实验内容与步骤】

一、载流圆线圈和亥姆霍兹线圈轴线上各点磁感应强度测量

1. 按图 4-2-5 接线（直流稳流电源中数字电流表已串接在电源的一个输出端），测量电流 I 为 100mA 时，单线圈 A 轴线上各点的磁感应强度 $B(\text{A})$，每隔 1.00cm 测一个数据。实验中，应注意毫特计探头沿线圈轴线移动。每测量一个数据，必须先在直流电源输出电路断开（$I=0$）调零后，才测量和记录数据。

2. 将测得的圆线圈中心点的磁感应强度与理论公式 $B_0=\dfrac{\mu_0 IN}{2R}$ 计算结果进行比较。

3. 在轴线上某点转动毫特计探头，观察一下该点磁感应强度的方向：转动探测器观察毫特计的读数值，读数值最大时传感器法线方向，即是该点磁感应强度方向。

4. 将线圈 A 与线圈 B 之间间距调节到与线圈半径相等，即 $d=R$。取电流值 $I=100\text{mA}$，分别测量线圈 A 和线圈 B 单独通电时，轴线上各点的磁感应强度值 $B(\text{A})$ 和 $B(\text{B})$，然后测两线圈在通同样方向电流 $I=100\text{mA}$ 时，在轴线上各点的磁感应强度值 $B(\text{A+B})$。在同一张作图纸上作 $B(\text{A})$-x，$B(\text{B})$-x，$B(\text{A+B})$-x，$B(\text{A})+B(\text{B})$-x 曲线，验证磁场叠加原理，即载流亥姆霍兹线圈轴线上任一点磁感应强度 $B(\text{A+B})$ 是两个载流单线圈在该点上产生磁感应强度之和 $B(\text{A})+B(\text{B})$。

5. 改变两线圈间距，测量轴线上各点磁感应强度。分别把两线圈间距调整为 $d=R/2$，$d=2R$ 时，作出两线圈轴线上磁感应强度 B 与位置 x 之间关系曲线，证明磁场叠加原理。

二、梯度磁场的设计

使两线圈间距为 R，连线时使两线圈中的电流方向相反，测量在电流为 $I=100\text{mA}$ 时，轴线上各点的磁感应强度值，作磁感应强度 B 与位置 x 之间的关系曲线。

【注意事项】

1. 开机后，应至少预热 10min，才进行实验。

2. 每测量一点的磁感应强度值，换另一位置测量时，应断开线圈电路，在电流为零时调零，然后接通线圈电路，进行测量和读数。调零的作用是抵消地磁场的影响及对其他不稳定因素的补偿。

【思考题】

1. 霍尔传感器能否测量交流磁场？

2. 为什么每测一点，毫特计必须事先调零？

3. 用霍尔传感器测量磁场时，如何确定磁感应强度方向？

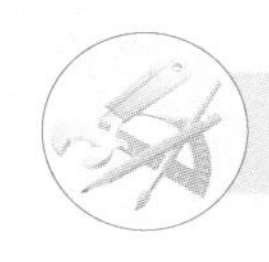

实验 4-3 数码显微摄影

显微摄影

【实验目的】

1. 了解数码显微摄影的原理。
2. 掌握数码显微摄影的操作方法。
3. 初步学习 Photoshop 软件。

【实验器材】

生物显微镜、数码相机、计算机。

【实验原理与仪器描述】

显微摄影是把显微镜的物镜和目镜组成的光学系统作为相机的镜头，去拍摄人眼看不清的微小物体，这种对微小物体的放大成像可直接为教学科研服务。

根据显微镜原理可知，当被观察的标本放在物镜前焦点稍外处时，将在目镜前焦点内侧附近形成一个放大倒立的实像，这时通过目镜可看到标本放大的虚像，如图 4-3-1 所示。

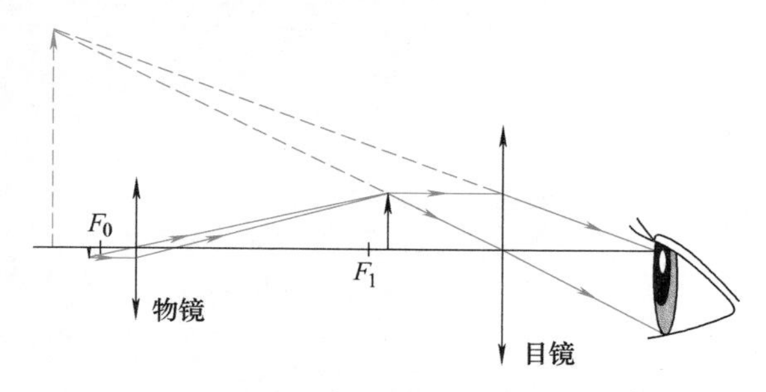

图 4-3-1 显微摄影光路图（一）

如果使标本远离物镜，或升高目镜使目镜与物镜距离增大，则标本通过物镜后所成的像在目镜前焦点的外侧，这时目镜将此像再次放大，即可在目镜的另一侧得到一个放大的实像，如图 4-3-2 所示。

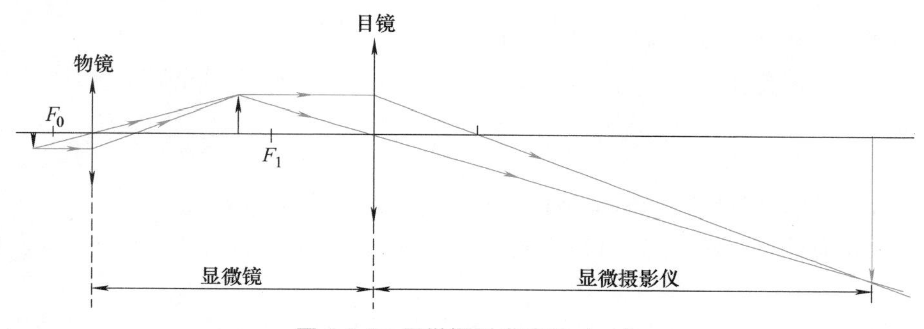

图 4-3-2 显微摄影光路图（二）

若在目镜的实像处放置数码照相机，就能把标本拍摄下来，这就是显微摄影的原理。实验所用的数码显微摄影装置如图 4-3-3 所示。

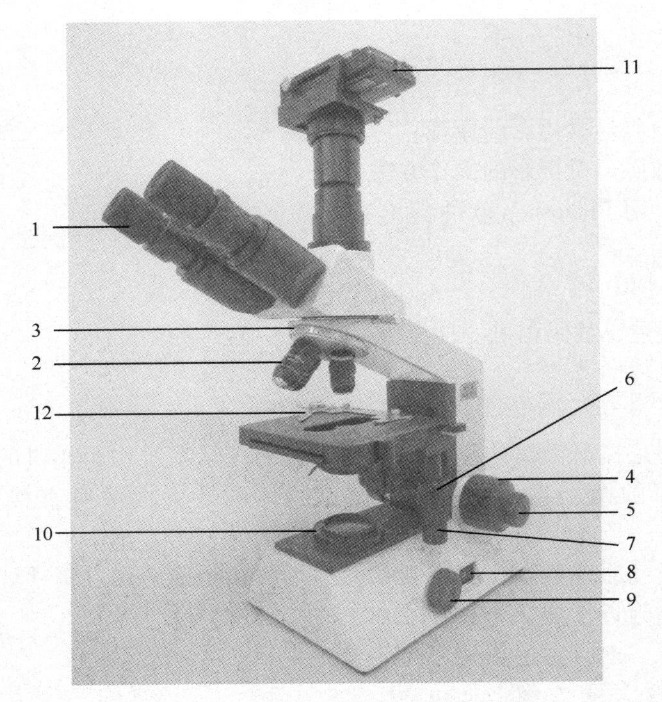

图 4-3-3 数码显微摄影装置示意图

1—目镜 2—物镜 3—物镜转换器 4—粗动调焦手轮 5—微动调焦手轮
6—载物台垂直控制钮 7—载物台水平控制钮 8—电源开关
9—亮度调节旋钮 10—集光器 11—数码相机 12—样品夹

【实验内容与步骤】

一、显微镜的调节

1. 打开照明

（1）打开显微镜的电源开关（8）。

（2）旋转亮度调节旋钮（9）调节光强，顺时针旋转增强光强，逆时针旋转降低光强。

2. 把样品放到载物台上

（1）逆时针旋转粗动调焦手轮（4），把载物台完全降下。

（2）向外打开样品夹（12），放上样品制片，然后轻轻松开样品夹，使其恢复原位。

（3）旋转载物台垂直控制钮（6）可沿前后方向移动样品制片；旋转载物台

水平控制钮（7）可沿左右方向移动样品制片。边观察边移动样品到需要的位置。

3. 聚焦

（1）旋转物镜转换器（3）使4×物镜转到样品之上。

（2）旋转物镜的粗调旋钮，使样品尽可能接近物镜。

（3）通过目镜观察样品，慢慢旋转粗调旋钮使载物台下降，粗聚焦后，旋转微调旋钮（5）精确聚焦。

4. 调节光瞳间距

光瞳间距调节是指调节两个观察筒的距离从而可以观察到一个单一显微镜像，这可以大大减轻观察时的视觉疲劳。

5. 调节屈光度

屈光度的调节可以补偿观察者左右眼的视力差。

（1）用右眼通过右边目镜镜头观察，并旋转粗调钮及细调钮使样品聚焦。

（2）用左眼通过左边目镜镜头观察，只旋转屈光度调节环使样品聚焦。

6. 调节聚光镜和孔径光阑

通常聚光镜放在最高位置，如果整个视场中亮度不够，可轻微降低聚光镜来提高光强。

7. 改变放大率

抓住物镜转换器（3），并将所需的物镜旋转至样品的上方。

二、拍摄与图像处理

打开数码相机开关，调节显微镜粗调与细调，在数码相机显示屏上看到清晰的标本像后即可拍摄，并将拍摄图像导入计算机。打开 Photoshop 软件，获取自己所需的图像，打印图像。

【注意事项】

1. 请勿反复打开和关闭显微镜开关，否则开关会发生故障。
2. 样品制片放到载物台上时，要轻轻拨动样品夹，以免损坏载玻片边缘。

实验 4-4　压力传感器特性及人体心率与血压的测量

压力传感器特性及人体心率与血压测量

【实验目的】

1. 了解气体压力传感器的工作原理、测量气体压力传感器的特性。

2. 掌握利用气体压力传感器、放大器和数字电压表组装成数字式压力表的原理和方法。

3. 掌握利用标准指针式压力表对数字式压力表进行定标的原理和方法。

4. 了解人体血压、心率的测量原理。

【实验器材】

压力传感器特性及人体心率与血压测量实验仪，10mL 注射器，测血压袖套和听诊器。

【实验原理】

一、集成压力传感器的基本原理

压力传感器是把压力（压强）大小转变成相应电信号的器件。集成压力传感器是以硅为主要材料，把用来感受压力的硅应变膜、应变电阻以及采集应变信号的桥式电路、放大输出电路等集成到一个芯片上的器件。其中的应变电阻是通过在硅应变膜上适当掺杂且直接扩散而形成的，掺杂后的晶格取向有两个方向，且互相垂直。当应变膜发生形变时，应变电阻的阻值按晶格取向增加或减小。应变电阻一般有 4 个，按晶格取向分为 R_1、R_3 和 R_2、R_4 两组。压力传感器的基本结构示意图如图 4-4-1a 所示。

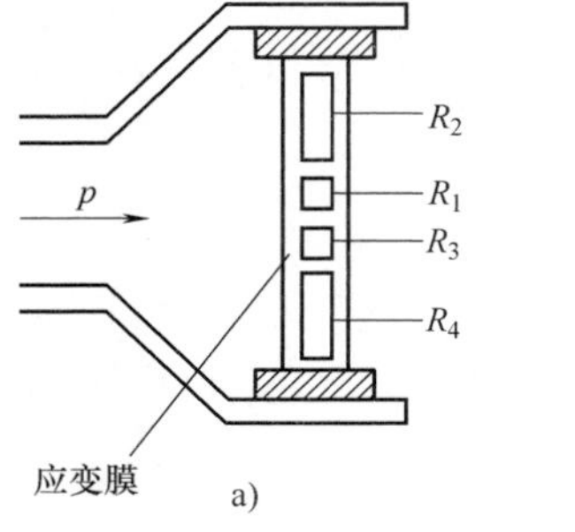

a)

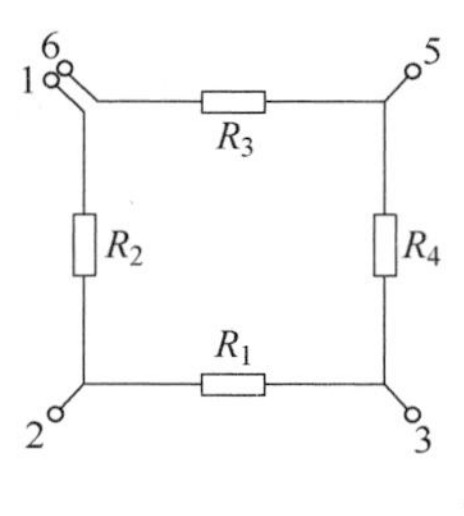

引脚	定义
1	GND
2	V+
3	UT+
4	空
5	V－
6	GND

b)

图 4-4-1　压力传感器基本结构及桥式电路

4 个应变电阻连接成如图 4-4-1b 所示的桥式电路。若在 2、5 两端施加电压 U，当应变膜无形变时，4 个应变电阻阻值相等，即 $R_1=R_2=R_3=R_4=R$，1、3 两端的输出电压 $u=0$。当气体进入压力腔并作用于硅应变膜上时，应变膜弯曲形变，并使其上的 4 个应变电阻分别产生拉伸和压缩形变，从而使应变电阻发生变化。由于晶格取向不同，靠近中心的两个应变电阻（R_1、R_3）阻值增加 ΔR 时，靠近边缘的两个应变电阻（R_2、R_4）阻值减小 ΔR。此时 1、3 两端的输出电压为

$$u=\frac{U}{R}\Delta R$$

由上式可知，若外加电压 U 和应变电阻静态阻值 R 保持不变，则输出电压 u 与 ΔR 呈线性关系。只要在设计时保证输入压力与应变电阻的应变量呈线性关系，即可保证输入压力与输出 u 之间呈线性关系。因此，变化的压力（如血压）可通过压力传感器转变成按正比变化的电信号。

本实验所用集成压力传感器为 MPS3100 型，其输出桥路及引脚定义如图 4-4-1b 所示，工作电压为+5V，当气体压强范围 0~40kPa 时，输出电压范围 0~75mV（典型值），由于制造工艺限制，传感器在 0kPa 时，其输出不为零（典型值±25mV），故可在 1、6 引脚之间串接小电阻来进行调整。

二、压力传感器特性及数字压力表（血压计）

若在压力传感器的输出端接一只数字电压表，在压力（压强）输入端，通过三通管接一只指针式压力表，改变输入的压力（压强）p，可从数字电压表中读出与之相应的输出电压值 u。作 u-p 图，可得压力与输出电压的线性关系。

因传感器电压与压力（压强）有一一对应的关系，所以可用压力（压强）大小来标定电压表，即把压力传感器和数字电压表组合起来，构成一只数字压力表（血压计）。

三、血压测量

心脏工作时，血管内血液对血管壁的侧压强称为血压。心脏收缩时主动脉中血压的最高值称为收缩压，心脏舒张时主动脉血压的最低值称为舒张压。主动脉血压一般采用间接测量法，临床上通常测得上臂肱动脉血压，并以高出大气压的数值表示。当用数字血压计测量时，把气袋缠在肘关节上部，听诊器置于肱动脉处，通过充气加压先阻断动脉血流，然后缓慢减压，当气袋压强等于主动脉收缩压时，血流通过，并听到第一个脉动湍流声，此时压力计显示数值即收缩压。继续缓慢减压，当气袋压强等于舒张压时，脉动湍流声消失，此时压力计显示数值即舒张压。这种血压测量方法称为柯氏音法由俄国医生柯洛特柯夫（Kopotkoc）在 1905 年首先提出。

【仪器描述】

实验仪器由6部分组成：指针式压力表，MPS3100型气体压力传感器及放大器，数字电压表，HK2000B型压阻脉搏传感器及放大器，智能脉搏计数器，两组直流稳压电源。仪器面板结构如图4-4-2所示。

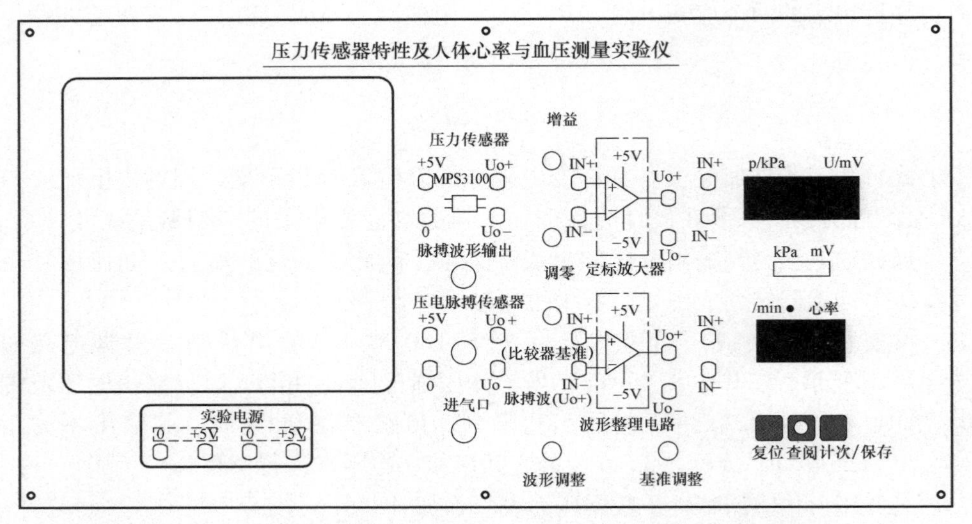

图4-4-2 压力传感器特性及人体心率与血压测量实验仪面板结构示意图

本仪器接通电源后，除了测量仪表及直流稳压电源外，实验电路（传感器）需接上规定的电压（5V）后才能正常工作。为方便连接线路，在面板上的适当位置安装了插线柱，实验时，利用插线柱、插接线把线路连接起来。实验组装的数字压力计（0~32kPa）在定标后才能使用（1mmHg=0.133322kPa）。

本实验所用气体压力表为精密微压表，压强的实际测量范围在4~32kPa之间，实验时，气体压力严禁超过36kPa（瞬态），瞬态超过40kPa可能会损坏压力表。

【实验内容与步骤】

实验前，打开仪器开关预热5min，待仪器稳定后才能开始实验。

一、MPS3100型气体压力传感器的特性测量

1. 在MPS3100型气体压力传感器输入端加直流工作电压（+5V），输出端接数字电压表。

2. 用橡皮管将注射器的针孔与压力表连通，注意连接前把活塞拉至8mL位置，然后缓慢推进活塞以改变管路内气体压强。

3. 记录压力表指示的压力（4~32kPa间测8点），以及与此相对应的气体压力传感器的输出电压，数据记录填入表 4-4-1 中。

二、数字式压力表（血压计）的组装、定标

1. 用插接线将 MPS3100 型气体压力传感器的输出端与放大器的输入端连接，再将放大器输出端与数字电压表连接。

2. 将放大器零点与放大器倍数调整好后，将开关按在 kPa 挡，即此时电压表显示的是压强值，单位是 kPa。组装好的数字式压力表可用于人体血压或气体压强的测量，并以数字显示。

3. 反复调整气体压强为 4kPa 与 32kPa 时放大器的零点与放大倍数，使数字式压力表的示数在 4kPa 与 32kPa 时均与左方的气体压力表相一致。

三、血压测量

1. 将测血压用的袖套缠绑在肘关节上部，并把医用听诊器的探头放在袖套内肱动脉处。

2. 袖套连通管通过三通接头与仪器进气口连通，用压气球向袖套压气，至 20kPa 时，打开排气口缓慢排气，同时用听诊器听脉搏湍流声（柯氏音），当听到第一次柯氏音时，记下压力表的读数，此为收缩压，最后一次听到的柯氏音所对应的压力表读数为舒张压。

3. 如果对舒张压读数不太肯定时，可以用压气球补气至舒张压之上，再次缓慢排气来读出舒张压。

四、心率测量

1. 将压阻式脉搏传感器放在手臂脉搏最强处，用信号输入线将示波器输入端与脉搏传感器插座连接，接上电源（+5V），绑上血压袖套，稍加些压力（压几下压气球，压强以示波器能看到清晰脉搏波形为准，如果不用示波器则要注意脉搏传感器的位置，调整到计次灯能准确跟随心跳频率）。

2. 按下“计次/保存”键，仪器将会在 1min 内自动测出每分钟脉搏的次数并以数字显示。

【实验数据记录与处理】

1. 记录 MPS3100 型气体压力传感器的输出特性的数据于表 4-4-1 中。

表 4-4-1 MPS3100 型气体压力传感器的输出特性

气体压强 p/kPa	4.0	8.0	12.0	16.0	20.0	24.0	28.0	32.0
输出电压 u/mV								

2. 画出气体压力传感器的输出电压 u 与压强 p 的关系曲线，计算气体压力传感器的灵敏度及线性相关系数。

A=____________ $mV \cdot kPa^{-1}$，相关系数 r=____________。

3. 记录血压测量数值。

姓名____________，收缩压____________ kPa，舒张压____________ kPa。

4. 记录心率数值。

心率____________次/min。

【注意事项】

实验时，严禁瞬态气体压强超过36kPa，否则会损坏压力表。

【思考题】

1. 气体压力传感器由哪几部分组成？测量气体压强的原理是什么？
2. 什么是收缩压和舒张压？为什么用肱动脉处测得的血压表示主动脉血压？

实验 4-5　温度传感器的特性及人体温度的测量

【实验目的】

1. 熟悉几种常见温度传感器的工作特性。

2. 掌握用恒压源电流法测量负温度系数热敏电阻与温度的关系及 PN 结温度传感器正向电压与温度的关系。

3. 了解用数字式电子温度表对人体各部位的温度测量方法及人体各部位的温差。

【实验器材】

温度传感器特性及人体温度测量实验仪。

【实验原理】

一、NTC 热敏电阻

1. 恒压源电流法测量热敏电阻：恒压源电流法测量热敏电阻，电路如图 4-5-1 所示。电源采用恒压源，R_1 为已知数值的电阻，R_t 为热敏电阻，U_{R_1} 为 R_1 上的电压，U_{R_t} 为 R_t 两端的电压，通过 U_{R_1} 监测电路的电流。当电路电压恒定、温度恒定时，若 U_{R_1} 一定，则电路的电流 I_0 为 U_{R_1}/R_1，只要测出热电阻两端的电压 U_{R_t}，即可知道被测热电阻的阻值。当电路电流为 I_0、温度为 T 时热敏电阻 R_t 阻值为

$$R_t = \frac{U_{R_t}}{I_0} \tag{4-5-1}$$

2. 负温度系数（NTC）热敏电阻温度传感器：热敏电阻是利用半导体电阻阻值随温度变化的特性来测量温度的，按电阻阻值随温度升高而减小或增大，分为 NTC 型（负温度系数热敏电阻）、PTC 型（正温度系数热敏电阻）和 CTC（临界温度热敏电阻）。NTC 型热敏电阻阻值与温度的关系呈指数下降关系，但也可以找出热敏电阻某一较小的、线性较好范围加以应用（如 35～42℃）。如需对温度进行较准确的测量则需配置线性化电路进行校正测量。以上三种热敏电阻的电阻-温度特性曲线如图 4-5-2 所示。

在一定的温度范围内（小于 150℃）NTC 热敏电阻的电阻 R_t 与温度 T 之间的关系为

$$R_T = R_0 e^{B\left(\frac{1}{T}-\frac{1}{T_0}\right)} \tag{4-5-2}$$

式中，R_T、R_0 分别是温度为 T、T_0 时的电阻值（T 为热力学温度，单位为 K）；B 是热敏电阻材料常数，一般情况下 B 为 2000～6000K。对某个确定的热敏电阻

而言，B 为常数，对式（4-5-2）两边取对数，则有

$$\ln R_T = B\left(\frac{1}{T}-\frac{1}{T_0}\right)+\ln R_0 \tag{4-5-3}$$

由式（4-5-3）可见，$\ln R_T$与 $1/T$ 呈线性关系，作 $\ln R_T$-$1/T$ 关系图，由斜率即可求出常数 B。

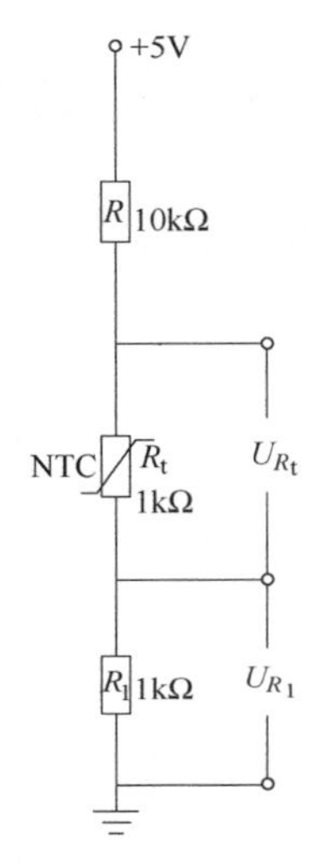

图 4-5-1　热敏电阻温度传感器电路

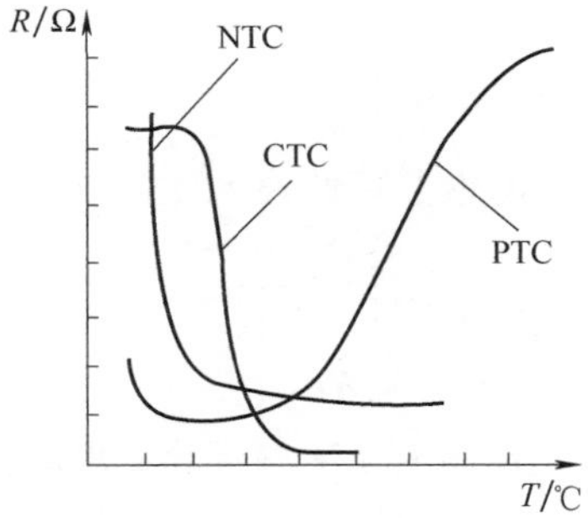

R/Ω
NTC
CTC
PTC
T/℃

图 4-5-2　热敏电阻的电阻-温度特性曲线

二、PN 结温度传感器

PN 结温度传感器是利用半导体 PN 结的正向结电压对温度进行测量，实验证明，电流一定时，PN 结的正向电压与温度之间具有线性关系。通常将硅晶体管 b、c 极短路，用 b、e 极之间的 PN 结作为温度传感器测量温度。硅晶体管基极和发射极间正向导通电压 U_{be}一般约为 600mV（25℃），且与温度成反比。线性良好，温度系数约为−2.3mV/℃，测温精度较高，测温范围−50～150℃。PN 结组成二极管的电流 I 和电压 U 满足下面关系式：

$$I=I_s(e^{qU/kT}-1) \tag{4-5-4}$$

在常温条件下，$U>0.1$V 时，式（4-5-4）可近似为

$$I=I_s e^{qU/kT} \tag{4-5-5}$$

式（4-5-4）和式（4-5-5）中，电子电量 $q=1.602\times10^{-19}$ C；玻耳兹曼常数 $k=1.381\times10^{-23}$ J · K^{-1}；T 为热力学温度；I_s为反向饱和电流。

正向电流保持恒定且电流较小条件下，PN 结的正向电压 U 和热力学温度 T 近似满足下面线性关系：

$$U=BT+U_{g0} \tag{4-5-6}$$

式中，U_{g0}为半导体材料在 $T=0$K 时的禁带宽度；B 为 PN 结的结电压温度系数。实

验测量如图 4-5-3 所示。图中用+5V 恒压源使流过 PN 结的电流约为 400μA（25℃）。

测量 U_{be} 时用 U_{be1}、U_{be2} 两端，作传感器应用时从 U_{be2} 输出。

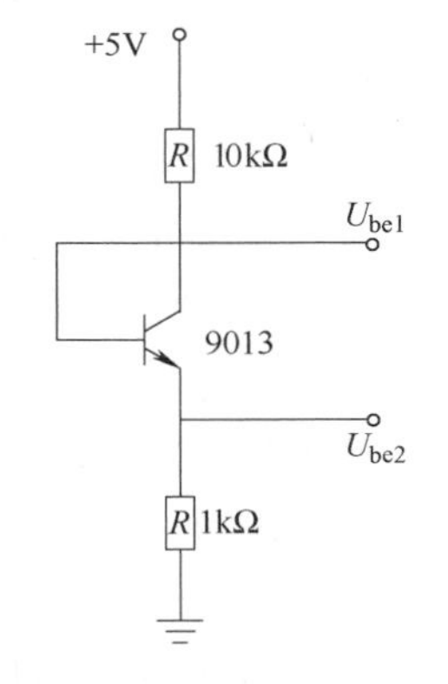

图 4-5-3 PN 结温度传感器

三、电压型集成温度传感器（LM35 型）

集成温度传感器是将热敏元件、放大器、温度补偿元件及测量电路集成在一个基片上的测温器件，电压型集成温度传感器的输出电压与温度成正比。LM35 电压型集成温度传感器其工作温度范围在-55～+150℃之间，灵敏度为 10mV/K，被测温度与输出电压 U 之间的关系为

$$U=kt \tag{4-5-7}$$

式中，k 为传感器的灵敏度；t 为摄氏温度。实验测量时只要直接测量其输出端电压 U，即可得到待测量的温度。

【仪器描述】

实验装置面板分布如图 4-5-4 所示。实验装置有 6 部分，即温度传感器、放大器、电源、数字电压表、控温仪以及干井恒温加热炉。实验时，按面板电路图连接好实验电路，将温度传感器（Pt100）插入干井式恒温加热炉的一个井孔，待测传感器插入另一个井孔就能开始实验。

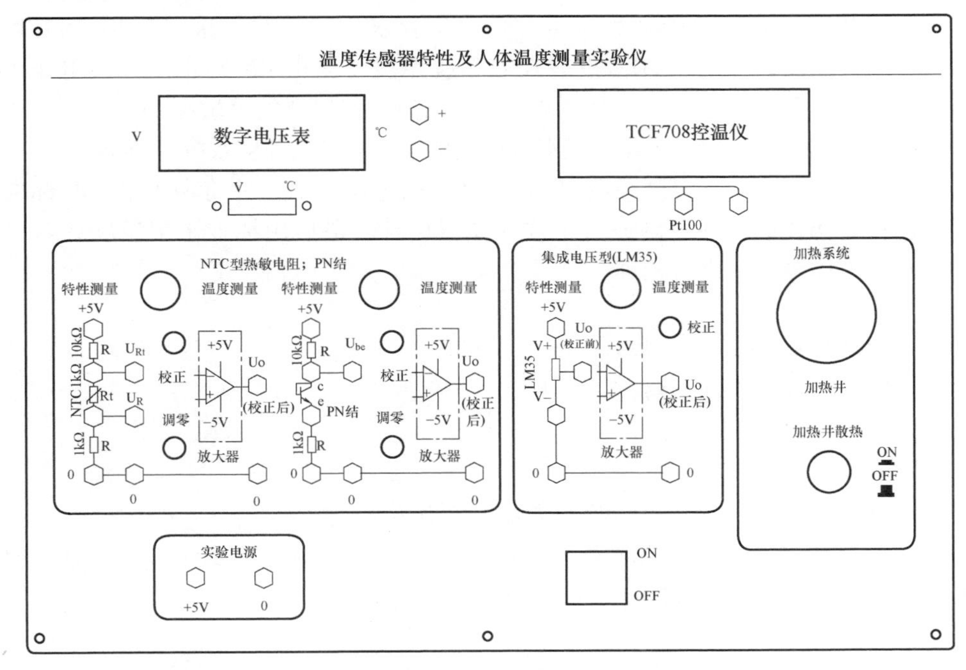

图 4-5-4 温度传感器及人体温度测量实验仪面板示意图

【实验内容与步骤】

一、测量NTC型热敏电阻的电阻-温度特性曲线并制作数字式人体温度计

1. 按面板指示接线，连接恒压源、热敏电阻等。将温控传感器Pt100铂电阻（A级）插入干井式恒温加热炉的中心井，另一只待测试的NTC热敏电阻（1kΩ）插入干井式恒温加热炉另一井。

2. 先测量室温时热敏电阻两端电压U_{R_t}，同时测量U_{R_1}电压，然后开启加热器，每隔5.0℃控温系统设置一次，在控温稳定2min后，测量热敏电阻两端的电压，同时测量U_{R_1}电压，由$I_0=U_{R_1}/R_1$得到热敏电阻上通过的电流，直到60.0℃为止。根据$R_t=U_{R_t}/I_0$，利用U_{R_t}、电流I_0，计算该温度时热敏电阻的阻值，从而得到NTC热敏在电阻一系列温度下的电阻值。

3. 将$\ln R_T$-$1/T$关系数据进行拟合，得到R_T与$1/T$的关系公式，并求出常数B。

4. 选取35~42℃，电阻R与t（摄氏温度）近似呈线性关系的温度范围，制作数字温度计，并与标准水银温度计进行对比测量。

5. 将自己组装的数字式人体温度计，进行人体部位（腋下、眉心、手掌）的温度测量并与水银体温计测量的温度进行比较，了解人体各部位温差的原因。

二、PN结温度传感器温度特性的测量及应用

将温控传感器Pt100铂电阻插入干井式恒温加热炉中心井，PN结温度传感器插入干井式恒温加热炉的另一个井内。按要求插好连线，从室温开始测量，然后开启加热器，每隔10.0℃设置控温系统温度，测量PN结正向导通电压U与热力学温度T的关系，通过作图求出PN结温度传感器的灵敏度。

制作电子温度计：将PN结的随温度变化的电压U（负温度系数$-2.3\text{mV}\cdot℃^{-1}$）通过放大电路转化为正温度系数$10\ \text{mV}\cdot℃^{-1}$的电压输出，并将输出电压与标准温度进行对比校准，即可制成数字式人体温度计。最后用标准水银温度计对自制数字式人体温度计进行校准。

【实验数据记录与处理】

请同学们自行设计表格。

【思考题】

1. 本实验所用三种温度传感器各有什么优点？

2. 除了本实验提到的温度传感器以外，你还了解哪些温度传感器？它们的工作原理是什么？

实验 4-6　医学数码摄影

【实验目的】

1. 了解数码相机的基本原理、构造及使用方法。

2. 初步掌握拍摄医学标本和室外物体的操作技术。加深理解影响 X 射线胶片影像质量的因素。

【实验器材】

医学标本、数码相机、U 盘、计算机、打印机。

【实验原理】

摄影离不开照相机，传统摄影是将图像信息用化学方法记录在照相底片上，然后经过显影、定影、冲洗胶片、冲印照片等一系列程序，最终给出照片。照相底片一经曝光，效果即基本确定并无法改变。而数码摄影是以数字的方式把图像信息存储在磁介质记录体上，不需要照相底片，拍摄完成后可以立即观看效果。还可利用各种图像处理软件进行后期处理，极大地方便了图像的保存和编辑。

与传统的摄影相比，数码摄影有独特的优势。

（1）快速高效：数码相机获取最终成功影像的速度很快，数码相机按动快门后液晶屏即可显示所拍的影像，摄影者回放观察之后可立即依据影像质量好坏和存储卡容量的大小选择存储、删除或传送。相比之下，传统相机拍摄之后要经过胶片的冲洗、选片、相片冲印后才可获得最后的影像，摄影者只有看过冲洗后的胶片或照片才知道自己是否完成此次拍摄任务。现在，专业的数码照相机可以支持蓝牙无线技术传输图像影像，我们可以直接将图像通过有线或无线途径输入计算机进行数码化处理或者传送，节省时间，便于制作。

（2）图像精良：数码照相机图像直接输入计算机，比传统影像（负片、正片）扫描后得到的影像质量高，减少了中途的影像损失。

（3）调节便捷：数码相机的感光度、白平衡等调节相对于传统相机来讲更加方便。数码相机感光度范围宽，而且它的光电传感器（CCD、SCCD、CMOS）也有自身接受光线的浮动范围，并可转换为传统胶卷的感光度值，即在拍摄过程中随时更改感光度去适应不同的现场光线。数码相机的白平衡可以调节成多种不同的色温环境，相对于传统摄影的日光型、灯光型胶卷和不同的色温转换滤镜，极大地方便了拍摄者。

（4）成本低廉：数码影像的获取由存储卡取代了胶片，传统相机使用一卷胶卷可拍摄大约36张影像，而一个小小的存储卡可存储成百上千的数码影像，从银盐影像到数码影像，存储介质和存储方式的变化极大提高了影像的存储量。电脑软件应用取代了药水冲印、电脑显示取代了冲洗相片、重复使用的数码产品替代了一次性感光材料和药水、数码影像经电脑处理后可直接用于排版印刷等都使摄影的成本降到了最低。

（5）安全可靠：数码相机所拍摄的数码影像资料的储存和查找非常容易，它可以储存在光盘或电脑的硬盘上，不但占用空间小，而且储存的时间会比储存胶片和相片的时间长得多，且数码影像的质量不会因储存时间的久远而改变。

近年来，随着计算机科学的普及及其在医学领域的广泛应用，生物医学图像的摄录与分析处理已成为定量研究医学图像的一种重要的方法。利用一些专门化的数码图像分析处理软件，可以对图像进行一些特殊处理，如图像的着色，图像的点形态、线形态、面形态的分析处理和定量测量，图像的灰度、光密度分析等。这些测量特别适合应用于生物医学图像的分析处理，尤其是适合解剖学、组织学、肿瘤病理学、免疫学、放射医学、细胞生物学、分子生物学等学科的图像分析处理。

一、数码相机的工作原理

数码相机的工作原理如图4-6-1所示，光线经数码相机的镜头会聚到光电传感器上成像，光电传感器现有CCD和CMOS两大类型，其作用相当于传统光学相机的胶卷。光电传感器将图像转换成模拟电信号，传送到相机的图像处理系统，该系统实际上是由微型中央处理器（即CPU）及其处理电路和图像处理软件组成。图像处理系统将模拟电信号转换为数字信号。接下来CPU对数字信号进行压缩并转化为特定的图像格式，例如JPEG格式。经过压缩的图像储存到相机的储存器上。

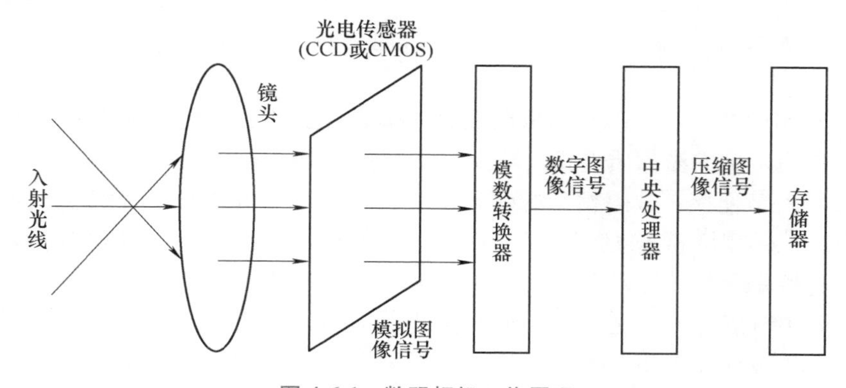

图4-6-1 数码相机工作原理

二、数码相机的主要组件

数码相机主要的组成部件是镜头、图像传感器、数据储存器、LCD 屏。

（1）镜头：相比起传统机，数码相机的镜头很小，制造精细。

（2）图像传感器（即光电传感器）：数码相机的主要感光传感器有 CCD（电荷耦合器件）和 CMOS（互补型金属氧化物）两种半导体构成。

（3）LCD 显示屏：绝大多数数码相机都有一个 LCD（彩色液晶显示）屏。它就像一台微型的计算机监视器，能显示相机中存储的图像。LCD 也用来显示菜单，使用户可以修改照相机的设置，并从相机的存储器中删除不想要的图像。在照相机中观看和删除图像的功能非常有用，可以节省下载不想要的图像所花费的时间。如果照出来的相片不理想，可以把它删掉重拍。

（4）数据储存器：通常的储存器有 CF 卡、MMS、XD、SD 和 SONY 标准的 Memory Stick 等。

三、数码相机主要技术参数

（1）白平衡：由于不同的光照条件的光谱特性不同，拍出的照片常常会偏色，例如，在日光灯下会偏蓝、在白炽灯下会偏黄等。为了消除或减轻这种色偏，数码相机和摄像机可根据不同的光线条件调节色彩设置，以使照片颜色尽量不失真，使颜色还原正常。因为这种调节常常以白色为基准，故称白平衡。

（2）AE（Auto Expose）自动曝光：自动曝光就是相机根据光线条件自动确定曝光量。从根本测光原理上分可分两种，即入射式和反射式。入射式就是测量照射到相机上的光线的亮度来确定曝光组合，这是一种简单粗略的控制，多用于低档相机。反射式是测量被摄体的实际亮度，也就是根据成像的亮度来确定曝光组合，这是比较理想的一种方式。

（3）AF（Auto Focus）自动对焦：自动对焦有几种方式，根据控制原理分为主动式和被动式两种。主动式自动对焦通过相机发射一种射线（一般是红外线），根据反射回来的射线信号确定被摄物体的距离，再自动调节镜头，实现自动对焦。这是最早开发的自动对焦方式，比较容易实现，反应速度快、成本低，多用于中档傻瓜相机。这种方式精确度有限，且容易产生误对焦。例如，当被摄体前有玻璃等反射体时，相机不能正确分辨。被动式对焦有一点仿生学的味道，是根据物体的成像判断是否已经聚焦，比较精确，但技术复杂，成本高，并且在低照度条件下难以准确聚焦，多用于高档专业相机。一些高智能相机还可以锁定运动的被摄物体甚至实现眼控对焦。

（4）焦距：相机的镜头是一组透镜。焦距固定的镜头，叫定焦镜头；焦距可以调节变化的镜头，叫变焦镜头。在摄影领域，焦距主要反映了镜头视角的大小。对于传统 135 相机而言，50mm 左右的镜头的视角与人眼接近，拍摄时不变形，称为标准镜头，一般涵盖40~70mm的范围，18~40mm称为广角或称为短焦镜头，70~135mm称为中焦镜头，135~500mm称为长焦镜头，500mm以上称为望远镜头，18mm以下称为鱼眼或超广角镜头，这种定焦范围的划分只是人们的习惯，并没有严格的定义。数码相机的CCD一般比135胶片小得多，所以在相同视角条件下，其镜头焦距也短得多。例如，对于0.33″CCD的数码相机，使用约13mm镜头时，其视角大概相当于135相机50mm的标准镜头。所以，各数码相机生产厂商所采用的CCD规格型号不同。因此，大家都采用“相当于35mm相机（即135相机）焦距”的说法。

光学变焦镜头有助于方便地改变焦距，放大突出所需的图像细节，并略去不需要的背景。当然，这增加了相机的成本。现在大部分中高档数码相机使用了2~3倍光学变焦镜头，有些还在镜头中使用了非球面镜片，这样就有效地减少了像差和色散。

（5）景深：在进行拍摄时，调节相机镜头，使距相机一定距离的景物清晰成像的过程，称为对焦；那个景物所在的点，称为对焦点，因为“清晰”并不是一种绝对的概念，所以，对焦点前（靠近相机）、后一定距离内的景物的成像都可以是清晰的，这个前后范围的总和，称为景深，意思是只要在这个范围之内的景物，都能清楚地拍摄到。景深的大小，首先与镜头焦距有关，焦距长的镜头，景深小，焦距短的镜头景深大。其次，景深与光圈有关，光圈越小（数值越大，例如f16的光圈比f11的光圈小）景深就越大，光圈越大（数值越小例如f2.8的光圈大于f5.6）景深就越小。其次，前景深小于后景深，也就是说，精确对焦之后，对焦点前面只有很短一段距离内的景物能清晰成像，而对焦点后面很长一段距离内的景物，都是清晰的。

（6）像素：影响数码相机成像质量的因素与镜头质量、像素、拍摄技巧以及软件有关，像素就是在一个图片中所包含的有效色点的个数，如1台15" 的显示器如果我们设定为1024×768模式时，其像素为78.6432万，如果是17" 的显示器仍然用1024×768模式，其像素还是78.6432万像素，但是我们看到的效果会怎样？它显示的图像就显得比较粗糙了，如果要显示细腻一点，可将其显示模式设置为1600×1024，这时其像素就变为163.8400万。但对于一般摄影，提高像素数会造成数码相机连拍性能下降、文件体积过大等负面影响，而对成像质量带来的提升反而不大。

四、数码相机使用方法

目前，数码相机有很多种不同品牌和型号，其使用方法大致相同。这里以Kodak CX7220数码相机为例，介绍其使用方法。

Kodak CX7220数码相机为200万像素，3倍光学变焦，其外形如图4-6-2和图4-6-3所示。

图 4-6-2　Kodak CX7220 数码相机前视图

1—防滑条　2—腕带孔　3—麦克风　4—自拍定时器　5—快门按钮
6—模式拨盘　7—闪光装置　8—取景器镜头　9—镜头

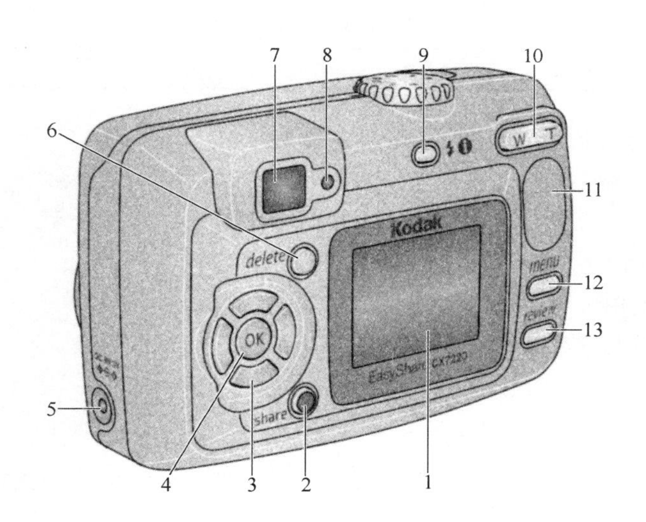

图 4-6-3　Kodak CX7220 数码相机后视图

1—相机屏幕（LCD：液晶显示屏）　2—Share（分享）按钮　3—控制器按钮（4 向）
4—OK（确定）按钮　5—直流输入（3V）　6—Delete（删除）按钮　7—取景器
8—就绪指示灯　9—闪光灯/状态按钮　10—变焦按钮（广角远摄）
11—防滑条　12—Menu（菜单）按钮　13—Review（查看）按钮

Kodak CX7220 数码相机使用方法如下：

（1）首先将模式拨盘从 OFF（关闭）旋转至任何其他位置，如图 4-6-4 所示。此时相机屏幕会显示模式说明，要中断说明，请按任意按钮。当改变模式时，就绪指示灯呈绿色闪烁，表示相机在自检，自检完毕点亮绿色。模式拨盘各位置所对应的拍摄模式见表 4-6-1。

表 4-6-1 Kodak CX7220 拍摄模式

拍摄模式	用　途
自动	用于一般拍照。自动设置曝光、焦距和闪光灯
纵向	全幅人物肖像。主体清晰，背景模糊。拍摄对象应放在 2m 外的地方，且只对头部和肩部姿势进行取景
夜间	用于拍摄夜景，或在弱光条件下拍摄。将相机放置在平坦的表面上或者使用三脚架。由于快门速度较慢，建议被拍照者在闪光灯闪光之后保持不动，停住几秒
风景	适用于拍摄远处的主体。除非将闪光灯打开，否则闪光灯不会闪光。在风景模式下，您无法使用自动对焦取景标记
特写	主体可距离镜头 10~60cm；远摄模式下，主体可距离镜头 20~60cm。如有可能，请使用现场光代替闪光灯。使用相机屏幕为主体取景
录像	拍摄有声录像

（2）使用取景器或相机屏幕为主体取景。按 OK（确定）按钮即可打开相机屏幕。

注意：在使用取景器拍摄时，照片的位置可能与使用相机屏幕拍摄时的照片位置不同（尤其在特写模式下或使用变焦时）。若要获得最佳效果，请使用相机屏幕为主体取景。

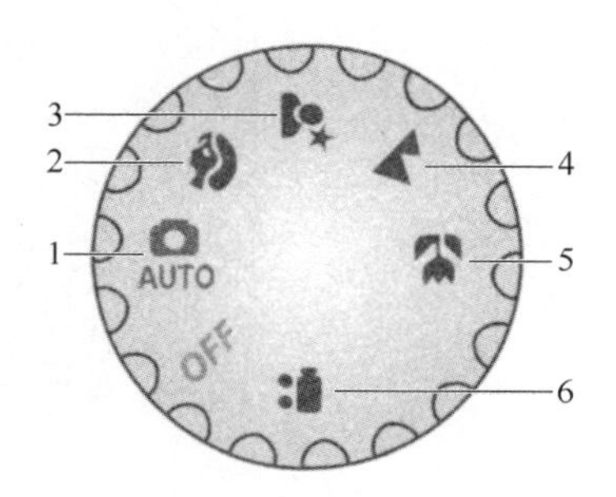

图 4-6-4 Kodak CX7220 模式拨盘
1—自动 2—纵向 3—夜间 4—风景 5—特写 6—录像

（3）将快门按钮按下一半并保持不动以设置曝光和焦距。

（4）就绪指示灯变绿时，将快门按钮完全按下进行拍照。就绪指示灯呈绿色闪烁时，表明正在保存照片，此时仍然可以拍摄。如果就绪指示灯为红色，要等到就绪指示灯变成绿色才可以拍摄。

（5）按 Review（查看）按钮可查看照片或录像，此时按◀/▶可以前后翻动查看。再按一次 Review 按钮退出查看状态。

（6）在查看过程中，按 Delete（删除）按钮可以删除当前查看的图像。退出时，请突出显示“退出”，然后按 OK（确定）按钮；或者再次按 Delete（删除）按钮即可。

（7）要关闭相机，将模式拨盘旋到 OFF（关闭）位置。相机将结束正在处理的操作。

【实验内容与步骤】

一、拍摄医学标本照片

（1）将模式拨盘转到特写模式上。

（2）将像素调到最高，针对医学标本或手掌正面（约 10cm）使用相机屏幕为主体取景。按 OK（确定）按钮打开相机屏幕。

（3）将快门按钮按下一半并保持不动以自动设置曝光和焦距。

（4）当相机屏幕中的方框由蓝色变为红色，且就绪指示灯变绿时，保持相机平稳，按下快门按钮进行拍照。改变拍照距离按上述步骤再拍一张。

二、拍摄室外人物和风景照片

将相机带到室外，将模式拨盘设置为“自动”，分别拍摄远（6m 以上）、中（2~6m）、近（2m 以下）景物或人物相片各 2 张。

三、录像

将模式拨盘设置为“录像”，使用相机屏幕为主体取景，按快门按钮然后松开。要停止录制，请再次按下快门按钮。如果影像存储器已满，录制就会停止。个人互相拍一段 5s 左右的录像。

如不满意可选择删除照片或录像：在 Review（查看）模式下显示照片/录像时按 Delete（删除）按钮。

四、查看刚刚拍摄的照片或录像

拍摄完照片或录像后，将相机带回实验室，将相机拍摄的照片或录像传输到计算机，也可用 U 盘（自带）拷贝，自行分析照片或录像。上交照片一张，说明拍摄情况，分析照片质量。

【思考题】

1. 数码相机与传统相机比较，有哪些优势？
2. 数码相机分辨率、像素及有效像素之间有何关系？

实验4-7　A型超声探测

【实验目的】

A型超声探测

1. 了解超声波的产生、发射和接收的基本原理。
2. 了解超声波的性质及生物效应。
3. 掌握用A型超声实验仪测量声速的原理及方法。
4. 掌握超声探伤（诊断）的物理基础。

【实验器材】

A型超声实验仪，数字示波器，有机玻璃水箱，金属反射板，样品架（可放置12个样品，样品包括铝、铁、铜、有机玻璃、冕玻璃和带缺陷的铝柱），探头（两个），接线（三根，其中Q9线一根），游标卡尺。

【实验原理】

一、超声波的产生与接收

产生超声波的方法有多种，如热学法、力学法、静电法、电磁法、磁致伸缩法、激光法以及压电法等，其中最普遍的是压电法。压电法采用了压电式换能器，也称为探头，它是利用某些晶体的压电效应制成的。压电效应是指压电晶体相对的两个表面受到压力或拉力时，晶体两个表面上出现等量异号电荷的现象。在一定范围内，受力越大产生电荷越多，当晶片受到变化的压力和拉力交替作用时，晶片的两表面之间会产生同样规律的电压变化。压电效应有逆效应，当在晶体两个表面施加交变电压时，晶片的厚度将随电场的方向而变化。

如果对晶片施加频率大于20000Hz的交变电压（由高频振荡器产生），那么在交变电场的作用下，压电晶体将发生同频率的压缩和拉伸形变，即产生超声振动，该振动在弹性介质中传播即形成超声波。利用压电效应，可将超声能转变为电能，这样就可以实现介质中超声波的探测。

将压电晶体相对的两个表面镀上薄银层，焊上导线作为电极，就构成一个简单的探头，既可发射超声波，又可接收超声波。

二、超声波的反射

超声波在传播过程中，若遇到两种声阻抗不同的介质界面时，会发生反射与折射。在垂直入射的条件下，反射波强度与入射波强度有如下关系：

$$\frac{I_r}{I_i}=\frac{(Z_2-Z_1)^2}{(Z_2+Z_1)^2} \tag{4-7-1}$$

式中，I_r 表示反射波强度；I_i 表示入射波强度；Z_1、Z_2 分别表示第一种介质和第二种介质的声阻抗。由式（4-7-1）可知，当两种介质的声阻抗相差较大时，反射波强度较大；声阻抗接近时，反射波强度较弱。在实际应用时，可根据超声探头接收到的反射波（回波）强度来判断介质的性质。

三、超声测厚度及声速

利用超声波测量介质厚度或异物深度（探伤）时，通常是将超声波所经介质界面的回波先通过探头转变成高频电压，然后经电子学处理转变成相应的电脉冲信号并显示在示波器荧光屏上，根据两回波出现的时间间隔 t 及介质中的声速 c，计算出所对应的介质厚度 x，如图 4-7-1 所示。由于在前后两个回波所对应的时间间隔内，超声波经历了入射和反射两个过程，之后才被探头接收，所以

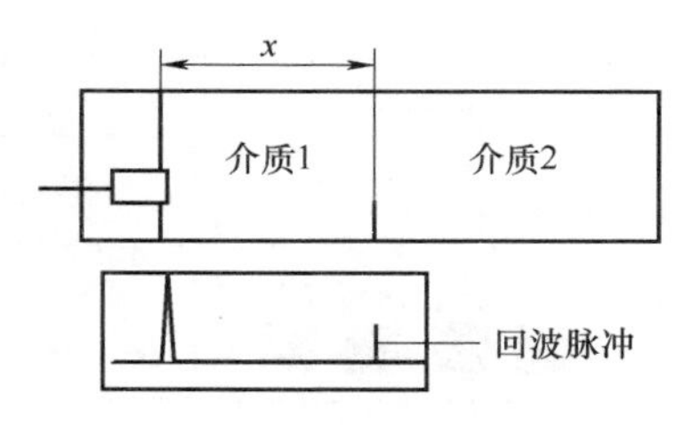

图 4-7-1　介质界面与回波脉冲信号

$$x=c\cdot\frac{t}{2} \tag{4-7-2}$$

若测出介质厚度 x，在示波器荧光屏上读出与介质厚度对应的两回波脉冲的间隔时间 t，就可计算出声速 c，或者利用 x 与 t 的线性关系求出声速 c。

超声的 A 型显示方式是以回波出现的位置表示界面的深度，回波幅度的大小表示界面反射的强弱。通常，以荧光屏的横坐标（时间轴）表示深度，纵坐标表示回波脉冲幅度。临床上使用的 A 型超声诊断仪，其横坐标的标度即体内界面的深度。

超声波作用于人体时，由于生物效应会对人体组织造成一定的伤害，因此，必须重视安全剂量。一般认为超声对人体的安全强度阈值为 $100\mathrm{mW\cdot cm^{-2}}$。本仪器的超声强度小于 $10\mathrm{mW\cdot cm^{-2}}$，可安全使用。

【仪器描述】

一、主机面板上按键、接线柱名及连接

实验仪主机面板如图 4-7-2 所示，共分三个工作区域。

1. 脉冲信号设定。1—复位按键：恢复主机设定的工作状态；2—减小按键：减小同步信号（扫描信号）的低电平持续时间；3—增加按键：增加同步信号（扫描信号）的低电平持续时间；4—选择按键：选择工作模式，选择 a 时 A 路探测器工作，选择 b 时 B 路探测器工作，选择 c 时 A、B 两路探测器同时工作。按选择键，a、b、c 轮流显示。

2. 超声波探测器 A。5—示波器探头（A 路）：接示波器 CH1 或 CH2 通道；6—接示波器（A 路）：接示波器的 EXT 通道，同步性好的数字示波器可以不接

此线；7—超声探头（A 路）：连接超声探头。

3. 超声波探测器 B。8—示波器探头（B 路）：接示波器 CH1 或 CH2 通道；9—接示波器（B 路）：接示波器的 EXT 通道，同步性好的数字示波器可以不接此线；10—超声探头（B 路）：连接超声探头。

按键 11 为电源开关。

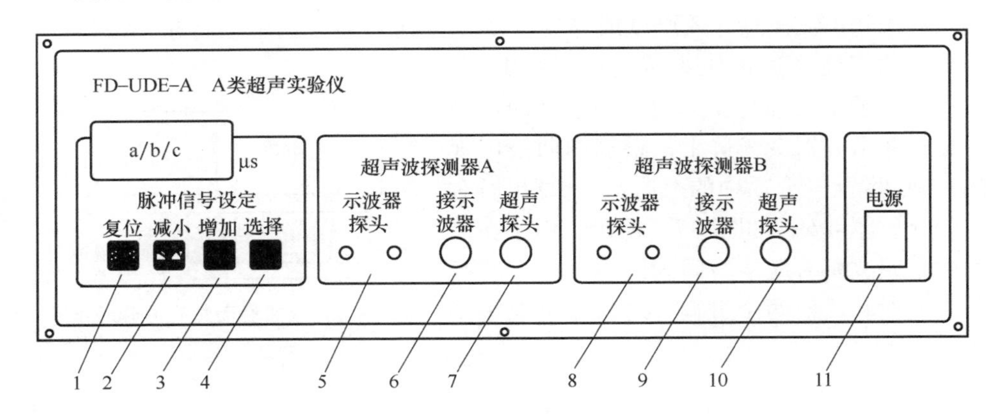

图 4-7-2 A 型超声实验仪主机面板示意图

二、主机工作原理

主机工作原理框图如图 4-7-3 所示。本仪器为双路输出，即 A 路和 B 路，两路信号一样，实验时可任选一路完成实验。

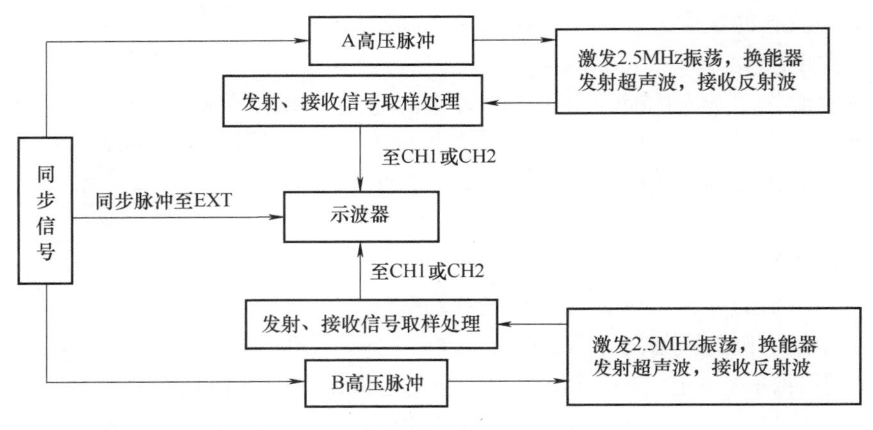

图 4-7-3 主机工作原理框图

在主机内，由单片机来控制同步脉冲信号与 A（或 B）路高频振荡信号的同步。在同步脉冲信号的上升沿，电路发出一个高频高压脉冲 A（或 B）至压电换能器，这是一个幅度呈指数形式减小的脉冲。此脉冲信号有两个用途：一是作为被取样的对象，在幅度尚未变化时被取样处理，然后输入示波器形成始波脉冲；二是作为超声波波源的控制信号，即当此脉冲幅度变化到一定程度时，压电换能器产生谐振，并在介质中激发出频率等于谐振频率的超声波（本仪器采用的压电晶体的谐振频率是 2. 5MHz）。当超声波遇到两种不同介质的界面时将发生反射，第一次反射回来的超声波又被同一探头接收，此信号经放大、检波、整形处理后以脉冲形式输入示波器，在荧光屏上形成第一回波，由于超声波在不同介质中的衰减程度以及遇到不同介质界面时的反射率不同，还有可能形成第二回波或更多次回波，如图 4-7-4 所示。

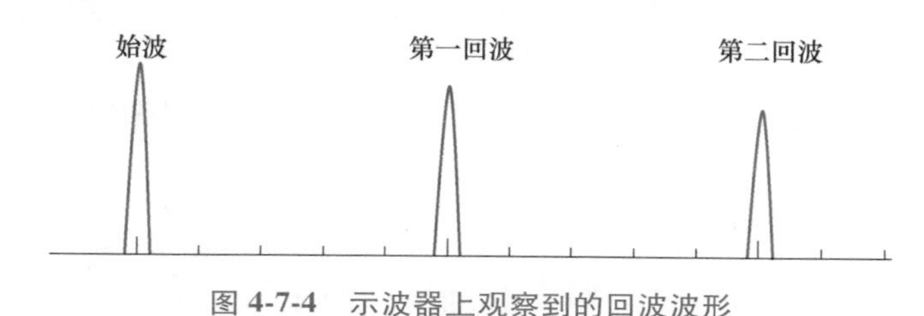

图 4-7-4　示波器上观察到的回波波形

由仪器工作原理可知，始波脉冲产生的时刻并非超声波发出的时刻，超声波发出的时刻约延迟 0. 5μs，所以实验时应尽可能取第一回波到第二回波间的时间差作为测量结果，以减少实验误差。

【实验内容与步骤】

一、水中声速测定

1. 准备工作：在有机玻璃水箱侧面装上超声波探头后注入清水，至超过探头位置 1cm 左右即可。探头另一端与仪器 A 路（或 B 路）“超声探头”接线柱相接。“示波器探头”左边接线柱与 Q9 线的输出端相连，右边接线柱与 Q9 线的接地端相连。这根 Q9 线的另一端与示波器的 CH1 或 CH2 相连。如果示波器的同步性能不稳定，可再拿一根 Q9 线将仪器的“接示波器”接线柱与示波器的“EXT”相连，以此同步信号作为示波器的外接扫描信号。

2. 打开主机电源，按“选择”键选择合适的工作状态，显示 a 为 A 路探测器工作，显示 b 为 B 路探测器工作，c 为两路一起同步工作。“脉冲信号设定”中的“增加”和“减少”按钮用以设定同步脉冲信号（也称外部扫描信号）的低电平持续时间，但仪器设置已满足一般实验要求，此二旋钮可以不动。

3. 将金属挡板放在水箱中的不同位置，并测出探头表面与金属挡板之间的垂直距离 x，利用示波器测出每个位置下超声波的传播时间 t。可每隔 5cm 取一个点，每个被测量值重复 3 次求平均值。

4. 将实验数据做 t-x 拟合，根据拟合直线的斜率求水的声速，并与理论值进行比较。注意实验中有时能看到水箱壁反射引起的回波，应该分辨出来并舍弃。

二、金属材料探伤

1. 超声探伤原理图见图4-7-5。实验仪与示波器的连接和设置同水中声速测定内容1、2。

2. 在样品架上任选一种内部有缺陷的柱状金属材料，在样品上涂上耦合剂（如甘油）。

3. 将探头对应缺陷位置放置，测出始波到缺陷引起的回波的时间差 t_1。

4. 移动探头，使探头置于无缺陷位置，测出始波到第一回波（样品底面回波）的时间 t_2。

5. 用游标卡尺测出样品总长度 D，根据 $x=\frac{t_1}{t_2}D$ 算出缺陷位置。

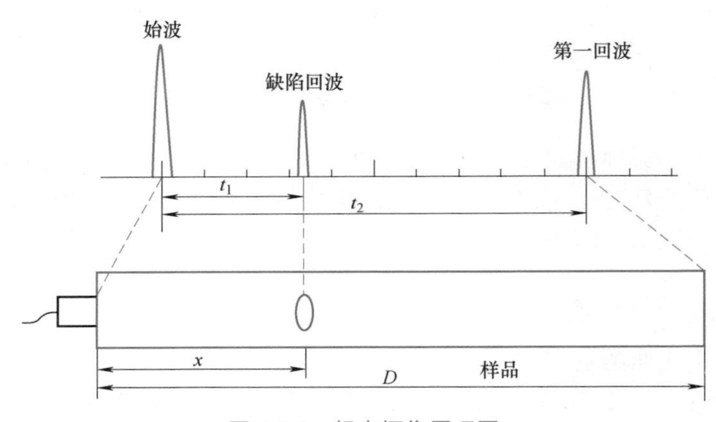

图 4-7-5　超声探伤原理图

三、测金属样品的声速

1. 实验仪与示波器的连接和设置同水中声速测定内容1、2。

2. 在样品架上任选一种金属材料，在样品表面涂上耦合剂（如甘油），在示波器荧光屏上测出第一回波到第二回波的时间差 t，测5次求平均值。

3. 用游标卡尺测金属样品的高度 H，测5次求平均值。

4. 算出金属中的声速。

注意：（1）由于市售样品常为合金材料（如合金铝），所测值可能与纯材料（如纯铝）的标称值有较大偏差；（2）有些材料由于吸收超声波的能力较强导致第二界面反射太弱，故没有第二回波，此时只能取始波到第一回波的时间差作为估测。

四、观察颅内界面位置或肝脏界面深度

【实验数据记录与处理】

请将水箱中金属挡板在不同位置时超声波传播时间的数据填入表4-7-1中。

表 4-7-1 水箱中金属挡板在不同位置时超声波的传播时间

x/m	t/μs	$(t/2)$/μs	$(t/2)$/s
0.05			
0.10			
0.15			
0.20			
0.25			
0.30			

作 x-$t/2$ 的线性拟合，水中声速 c=__________，实验温度=__________。

【注意事项】

1. 需选配 60M 双踪数字存储示波器。
2. 数字存储示波器应使用其配套探头，否则会使波形失真，影响读数精度。
3. 探头与探测物间要涂声耦合剂，常用的耦合剂为对人体无刺激性且不易流失的油类，如甘油、蓖麻油等。
4. 仪器配置外接电源线为三芯电源线，要求实验室电源为三芯插座，且接地良好。
5. 注意不要将超声波探头及示波器探头插错（超声探头连接的 Q9 插座输出为 300V 以上的高压），否则会损坏示波器的外触发电路。
6. 超声探头处有 380V 高压，插拔时注意安全。

【思考题】

1. 解释压电效应及其逆效应。
2. 简述 A 型超声诊断的基本原理。
3. 超声波的传播速度与哪些因素有关？

实验4-8　核磁共振

【实验目的】

1. 了解核磁共振的基本原理。
2. 学习利用核磁共振校准磁场和测量 g 因子的方法。

【实验器材】

永久磁铁（含扫场线圈）、可调变压器、探头两个（样品分别为水和聚四氟乙烯）、数字频率计、示波器。

【实验原理】

核磁共振是重要的物理现象。核磁共振实验技术在物理、化学、生物、临床诊断、计量科学和石油分析与勘探等许多领域得到重要应用。1945 年发现核磁共振现象的美国科学家珀塞耳（Purcell）和布洛赫（Bloch）于 1952 年获得诺贝尔物理学奖。在改进核磁共振技术方面做出重要贡献的瑞士科学家恩斯特（Ernst）在 1991 年获得诺贝尔化学奖。在磁共振成像方面，劳特伯（Lauterbur）与曼斯菲尔德（Mansfield）于 2003 年获得诺贝尔医学或生理学奖。

本实验涉及的原子核自旋角动量不能连续变化，只能取离散值 $p=\sqrt{I(I+1)}\hbar$，其中 I 称为自旋量子数，只能取 $0,1,2,3,\cdots$ 整数值或 $1/2,3/2,5/2,\cdots$ 半整数值。公式中的 $\hbar=h/2\pi$，h 为普朗克常量。对不同的核素，I 分别有不同的确定数值。本实验涉及的质子和氟核 ^{19}F 的自旋量子数 I 都等于 1/2。类似地，原子核的自旋角动量在空间的某一方向，例如 z 方向的分量也不能连续变化，只能取离散的数值 $p_z=m\hbar$，其中量子数 m 只能取 $I,I-1,\cdots,-I+1,-I$ 共（$2I+1$）个数值。

自旋角动量不为零的原子核具有与之相联系的核自旋磁矩，简称核磁矩，其大小为

$$\mu=g\frac{e}{2m_p}p \tag{4-8-1}$$

式中，e 为质子的电荷；m_p 为质子的质量；g 是一个由原子核结构决定的因子。对不同种类的原子核，g 的数值不同，称为原子核的 g 因子。值得注意的是 g 可能是正数，也可能是负数。因此，核磁矩的方向可能与自旋角动量方向相同，也可能相反。

由于核自旋角动量在任意给定的 z 方向只能取（$2I+1$）个离散的数值，因

此核磁矩在 z 方向也只能取（$2I+1$）个离散的数值，即

$$\mu_z = g\frac{e}{2m_p}p_z = gm\frac{e\hbar}{2m_p} \tag{4-8-2}$$

原子核的磁矩通常用 $\mu_N = \frac{e\hbar}{2m_p}$ 作为单位，μ_N 称为核磁子。采用 μ_N 作为核磁矩的单位以后，μ_z 可记为 $\mu_z = gm\mu_N$。与角动量本身的大小为 $\sqrt{I(I+1)}\hbar$ 相对应，核磁矩本身的大小为 $g\sqrt{I(I+1)}\mu_N$。除了用 g 因子表征核的磁性质外，通常引入另一个可以由实验测量的物理量 γ，γ 定义为原子核的磁矩与自旋角动量之比：

$$\gamma = \frac{\mu}{p} = \frac{ge}{2m_p} \tag{4-8-3}$$

可写成 $\mu = \gamma p$，相应地有 $\mu_z = \gamma p_z$。

当不存在外磁场时，每一个原子核的能量都相同，所有原子核处在同一能级。但是，当施加一个外磁场 $\boldsymbol{B}$ 后，情况发生了变化。为了方便起见，通常把 $\boldsymbol{B}$ 的方向规定为 z 方向，由于外磁场 $\boldsymbol{B}$ 与磁矩的相互作用能为

$$E = -\boldsymbol{\mu}\cdot\boldsymbol{B} = -\mu_z B = -\gamma p_z B = -\gamma m\hbar B \tag{4-8-4}$$

因此量子数 m 取值不同，核磁矩的能量也就不同，从而原来简并的同一能级分裂为（$2I+1$）个子能级。由于在外磁场中各个子能级与量子数 m 有关，因此量子数 m 又称为磁量子数。这些不同子能级的能量虽然不同，但相邻能级之间的能量间隔 $\Delta E = \gamma\hbar B$ 却是一样的。而且，对于质子而言，$I = 1/2$，因此，m 只能取 $m = 1/2$ 和 $m = -1/2$ 两个数值，施加磁场前后的能级分别如图 4-8-1a 和 b 所示。

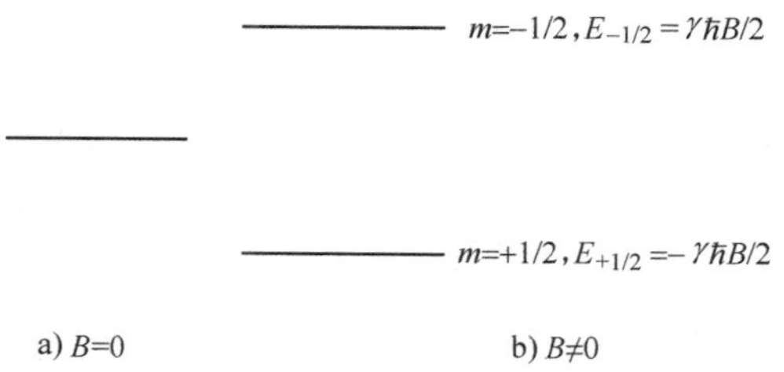

$m=-1/2$, $E_{-1/2} = \gamma\hbar B/2$

$m=+1/2$, $E_{+1/2} = -\gamma\hbar B/2$

a) $B=0$　　b) $B\neq 0$

图 4-8-1　核能级的分裂

当施加外磁场 $\boldsymbol{B}$ 以后，原子核在不同能级上的分布服从玻耳兹曼分布，显然处在下能级的粒子数要比上能级的多，其差数由 ΔE 大小、系统的温度和系统的总粒子数决定。这时，若在与 $\boldsymbol{B}$ 垂直的方向上再施加一个高频电磁场，通常称为射频场，当射频场的频率满足 $h\nu = \Delta E$ 时会引起原子核在上下能级之间的跃迁，但由于一开始处在下能级的核比在上能级的要多，因此净效果是往上跃迁的比往下跃迁的多，从而使系统的总能量增加，这相当于系统从射频场中吸收了能量。

$h\nu = \Delta E$ 时，引起的上述跃迁称为共振跃迁，简称共振。显然共振时要求 $h\nu = \Delta E = \gamma\hbar B$，从而要求射频场的频率满足共振条件

$$\nu=\frac{\gamma}{2\pi}B \tag{4-8-5}$$

如果用角频率 $\omega=2\pi\nu$ 表示，共振条件可写成

$$\omega=\gamma B \tag{4-8-6}$$

如果频率的单位用 Hz，磁场的单位用 T（特斯拉），对裸露的质子而言，经过大量测量得到$\frac{\gamma}{2\pi}=42.577469\text{MHz/T}$。但是对于原子或分子中处于不同基团的质子，由于不同质子所处的化学环境不同，受到周围电子屏蔽的情况不同，$\frac{\gamma}{2\pi}$的数值将略有差别，这种差别称为化学位移，对于温度为 25℃球形容器中水样品的质子，$\frac{\gamma}{2\pi}=42.576375\text{MHz/T}$，本实验可采用这个数值作为最好的近似值。通过测量质子在磁场 B 中的共振频率 ν_{H}可实现对磁场的校准，即

$$B=\frac{\nu_{\text{H}}}{\gamma/2\pi} \tag{4-8-7}$$

反之，若 B 已经校准，通过测量未知原子核的共振频率 ν 便可求出待测原子核的 γ 值$\left(\text{通常用}\frac{\gamma}{2\pi}\text{值表征}\right)$或 g 因子：

$$\frac{\gamma}{2\pi}=\frac{\nu}{B} \tag{4-8-8}$$

$$g=\frac{\nu/B}{\mu_{\text{N}}/h} \tag{4-8-9}$$

式中，$\mu_{\text{N}}/h=7.6225914\text{MHz/T}$。

通过上述讨论，要发生共振必须满足 $\nu=\frac{\gamma}{2\pi}B$。为了观察到共振现象，通常有两种办法：一种是固定 B，连续改变射频场的频率，这种方法称为扫频法；另一种方法，也就是本实验采用的方法，即固定射频场的频率，连续改变磁场 B 的大小，这种方法称为扫场法。如果磁场的变化不是太快，而是缓慢通过与频率 ν 对应的磁场时，用一定的方法可以检测到系统对射频场的吸收信号，如图 4-8-2a 所示，称为吸收曲线，这种曲线具有洛伦兹型曲线的特征。但是，如果扫场变化太快，得到的将是如图 4-8-2b 所示的带有尾波的衰减振荡曲线，然而，扫场变化的快慢是相对具体样品而言的。例如，本实验采用的扫场为频率 50Hz、振幅在$10^{-5}\sim10^{-3}$T的交变磁场，对固态的聚四氟乙烯样品而言是变化十分缓慢的磁场，其吸收信号将如图 4-8-2a 所示。而对液态的水样品而言却是变化太快的磁场，其吸收信号将如图 4-8-2b 所示，而且磁场越均匀，尾波中振荡的次数越多。

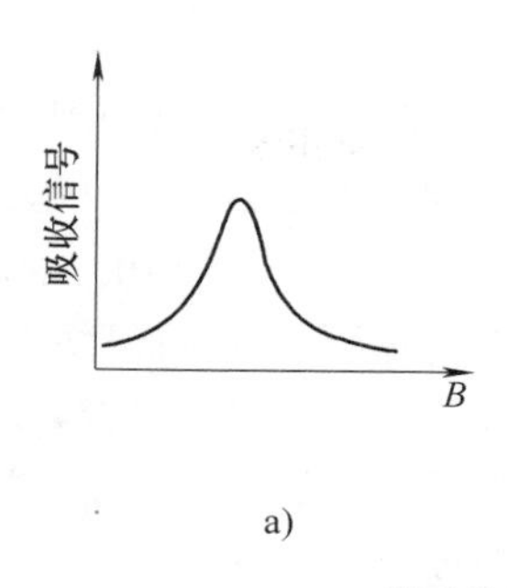

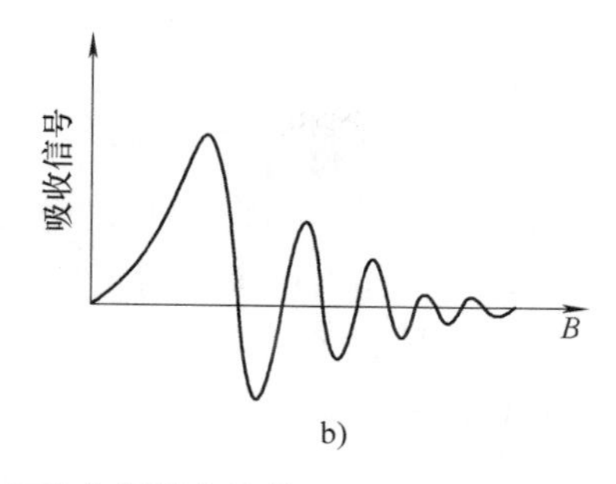

图 4-8-2 核磁共振吸收信号

【仪器描述】

实验装置的示意图如图 4-8-3 所示，它由永久磁铁、扫场线圈、探头（包括电路盒和样品盒）、数字频率计、示波器、可调变压器和 220V/6V 小变压器组成的。

永久磁铁：对永久磁铁的要求是有较强的磁场、足够大的均匀区和均匀性好。本实验所用的磁铁中心磁场 $B_0 \geqslant 0.5\mathrm{T}$，在磁场中心 $(5\mathrm{mm})^3$ 范围内，均匀性优于 10^{-5}。

扫场线圈：用来产生一个幅度在的可调交变磁场 $10^{-5} \sim 10^{-3}\mathrm{T}$ 的可调交变磁场用于观察共振信号，扫场线圈的电流由可调变压器的输出再经 220V/6V 小变压器降压后提供。扫场的幅度可通过可调变压器调节。

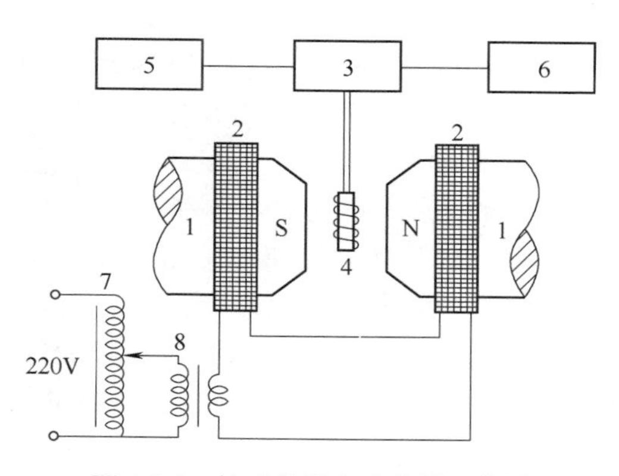

图 4-8-3 核磁共振实验装置示意图

1—永久磁铁 2—扫场线圈 3—电路盒 4—振荡线圈及样品 5—数字频率计 6—示波器 7—可调变压器 8—小变压器

探头：本实验提供两个探头，其中一个的样品为水（掺有三氯化铁），另一个为固体的聚四氟乙烯。

探头由电路盒和样品盒组成，在样品盒中液态样品装在玻璃管中，固态样品做成棍状。在玻璃管或棍状固态样品上绕有线圈，这个线圈就是一个电感 L，将这个线圈插入磁场中，线圈的取向与 B_0 垂直。线圈两端的引线与电路盒中处于反向接法的变容二极管（可充当可变电容）并联构成 LC 电路并与晶体管等非线性元件组成振荡电路。当电路振荡时，线圈中即有射频场产生并作用于样品上。改变二极管两端反向电压的大小可改变二极管两个电极之间的电容 C，达到调节频率的目的。这个线圈可兼做探测共振信号的线圈，其探测原理如下：

电路盒中的振荡器不是工作在振幅稳定的状态，而是工作在刚刚起振的边际状态（边限振荡器由此得名），这时电路参数的任何改变都会引起工作状态的变化。当共振发生时，样品要吸收射频场的能量，使振荡线圈的品质因数 Q 值下降，Q 值的下降将引起工作状态的改变，表现为振荡波形的包络线发生变化，这种变化就是共振信号，经过检波、放大、经由“检波输出”端与示波器连接，即可从示波器上观察到共振信号。振荡器未经检波的高频信号经由“频率输出”端直接输出到数字频率计，从而可直接读出射频场的频率。

电路盒正面面板除了电源开关外（做完实验一定要关好电源，以免机内电源耗电），有一个有十圈电位器做成的频率调节旋钮。此外，还有一个幅度调节旋钮，适当调节这个旋钮可以使共振吸收的信号最大，但由于调节幅度旋钮时会改变振荡管的极间电容，从而对频率也有一定影响。电路盒背面的“频率输出”与数字频率计连接，“检波输出”与示波器连接。

【实验内容与步骤】

一、校准永久磁铁中心的磁场 B_0

把样品为水（掺有三氯化铁）的探头下端的样品盒插入到磁铁中心，并使电路盒水平放置在磁铁上方的木座上，左右移动电路盒使它大致处于木座的中间位置。将电路盒背面的“频率输出”和“检波输出”分别与频率计和示波器连接。把示波器的扫描速度旋钮放在5ms/格位置，纵向放大旋钮放在0.1V/格或0.2V/格位置。打开频率计、示波器和电路盒开关，这时频率计应有读数。接通可调变压器电源并把输出调节在较大数值（100V左右），缓慢调节电路盒频率旋钮，改变振荡频率（由小到大或由大到小）同时监视示波器，搜索共振信号。

什么情况下才会出现共振信号？共振信号又是什么样呢？

如今磁场是永久磁铁的磁场 B_0 和一个50Hz的交变磁场叠加的结果，总磁场为

$$B=B_0+B'\cos\omega' t \tag{4-8-10}$$

式中，B'是交变磁场的幅度；ω'是市电的角频率。

总磁场在（B_0-B'）~（B_0+B'）的范围内按图4-8-4所示的正弦曲线随时间变化。由式(4-8-6)可知，只有 ω/γ 落在这个范围内才能发生共振。为了容易找到共振信号，要加大 B'（即把可调变压器的输出调到较大数值），使可能发生共振的磁场变化范围增大；另一方面要调节射频场的频率，使 ω/γ 落在这个范围。一旦 ω/γ 落在这个范围就能观察到共振信号，如图4-8-4所示，共振发生在 $B=\omega/\gamma$ 的水平虚线与代表总磁场变化的正弦曲线交点对应的时刻。如前所述，水的共振信号将如图4-8-2b所示，而且磁场越均匀尾波中的振荡次数越多，因此

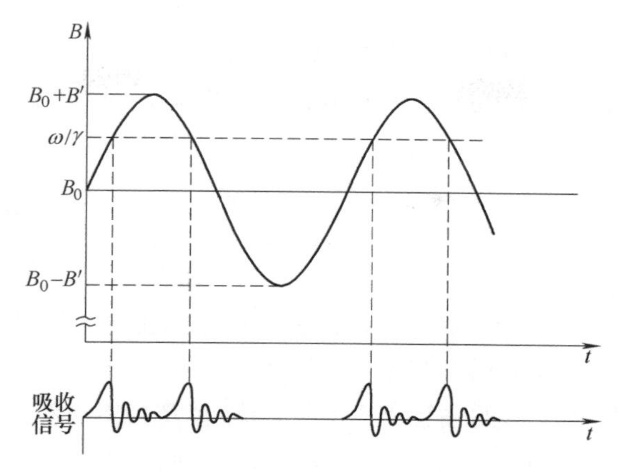

图 4-8-4　捕捉共振信号原理

一旦观察到共振信号以后，应进一步仔细调节电路盒在木座上的左右位置，使尾波中振荡的次数最多，亦即使探头处在磁铁中磁场最均匀的位置，并利用木座上的标尺记下此时电路盒边缘的位置。

由图 4-8-4 可知，只要 ω/γ 落在（B_0-B'）~（B_0+B'）范围内就能观察到共振信号，但这时 ω/γ 未必正好等于 B_0，从图上可以看出：当 $\omega/\gamma \neq B_0$时，各个共振信号发生的时间间隔并不相等，共振信号在示波器上的排列不均匀。只有当 $\omega/\gamma=B_0$时，它们才排列均匀，这时共振信号发生在交变磁场过零时刻，而且从示波器的时间标尺可测出它们的时间间隔为 10ms。当然，当 $\omega/\gamma=$（B_0-B'）或 $\omega/\gamma=$（B_0+B'）时，在示波器上也能观察均匀排列的共振信号，但它们的时间间隔不是 10ms，而是 20ms。因此，只有当共振信号均匀排列而且间隔为 10ms 时，才有 $\omega/\gamma=B_0$，这时频率计的读数才是与 B_0对应的质子的共振频率。

作为定量测量，我们除了需要求出待测量的数值外，还关心如何减小测量误差并力图对误差的大小做出定量估计从而确定测量结果的有效数字。从图 4-8-4 可以看出，一旦观察到共振信号，B_0的误差不会超过扫场的幅度 B'。因此，为了减小估计误差，在找到共振信号之后应逐渐减小扫场的幅度 B'，并相应地调节射频场的频率，使共振信号保持间隔 10ms 的均匀排列。在能观察到和分辨出共振信号的前提下，力图把 B'减小到最小程度，记下 B'达到最小而且共振信号保持间隔为 10ms 均匀排列时的频率 ν_H，利用水中质子的 $\gamma/2\pi$ 值和公式(4-8-7)求出磁场中待测区域的 B_0值。当 B'很小时，由于扫场变化范围小，尾波中振荡的次数也少，这是正常的，并不是磁场变得不均匀。

为了定量估计 B_0的测量误差 ΔB_0，首先必须测出 B'的大小。可采用以下步骤：保持这时扫场的幅度不变，调节射频场的频率，使共振先后发生在（B_0+B'）与

(B_0-B') 处，这时图 4-8-4 中与 ω/γ 对应的水平虚线将分别与正弦波的峰顶和谷底相切，即共振分别发生在正弦波的峰顶和谷底附近。这时从示波器看到的共振信号均匀排列，但时间间隔为 20ms，记下这两次的共振频率 ν'_H和 ν''_H，利用公式

$$B'=\frac{(\nu'_H-\nu''_H)/2}{\gamma/2\pi} \tag{4-8-11}$$

可求出扫场的幅度。

实际上 B_0的估计误差比 B'还要小，这是由于借助示波器上网格的帮助，共振信号排列均匀程度的判断误差通常不超过 10%，由于扫场大小是时间的正弦函数，容易算出相应的 B_0的估计误差是扫场幅度 B'的 8%左右。考虑到 B'的测量本身也有误差，可取 B'的 1/10 作为 B_0的估计误差，即取

$$\Delta B_0=\frac{B'}{10}=\frac{(\nu'_H-\nu''_H)/20}{\gamma/2\pi} \tag{4-8-12}$$

式（4-8-12）表明，由峰顶与谷底共振频率差值的 1/20，利用 $\gamma/2\pi$ 数值可求出 B_0的估计误差 ΔB_0。本实验 ΔB_0 只要求保留一位有效数字，进而可以确定 B_0的有效数字，并要求给出测量误差的完整表达式，即

$$B_0=\text{测量值}\pm\text{估计误差}$$

现象观察：适当增大 B'，观察到尽可能多的尾波振荡，然后向左（或向右）逐渐移动电路盒在木座上的左右位置，使下端的样品盒从磁铁中心逐渐移动到边缘，同时观察移动过程中共振信号波形的变化并加以解释。

选做实验：利用样品为水的探头，把电路盒移到木座的最左（或最右）边，测量磁场边缘的磁场大小。

二、测量^{19}F 的 g 因子

把样品为水的探头换为样品为聚四氟乙烯的探头，并把电路盒放在相同的位置。示波器的纵向放大旋钮调节到 50mV/格或 20mV/格，用与校准磁场过程相同的方法和步骤测量聚四氟乙烯中^{19}F 与 B_0对应的共振频率 ν_F以及在峰顶和谷底附近的共振频率 ν'_F及 ν''_F，利用 ν_F和公式（4-8-9）求出^{19}F 的 g 因子。根据公式（4-8-9），g 因子的相对误差为

$$\frac{\Delta g}{g}=\sqrt{\left(\frac{\Delta\nu_F}{\nu_F}\right)^2+\left(\frac{\Delta B_0}{B_0}\right)^2} \tag{4-8-13}$$

式中，B_0和 ΔB_0为校准磁场得到的结果。

与上述估计 ΔB_0的方法类似，可取 $\Delta\nu_F=(\nu'_F-\nu''_F)/20$ 作为 ν_F的估计误差。

求出 $\Delta g/g$ 之后，可利用已算出的 g 因子求出绝对误差 Δg，Δg 也只保留一位有效数字并由它确定 g 的有效数字，最后给出 g 因子测量结果的完整表达式。

观测聚四氟乙烯中氟的共振信号时，比较它与掺有三氯化铁的水样品中质

子的共振信号波形的差别。

【思考题】

1. 是否任何原子核系统均可产生核磁共振现象？为什么水的核磁共振信号只代表氢，不代表氧？为什么聚四氟乙烯样品的核磁共振信号中没有碳的信号？

2. 设永久磁铁磁感应强度分别为 0.2T 和 0.4T，试估算氢核相应的共振频率。

高场磁共振设备获得国家科技进步奖一等奖

参 考 文 献

[1] 冀敏，陆申龙．医学物理学实验［M］．北京：人民卫生出版社，2009.
[2] 郭悦韶，吕蓬，廖坤山．物理实验［M］．北京：清华大学出版社，2020.
[3] 喀蔚波．医用物理学实验［M］．北京：北京大学医学出版社，2008.
[4] 赵维义．大学物理实验教程［M］．北京：清华大学出版社，2007.
[5] 李学慧，刘军，部德才．大学物理实验［M］．4版．北京：高等教育出版社，2018.
[6] 刘文军．大学物理实验教程［M］．2版．北京：机械工业出版社，2007.
[7] 吕斯骅，段家忯．新编基础物理实验［M］．北京：高等教育出版社，2006.
[8] 陶纯匡，王银峰，汪涛．大学物理实验［M］．北京：机械工业出版社，2007.
[9] 洪洋，俞航．医用物理学实验［M］．北京：科学出版社，2005.
[10] 杨述武．普通物理实验［M］．北京：高等教育出版社，2007.
[11] 仇慧，吉强．医学影像物理学实验［M］．3版．北京：人民卫生出版社，2011.
[12] 林抒，龚镇雄．普通物理实验［M］．北京：人民教育出版社，1981.
[13] 丁慎训，张连芳．物理实验教程［M］．2版．北京：清华大学出版社，2002.
[14] 吴泳华，霍剑青，熊永红．大学物理实验：第一册［M］．北京：高等教育出版社，2001.
[15] 谢行恕，康士秀，霍剑青．大学物理实验：第二册［M］．北京：高等教育出版社，2001.
[16] 李平．大学物理实验［M］．北京：高等教育出版社，2004.
[17] 成正维．大学物理实验［M］．北京：高等教育出版社，2002.
[18] 沈元华，陆申龙．基础物理实验［M］．北京：高等教育出版社，2003.
[19] 王延兴，郭山河，文立军．大学物理实验［M］．北京：高等教育出版社，2003.
[20] 李文斌．大学物理实验［M］．北京：北京邮电大学出版社，2006.
[21] 张兆奎，谬连元，张立，等．大学物理实验［M］．4版．北京：高等教育出版社，2016.
[22] 丁红旗，张清，王爱群．大学物理实验［M］．北京：清华大学出版社，2010.
[23] 王家慧，张连娣．大学物理实验教程［M］．3版．北京：机械工业出版社，2010.
[24] 何焰蓝，杨俊才．大学物理实验［M］．2版．北京：机械工业出版社，2010.
[25] 王云才．大学物理实验教程［M］．3版．北京：科学出版社，2010.
[26] 钱锋，潘人培．大学物理实验［M］．北京：高等教育出版社，2009.
[27] 王海燕，李相银．大学物理实验［M］．3版．北京：高等教育出版社，2018.
[28] 但汉久，仇惠．医用物理实验指导［M］．北京：科学出版社，2010.
[29] 张映辉．大学物理实验［M］．2版．北京：机械工业出版社，2017.
[30] 吉强，王晨光．医用物理实验［M］．北京：科学出版社，2019.
[31] 刘艳峰，刘竹琴，杨能勋．医用物理实验教程［M］．北京：机械工业出版社，2022.
[32] 廖新华，江键，曾召利．医用物理学实验［M］．北京：高等教育出版社，2020.